高等学校计算机专业核心课
名师精品·系列教材

数据库基础与应用

微课版 | 第3版

Database Foundation and Applications (3rd Edition)

王珊 李盛恩◎编著

名家系列

人民邮电出版社
北京

图书在版编目（ＣＩＰ）数据

数据库基础与应用：微课版 / 王珊，李盛恩编著
. -- 3版. -- 北京：人民邮电出版社，2022.6（2022.12重印）
高等学校计算机专业核心课名师精品系列教材
ISBN 978-7-115-55881-7

Ⅰ. ①数… Ⅱ. ①王… ②李… Ⅲ. ①关系数据库系
统－高等学校－教材 Ⅳ. ①TP311.138

中国版本图书馆CIP数据核字(2021)第000114号

内 容 提 要

本书是中国人民大学王珊教授和山东建筑大学李盛恩教授联合编著并修订的。本书侧重于数据库系统的应用，重点介绍了开发关系数据库系统必备的基本知识和基本方法，包括数据库系统的基本概念、基本技术及数据库应用开发技术，数据仓库和联机分析处理等数据库的新技术及新应用等。全书内容丰富，系统性强，知识体系新颖，理论与实践相结合，具有先进性和实用性。

本书可作为高等院校理工科计算机专业数据库课程的教材，也可供相关工程技术人员参考使用。

◆ 编　　著　王　珊　李盛恩
　　责任编辑　武恩玉
　　责任印制　王　郁　陈　犇

◆ 人民邮电出版社出版发行　　北京市丰台区成寿寺路 11 号
　　邮编　100164　　电子邮件　315@ptpress.com.cn
　　网址　https://www.ptpress.com.cn
　　河北京平诚乾印刷有限公司印刷

◆ 开本：787×1092　1/16
　　印张：18　　　　　　　　2022 年 6 月第 3 版
　　字数：474 千字　　　　　2022 年 12 月河北第 2 次印刷

定价：69.80 元

读者服务热线：(010)81055256　印装质量热线：(010)81055316
反盗版热线：(010)81055315
广告经营许可证：京东市监广登字 20170147 号

中国人民大学教授、 国家级名师王珊老师带您走进数据库的学习世界

- 数据库的重要性

- 数据库技术的辉煌成就

- 中国数据库的发展

导读

数据库技术是对数据进行存储、管理、处理和维护的先进、常用的技术。随着计算机技术的飞速发展和计算机系统在各行各业的广泛应用，数据库技术的发展尤为迅速，已成为计算机信息系统和应用的核心技术和重要基础。

有关数据库系统的理论和技术是计算机科学技术教育必不可少的部分。但是，不同的院校对数据库课程的要求是不一样的。按照培养应用型人才的要求，本书从开发一个数据库应用系统以及使用数据库系统的角度对数据库系统的基本概念、基本方法和基本技术进行了讲解。

全书分为 4 部分，共 13 章，各部分的内容如下。

第一部分（第 1～5 章）介绍了数据库系统的基础知识和基本使用方法，内容包括数据库系统的基本概念、关系模型和关系代数，关系数据库标准语言 SQL、查询处理及优化、事务的基本概念和事务管理的相关技术。

第二部分（第 6、7 章）主要讲解客户机/服务器软件体系结构，在网络环境下开发数据库应用，系统使用到的嵌入式 SQL、JDBC 接口、存储过程、触发器的基本概念和使用方法。

第三部分（第 8、9 章）简单介绍了数据库设计的基本过程，着重介绍了实体-联系模型，关

系规范化理论。

第四部分（第 10～13 章）介绍了数据库的新技术，内容包括对象关系数据库、XML 数据库、数据仓库、联机分析处理技术和 NoSQL 数据库技术。

本书侧重于数据库系统的应用，重点介绍了开发数据库应用系统必备的基础知识和基本方法。由于数据库技术的快速发展，出现了很多新技术，如对象关系数据库、XML、数据仓库和联机分析处理、NoSQL 等，在很多实际工作中要用到这些技术，本书对此做了较详细的介绍，还介绍了基本的关系数据库理论。

第 3 版增加了第 13 章，用于介绍 NoSQL 数据库的基本概念、基本技术和几个实际系统。对第 2 版的内容做了部分修改，调整了第 2 章示例数据库的部分数据，第 3 章增加了 SQL 数据类型的内容，并重点介绍了子查询部分的若干例子，调整了第 5 章的部分内容，统一了第 2 章、第 8 章和第 9 章的术语，最后修订了书中的错误之处。

限于作者水平，书中疏漏之处在所难免，欢迎批评指正。

王　珊

中国人民大学

目录

第 **1** 章　概述

计算机最早用于科学计算，目前已经深入我们生活的各个方面。计算机应用可大致分为 3 类：科学计算、数据处理和过程控制。其中，数据处理占了很大的比重，而数据管理又是数据处理的一个重要方面，数据库技术是数据管理的最新技术，是计算机科学的重要分支，是信息技术的基石。

本章介绍数据库系统的基本概念等内容，本章内容是学习后续章节的基础。

1.1　数据库系统的基本概念

本节首先介绍数据库系统常用的术语和基本概念。

1-1　数据库系统的基本概念

1.1.1　数据

数据是数据库存储的基本对象。数据的种类很多，数字、文本、图形、图像、音频、视频等都是数据。**数据**是描述事物的符号记录。日常生活中，人们可以直接用自然语言来描述事物。例如，可以这样描述一位同学的基本情况：王红，女，1985 年 5 月出生，山东省济南市人。

在计算机中为了存储和处理这些事物，就要抽象出对这些事物感兴趣的特征并组成一个记录来描述。例如：

（王红，女，1985-05，山东省济南市）

1.1.2　数据库

1. 什么是数据库

数据库（Data Base）的定义有多种，一般认为数据库是长期存储在计算机内有组织的、可共享的数据集合。

数据库是一个组织机构（如企业、机关、银行、学校等）赖以生存的数据集合。例如，学生数据、教师数据、课程数据、教学计划数据、教室及宿舍数据等构成了学校数据库；客户数据、客户存取款记录和账户余额、往来账目等构成了银行数据库。

组织机构使用数据库开展日常工作，将部分工作自动化。例如，银行的存取款业务、铁路和民航的订票业务。我们拨打一次电话，通信公司的交换机除了在通话双方建立一个物理连接外，还把主叫号码、被叫号码、通话的起始时间等记录到公司的数据库，月底根据这些通话记录以及客户的其他信息自动生成账单。

数据库使用操作系统的文件存储数据，也有一些数据库使用磁盘的分区存储数据。

文件由操作系统的文件系统管理，文件系统屏蔽了数据在磁盘或磁带等存储介质存储的细节。文件系统向用户提供了一个访问接口，这个接口一般包括文件名、fopen、fread、fwrite、fseek 和 fclose 函数调用。用户使用这些接口向文件写入数据以及从文件读取数据。

文件系统不关心文件存放了什么样的数据，以及这些数据之间存在何种联系。从文件系统的视角看，文件只是一个字节流，因此，我们经常把文件叫作流式文件。在多数情形下，文件存储的数据会按某种数据结构组织，但这些数据结构需要程序员通过编写程序建立和维护。

数据库由数据库管理系统（Data Base Management System，DBMS）统一管理，DBMS 屏蔽了数据在数据库的存储细节。DBMS 提供了一个简单易学的语言，用户使用这个语言操作数据库的数据。DBMS 利用文件系统提供的接口读写数据库的数据。

数据库的数据除了存放组织机构日常业务要用到的数据外，还要存放保证数据库管理系统运行要用到的数据，这些数据称为元数据，如数据库管理系统的用户信息、用户权限信息、日志、各种统计信息等。

2. 数据库应用

数据库的应用十分广泛，在数据库管理系统的支持下可以开发面向各种领域的应用。各行各业都有其独特的应用。例如，银行、保险、证券、电力、制造等行业都有自己的数据库应用。

数据库应用可以分为两大类：联机事务处理（On-Line Transaction Processing，OLTP）和联机分析处理（On-Line Analytical Processing，OLAP）。联机事务处理解决了组织机构业务自动化问题，联机分析处理帮助管理层更好地分析组织机构的运转情况，用于辅助决策。

操作系统通过调度执行进程完成用户对计算机的操作，DBMS 则是执行事务达到用户自动处理业务的目的。一个数据库应用由事务组成，而事务由一系列对数据库的查询操作和更新操作构成，这些操作是一个整体，不可分割，即要么所有的操作都顺利完成，要么一个操作也不做，绝不能只完成了部分操作，而还有一些操作没有完成。例如，我们要订购一张火车票，售票员运行一个订票事务，事务更新车票余额，并打印火车票给客户。DBMS 每秒能处理的事务量叫作事务吞吐率，事务吞吐率是衡量 DBMS 的一个重要指标。为了完成一些繁忙的应用，DBMS 要具有很高的事务吞吐率。例如，一个门户网站在 1s 内会有成千上万甚至更多的并发访问用户，这就要求数据库能同时处理很多的事务。

联机分析处理是决策支持的一种常用技术。例如，销售经理发现某种商品的销售量逐月下滑，他可以使用联机分析处理分析该商品在不同地区不同商店各时间段的销售情况，与其他同类商品的销售情况对比，最终发现销售量下滑的原因，并采取措施。

组织机构在多年使用数据库的过程中积累了大量的历史数据，这是一笔宝贵的财富。例如，一个大型连锁超市的数据库保存了过去多年客户的购物记录，通过对这些海量的购物记录进行关联分析后发现，在傍晚，有很多客户会同时购买尿布和啤酒。如果是同时购买面包和牛奶，我们不会感到惊讶，但是同时购买尿布和啤酒则让人觉得不可思议。经过调查后得知，很多年轻的父亲在购物时会给孩子购买尿布而给自己购买啤酒。获得这个经验后，超市就将摆放尿布和啤酒的货架安排在相邻的位置，提高了两种商品的销售额。这是应用数据挖掘（Data Mining）技术的一个典型案例。此外，数据挖掘也是决策支持的一种常用方法。

1.1.3 数据库管理系统

数据库管理系统是一类重要的系统软件，由一组程序构成，具有数据定义、数据操作、事务处理等功能。

1. 基本功能

（1）数据定义功能

数据库管理系统提供数据定义语言（Data Definition Language，DDL），用户通过它可以方便地定义数据对象。

（2）数据操作功能

数据库管理系统提供数据操纵语言（Data Manipulation Language，DML），用户可以使用 DML 操作数据，实现对数据库的基本操作——查询、插入、删除和修改。

（3）数据库的建立和运行管理

数据库管理系统提供各种实用程序实现数据库初始数据的装入、转换、转储，数据库恢复，数据库重组、重构，以及性能监视等功能。

2. 组成模块

作为一个庞大的系统软件，数据库管理系统由众多程序模块组成，这些程序模块可分别实现数据库管理系统复杂而繁多的功能。数据库管理系统由两大部分组成：查询处理器和存储管理器。查询处理器包含数据定义语言编译器、数据操作语言编译器、嵌入式 DML 的预编译器及查询优化等核心程序。存储管理器包含段页式存储管理、缓冲区管理、授权和安全性控制、完整性检查、事务管理等程序。下面介绍各程序模块的功能。

（1）数据定义方面的程序模块

数据定义方面的主要程序模块如下。

- 数据库逻辑结构的定义模块，包括创建数据库、创建表、创建视图、创建索引等定义模块。
- 安全性定义（如授权定义）及处理模块。
- 完整性定义（如主码、外码、其他完整性定义）及处理模块。

这些程序模块接收相应的定义，检查语法、语义，把它们翻译为内部格式存储于数据字典。创建数据库的模块还根据定义建立数据库的框架（即形成一个空库），等待装入数据。

（2）数据操作方面的程序模块

数据操作方面的程序模块主要包括查询处理程序模块、数据更新（插入、删除、修改）程序模块、交互式查询程序模块和嵌入式查询程序模块。

这些程序模块对用户的数据操作请求进行词法分析、语法分析和语义检查，生成某种内部表示（通常是语法树）。对于查询语句，要由查询优化器优化，如根据一定的等价变换规则把语法树转换成标准（优化）形式；对于语法树中的每一个操作，根据存取路径、数据的存储分布、数据的聚簇等信息选择具体的执行算法；最后生成查询计划（生成代码），由查询执行模块执行，完成对数据库的存取操作。

（3）数据库运行管理方面的程序模块

数据库运行管理方面的程序模块主要有系统初启程序，负责初始化数据库管理系统，建立数据库管理系统的系统缓冲区、系统工作区，打开数据字典等。此外，还有安全性控制、完整性检查、并发控制、事务管理、运行日志管理等，这些模块负责在数据库运行过程中监视对数据库的所有操作，控制管理数据库资源，处理多用户的并发操作等。这些模块一方面保证用户事务正常运行及其原子性，另一方面保证数据库的安全性和完整性。

（4）数据库组织、存储和管理方面的程序模块

数据库组织、存储和管理方面的程序模块有文件读写与维护、存取路径（如索引）管理和维护、缓冲区管理（包括缓冲区读、写、淘汰模块）等。这些程序模块负责维护数据库的数据和存取路径，提供有效的存取方法。

（5）数据库建立、维护和其他方面的程序模块

数据库建立、维护和其他方面的程序模块有数据库初始装入、转储、恢复、数据库重构、数据转换、通信等。

数据库管理系统的这些组成模块互相联系、互相依赖，共同完成数据库管理系统的复杂功能。

3. 层次结构

如同操作系统一样，数据库管理系统也划分成若干层次。清晰、合理的层次结构不仅可以帮助我们更清楚地认识数据库管理系统，还有助于数据库管理系统的设计和维护。许多数据库管理系统实际上就是分层实现的。

例如，IBM公司最早研制的著名数据库管理系统——System R，其核心分为两层，即底层的关系存储系统（Research Storage System，RSS）和上层的关系数据系统（Research Data System，RDS）。RSS是一个存取方法层，其功能包括存储空间、设备管理，索引、存取路径管理，并发控制，运行日志管理和恢复等。RDS本质上是一个语言翻译和执行层，完成语法检查与分析、优化、代码生成、视图实现、合法性检查等功能。

图1-1所示为一个数据库管理系统的层次结构示例。这个层次结构是根据处理对象的不同按照由最高级到最低级的次序划分的，具有一定代表性。图1-1还包括了与数据库管理系统密切相关的应用层和操作系统。

最上层是应用层，位于数据库管理系统核心之外。它处理的对象是各种各样的数据库应用，可以用开发工具开发或者用宿主语言编写。数据库应用程序要利用数据库管理系统提供的接口来完成事务处理和查询处理。

第2层是语言翻译处理层。它处理的对象是数据库语言，如SQL。其功能是对数据库语言的各类语句进行词法和语法分析、视图转换、授权检查、完整性检查、查询优化等。通过调用下层的基本模块，生成可执行代码，运行这些代码即可完成数据库语句的功能要求。该层向上提供的接口是关系、视图，它们是元组的集合。

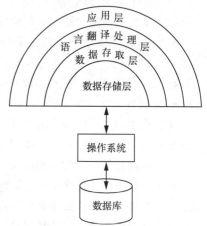

图1-1 数据库管理系统的层次结构

第3层是数据存取层。该层处理的对象是单个元组。执行扫描（如表扫描）、排序、查找、插入、修改、删除、封锁等基本操作，完成存取路径维护、并发控制、事务管理、安全控制等功能。该层向上提供的接口是单条记录。

第4层是数据存储层。该层处理的对象是数据页和系统缓冲区。执行文件的逻辑打开、关闭，

读写数据页等操作，完成缓冲区管理、内外存交换、外存的数据管理等功能。

操作系统是数据库管理系统的基础。它处理的对象是文件。执行文件的读写操作，保证数据库管理系统对数据逻辑上的读写真实地映射到文件。操作系统提供的存取方法作为数据存储层的接口。

以上所述的数据库管理系统层次结构划分的思想具有普遍性。当然，具体系统在划分细节上会是多种多样的，这可以根据数据库管理系统实现的环境和系统的规模灵活处理。

1.1.4 数据库系统

数据库系统就是基于数据库的计算机应用系统，由 4 部分组成：数据库、数据库管理系统、应用程序和用户，这 4 部分之间的关系如图 1-2 所示。

数据库是数据的汇集，它以一定的组织形式保存在存储介质上；数据库管理系统是管理数据库的系统软件，它可以实现数据库系统的各种功能；应用程序是指以数据库管理系统和数据库的数据为基础的程序。数据库系统还包括用户，一般将用户分为应用程序开发人员、数据库管理员和最终用户。

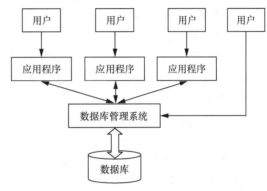

图 1-2　数据库系统的组成

1. 应用程序开发人员

这里的应用程序开发人员包括系统分析员、数据库设计人员和应用程序员。

（1）系统分析员。系统分析员使用软件工程的方法对业务流程进行分析，提出应用系统的需求分析和规范说明，与用户及数据库管理员一起确定系统的硬件、软件配置，并参与数据库的概要设计。

（2）数据库设计人员。数据库设计人员根据分析阶段产生的数据流图确定数据的组织。数据库设计人员必须先参加用户需求调查和系统分析，再设计数据库。在很多情况下，数据库设计人员就由数据库管理员担任。

（3）应用程序员。应用程序开发人员根据详细设计说明书负责设计和编写应用系统的程序模块，并进行调试和安装。

2. 数据库管理员

数据库管理员（Data Base Administrator，DBA）负责管理数据库和负责数据库管理系统的日常运行，具体职责如下。

- 决定数据库要存储的数据及数据结构。数据库要存放哪些数据，数据库管理员要参与决策。因此数据库管理员必须参加数据库设计的全过程，并与用户、系统分析员、应用程序开发人员密切合作、共同协商，设计好数据库。
- 决定数据库的存储结构和存取策略。数据库管理员要综合各用户的应用要求，与数据库设计人员共同决定数据的存储结构和存取策略，以求获得较高的存取效率和存储空间利用率。
- 保证数据的安全性和完整性。数据库管理员负责确定各个用户对数据库的存取权限、数据的保密级别和完整性约束规则。

- 监控数据库的使用和运行。数据库管理员要监视数据库管理系统的运行情况，及时处理运行过程中出现的问题。例如，系统发生各种故障时，数据库会因此遭到不同程度的破坏，数据库管理员必须在最短时间内将数据库恢复到正确状态，并尽可能不影响或少影响计算机系统其他部分的正常运行。为此，数据库管理员要定义和实施适当的后备和恢复策略，如周期性地转储数据、维护日志文件等。
- 数据库的改进、重组和重构。数据库管理员还负责在系统运行期间监视系统的空间利用率、处理效率等性能指标，对运行情况进行记录、统计分析，依靠工作实践并根据实际应用环境不断改进数据库设计。不少数据库产品都提供了对数据库运行状况进行监视和分析的实用程序，数据库管理员可以使用这些实用程序完成这项工作。

另外，在数据库运行过程中，大量数据不断被插入、删除、修改，时间一长，会影响系统的性能。因此，数据库管理员要定期对数据库进行重新组织，以提高系统的性能。当用户的需求发生变化时，数据库管理员还要对数据库进行较大的改造，包括修改部分设计，即数据库重构。

3. 最终用户

最终用户（End User）通过应用程序使用数据库。

最终用户可以分为如下 3 类。

（1）偶然用户。这类用户不经常访问数据库，但每次访问数据库时往往需要不同的数据库信息，这类用户一般是企业或组织机构的管理人员。

（2）简单用户。数据库的多数最终用户都是简单用户。其主要工作是查询和更新数据库，一般都是通过应用程序员精心设计并具有友好界面的应用程序存取数据。银行的职员、航空公司的机票预订工作人员、旅馆总台服务员等都属于这类用户。

（3）复杂用户。复杂用户包括工程师、科学家、经济学家、科学技术工作者等人员。这类用户一般都比较熟悉数据库管理系统的各种功能，能够直接使用数据库语言访问数据库，甚至能够基于数据库管理系统的 API 编制自己的应用程序。

1.2 数据模型

数据库技术是计算机领域发展最快的技术之一，数据库技术的发展沿着数据模型的主线展开。

模型的概念我们并不陌生。数据模型（Data Model）也是一种模型，它是数据特征的抽象，是现实世界的模型。数据模型用于描述数据、组织数据、操作数据。

现有的数据库管理系统都支持某种数据模型。数据模型是数据库管理系统的核心和基础。因此，了解数据模型的基本概念是学习数据库的基础。

为了便于管理和使用，数据库的数据按照一定的数据结构存储。数据模型用于描述数据的结构和性质、数据之间的联系以及施加在数据或数据联系上的限制。

1.2.1 数据模型的三要素

数据模型通常由数据结构、数据操作和完整性 3 部分组成。数据模型描述了系统的静态特性、动态特性和约束规则。

1. 数据结构

数据结构是所研究的对象类型的集合。这些对象是数据库的组成成分，它们包括两类：一类是与数据类型、内容、性质有关的对象，如网状模型的数据项和记录，关系模型的域、属性、关系等；一类是与数据之间联系有关的对象，如网状模型的系型（Set Type）。

数据结构是刻画数据模型性质最重要的方面。因此在数据库管理系统中，人们通常按照其数据结构的类型来命名数据模型。例如，层次结构、网状结构和关系结构的数据模型分别命名为层次模型、网状模型和关系模型。

数据结构是对系统静态特性的描述。

2. 数据操作

数据操作是对数据库的各种对象（型）的实例（值）允许执行的操作的集合，包括操作及有关的操作规则。数据库主要有查询和更新（包括插入、删除、修改）两大类操作。数据模型必须定义这些操作的确切含义、操作符号、操作规则（如优先级）以及实现操作的语言。

数据操作是对系统动态特性的描述。

3. 完整性

完整性是一组规则的集合。这些规则是数据及其联系应满足的约束，用于限定符合数据模型的数据库状态以及状态的变化，以保证数据正确、有效、相容。

数据模型应规定基本的、通用的完整性。例如，关系模型的任何关系必须满足实体完整性和参照完整性。此外，数据模型还应提供定义完整性的机制。

1.2.2　3种数据模型

和在建筑设计和施工的不同阶段需要不同的图纸一样，在实施数据库应用时也需要使用不同的数据模型：概念模型、逻辑模型和物理模型。

（1）概念模型。概念模型（也称信息模型）独立于计算机系统，它完全不涉及信息在计算机系统中的表示，只是用来描述某个特定组织所关心的信息结构，是按用户的观点对数据和信息建模，是对企业主要数据对象的基本表示和概括性描述，主要用于数据库设计。这类模型强调其语义表达能力，概念应该简单、清晰，易于用户理解，是数据库设计人员和用户之间交流的工具。著名的实体-联系模型就是概念模型的代表，相关内容将在第8章介绍。

（2）逻辑模型。逻辑模型直接面向数据库的逻辑结构，通常有一种严格定义的无二义性的语法和语义的数据库语言，人们可以用这种语言来定义、操作数据库的数据。应用程序员根据逻辑模型编程，数据库管理系统都支持一种逻辑模型。目前，数据库领域最常用的逻辑模型有层次模型（Hierarchical Model）、网状模型（Network Model）、关系模型（Relational Model）、面向对象模型（Object-Oriented Model）、对象关系模型（Object-Relational Model）等，其中层次模型和网状模型统称为非关系模型。非关系模型的数据库系统在20世纪70~80年代初非常流行，但是现在已逐渐被关系模型的数据库系统取代。由于早期开发的应用系统都是基于层次数据库系统或网状数据库系统的，因此目前仍有不少层次数据库系统或网状数据库系统在继续使用。

20世纪80年代以来，面向对象的方法和技术的流行促进了数据库领域面向对象模型的研究和发展。面向对象模型将在第10章介绍。

（3）物理模型。物理模型是对数据最底层的抽象，它描述数据在磁盘或磁带上的存储方式和存取方法，是面向计算机系统的。物理模型的具体实现是数据库管理系统的任务，在使用支持关系模型的数据库管理系统时，用户不必考虑物理级的细节。

从概念模型到逻辑模型的转换由数据库设计人员完成，从逻辑模型到物理模型的转换则由数据库管理系统完成。

一般人员掌握了逻辑模型就可以很方便地使用数据库。

1.3 数据库系统的三级模式结构

数据库系统通常采用三级模式结构，即模式、外模式和内模式，如图1-3所示。这是数据库系统内部的系统结构。

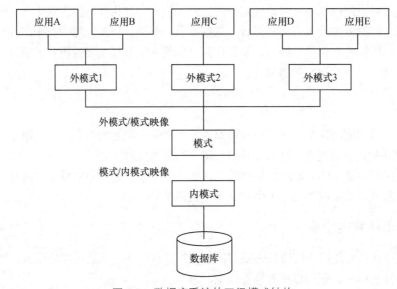

图 1-3　数据库系统的三级模式结构

1. 模式

模式又称为逻辑模式，是对数据库的全部数据的逻辑结构和特性的描述，是数据库所有用户的公共数据视图。

模式不仅要定义数据的逻辑结构，如数据项的名称、类型、长度等，而且要定义与数据有关的安全性、完整性要求，此外，还要定义数据记录内部的结构以及数据项之间的联系，进一步表示不同记录之间的联系。

一般数据库管理系统提供模式描述语言严格地表示这些内容。用模式描述语言写出的一个数据库定义的全部语句称为一个数据库的模式。模式是对数据库结构的一种描述，而不是数据库本身。在关系数据库中对表的定义，以及对安全性、完整性的定义构成了数据库模式。

2. 外模式

外模式又称为用户模式或子模式，通常是模式的子集，是数据库系统中每个用户看到和使用的数据视图，即是与某一应用有关的数据的逻辑表示。

不同的用户因为对数据的保密级别、使用的程序设计语言等需求不同，因此用户模式描述一般也不相同。

数据库管理系统提供外模式描述语言描述用户数据视图。用外模式描述语言写出的一个用户数据视图的逻辑定义的全部语句叫作此用户的外模式。外模式与用户使用的编程语言具有相容的语法。

在关系数据库中，用户可以对表和视图进行操作，表和视图的定义构成了用户模式。

3. 内模式

内模式是数据库所有数据的内部表示或者说是底层的描述。内模式用来定义数据的存储方式和物理结构，如是否压缩存储、是否建立索引、是按 B^+ 树结构存储还是 Hash 方法存储，是否加密，如何进行存储管理等。

数据库管理系统也要提供内模式描述语言来定义和描述内模式。现有的关系数据库产品一般给出一系列的实用程序来定义内模式，内模式的定义和修改是数据库管理员的责任。

数据库系统的三级模式是对数据的 3 个抽象层次。它把数据的具体组织留给 DBMS 去做，用户只要抽象地、逻辑地处理数据，而不用关心这些数据如何在计算机中表示和存储，减轻了用户使用计算机的负担。为了实现 3 个抽象层次的联系和转换，数据库管理系统在这个三级模式中提供了以下两个层次的映像。

（1）模式/内模式映像。模式/内模式映像定义了数据的逻辑结构和存储结构的对应关系。这个映像说明逻辑记录和字段在内部如何表示，当存储结构改变时，模式/内模式的映像也必须做出相应的修改以使模式不变。例如，在关系数据库中，某关系原来是以堆文件方式存储，现在按 B^+ 树方式存储，数据库管理员做了文件存储方式的转换，但关系名仍不变，关系的其他定义也没有变，即模式没有变化，使得数据具有物理独立性。

（2）外模式/模式映像。外模式/模式映像定义了外模式和模式之间的对应关系。这个映像定义通常包含在外模式中，当模式改变时，外模式/模式的映像要做相应的改变，以保证外模式不变。例如，在关系数据库中，用户的外模式由表和视图组成，若表的结构发生变化，如将一个表垂直分成两个表，这两个表的自然连接构成了原来的表，只要修改视图的定义，用户通过应用程序看到的视图并没有变化，应用程序不用修改，使得模式发生变化，外模式不变，应用程序不变，数据具有逻辑独立性。

1.4　数据库系统的特点

数据库系统是在文件系统的基础上发展而来的，数据库系统与文件系统相比有很多优点。

1. 数据结构化

实现整体数据的结构化，是数据库的主要特征之一，也是数据库系统与文件系统的本质区别。在文件系统中，文件的记录内部具有结构，不同文件的记录之间也能建立联系，但是，记录的结构和记录之间的联系被固化在程序中，由程序员加以维护。这种工作模式加重了程序员的负担，也不利于结构的变动。

在数据库系统中，记录的结构和记录之间的联系由数据库系统维护。用户使用数据定义语言描述记录的结构，数据库系统把数据的结构作为元数据保存在数据库，不同文件记录之间的联系由 DBMS 提供的操作实现，减少了程序员的工作量，提高了工作效率。

在数据库系统中，不仅数据是结构化的，而且存取数据的方式也很灵活，可以存取数据库的某一个数据项、一组数据项、一条记录或一组记录。而在文件系统中，数据的最小存取单位是记录，粒度不能细到数据项。

2. 数据共享性高、冗余低

使用文件系统开发应用软件时，一般情况下，一个文件仅供某个应用使用，文件中数据的结构针对这个应用而设计，很难被其他的应用共享。例如，财务部门根据自己的需要设计一个文件存储职员信息，用于发放薪水，而人事部门的需求完全不同于财务部门，因此，设计另外一个文件存储职员信息，结果是职员的部分信息在两个文件中重复存放，即存在数据冗余，数据冗余会造成数据的不一致。即使在设计时考虑到了文件在不同应用中的共享问题，也很难实现数据共享。因为在很多操作系统中，文件被某个程序使用期间，不允许其他的程序使用。

使用数据库系统开发应用软件时，要求综合考虑组织机构各个部门对数据的不同要求。例如，数据库只存放一份职员数据，它既能满足财务部门的业务处理，也能满足人事部门日常工作的要求，减少了数据冗余。DBMS 采用特殊的技术协调同时访问数据造成的各种冲突问题，允许事务并发执行，提高了数据的共享程度。例如，财务部门和人事部门可以同时访问职员数据。

3. 数据独立性高

数据独立性是数据库领域的常用术语，包括物理独立性和逻辑独立性。

（1）物理独立性。物理独立性是指应用程序与数据的物理存放位置和结构相互独立。只要数据的逻辑结构不变，即使改变了数据的物理存储结构，应用程序也不用更改。

（2）逻辑独立性。逻辑独立性是指应用程序与数据的逻辑结构相互独立，即使数据的逻辑结构改变了，应用程序也可以不变。

DBMS 一定可以保证数据的物理独立性，也可以在一定程度上满足数据的逻辑独立性。数据独立性是由数据库的三级模式两层映像实现的。

4. 数据由 DBMS 统一管理和控制

数据库的共享是并发的（Concurrency）共享，即多个用户可以同时存取数据库的数据，甚至可以同时存取数据库的同一个数据。为此，DBMS 还必须提供以下几方面的数据控制功能。

（1）数据的安全性（Security）保护。数据的安全性是指保护数据，以防止不合法的使用造成数据泄密和破坏，每个用户只能按规定使用和处理数据。

（2）数据的完整性（Integrity）检查。数据的完整性是指数据的正确性、有效性和相容性。完整性检查将数据控制在有效的范围内，或保证数据之间满足一定的关系。

（3）并发（Concurrency）控制。当多个用户的并发进程同时存取、修改数据库时，可能会发生相互干扰而导致错误的结果或使数据库的完整性遭到破坏，因此必须对多用户的并发操作加以控制和协调。

（4）数据库恢复（Recovery）。计算机系统的硬件故障、软件故障、操作员的失误及故意破坏都会影响数据的正确性，甚至造成数据库丢失部分或全部数据。DBMS 具有将数据库从错误状态恢复到某一已知的正确状态（也称为一致性状态）的功能，这就是数据库的恢复功能。

DBMS 的出现使信息系统从以加工数据的程序为中心转向以共享的数据库为中心的新阶段。这样既便于数据集中管理，又有利于应用程序的研制和维护，提高了数据的利用率和相容性，以及决策的可靠性。

目前，数据库已经成为现代信息系统不可分割的重要组成部分，被广泛应用于科学技术、工业、农业、商业、服务业和政府部门的信息系统。

1.5　数据库系统的分类

根据计算机的系统结构，目前数据库系统主要分为集中式数据库系统、客户机/服务器（浏览器/应用服务器/数据库服务器）数据库系统、并行数据库系统、分布式数据库系统等。

1. 集中式数据库系统

集中式数据库系统的数据库管理系统、数据库和应用程序都在一台计算机上。在小型机和大型机上的集中式数据库系统一般是多用户系统，即多个用户通过各自的终端运行不同的应用系统，共享数据库。微型计算机上的数据库系统一般是单用户的。

2. 客户机/服务器数据库系统

在客户机/服务器数据库系统中，数据库管理系统、数据库驻留在服务器，而应用程序放置在客户机（微型计算机或工作站）上，客户机和服务器通过网络进行通信。在这种结构中，客户机负责业务数据处理流程和应用程序的界面，当要存取数据库的数据时，向服务器发出请求，服务器接收客户机的请求后进行处理，并将处理结果返回客户机。

随着 Internet 技术的应用，客户机/服务器的两层结构已经发展为三层或多层结构。三层结构一般是指浏览器/应用服务器/数据库服务器结构。用户界面采用统一的浏览器方式，在应用服务器上安装应用系统或应用模块，在数据库服务器上安装数据库管理系统和数据库。两层或三层结构可对数据库管理系统的功能进行合理的分配，减轻数据库服务器的负担，从而使服务器有更多的能力完成事务处理和数据访问控制，支持更多的用户，提高系统的性能。

3. 并行数据库系统

随着数据量的增加，以及对事务处理的数量和处理速度要求的提高，传统的计算机体系结构不能胜任这种要求，必须使用并行计算机。并行数据库管理系统是在并行计算机上运行的具有并行处理能力的数据库管理系统，是数据库技术与并行计算技术相结合的产物。并行计算机系统有共享内存型、共享磁盘型、非共享型和混合型。并行计算技术利用多处理机并行处理产生的规模效益来提高系统的整体性能，为数据库管理系统提供了良好的硬件平台。并行数据库管理系统发挥了多处理机的优势，采用先进的并行查询技术和并行数据分布与管理技术，具有高性能、高可用性、高扩展性等优点。

4. 分布式数据库系统

分布式数据库系统由一组数据组成，这组数据物理上分布在计算机网络的不同节点上，逻辑上属于同一个系统。网络中的每个节点都具有独立处理的能力（称为场地自治），可以执行局部应用，这时只访问本地数据；也可以执行全局应用，此时，通过网络通信子系统访问多个节点上的数据。

分布式数据库系统适应了企业部门分布的组织结构，可以降低费用，提高系统的可靠性和可用性，具有良好的可扩展性。

1.6 数据库管理系统的演变

数据库管理系统最早出现在 20 世纪 60 年代，在硬件与软件技术的进步和新应用的推动下，在随后的几十年中得到了持续发展。

20 世纪 60 年代，还是文件系统占据主导地位。由于大型的和复杂数据管理的需要，第一个数据库管理系统在这个时期引入，验证了 DBMS 管理大量数据的可行性。后期，随着数据库任务组（Data Base Task Group，DBTG）的成立，标准化方面的工作也开始展开。

20 世纪 70 年代，人们开发出了采用层次和网状模型的第一代商用数据库管理系统，用于处理当时难以用文件系统处理的应用。直到今天，这些数据库管理系统仍在使用。第一代 DBMS 存在以下缺点。

- 基于导航的一次一条记录的过程使得访问数据库十分困难，即使是完成简单的查询，也要编写复杂的程序。
- 数据独立性有限，因此，程序与数据密切相关。
- 与关系模型不同，层次和网状模型都没有广泛公认的理论基础。

美国 IBM 公司 San Jose 研究室的 E.F.Codd 博士于 1970 年在 *Communications of The ACM* 杂志上发表了题为 *A Relational Model of Data for Large Relational Databases* 的论文，第一次提出了关系模型，经过众多研究工作者的努力，关系模型及其理论得到了丰富发展。20 世纪 80 年代，很多基于关系模型的 DBMS 被开发出来，并得到了广泛的认可和应用。

20 世纪 90 年代，Internet 的出现改变了传统的计算模式，客户机/服务器计算模式变得十分流行，发展了 DBMS 的体系结构。由于企业之间的竞争越来越激烈，不但日常业务处理要依赖数据库，而且管理层的决策也要借助于数据库技术，数据仓库、联机分析和数据挖掘技术得到了广泛应用。新的数据类型（如多媒体数据）不断涌现，面向对象数据库技术得到了发展，并融合到关系数据库中，出现了对象关系数据库。

目前，DBMS 在支持网格计算、移动计算以及 XML 数据类型方面得到了很大的发展。另外，随着云计算的普及和大数据应用的深入，出现了 NoSQL 和 NewSQL 等新型数据库系统，这些系统采用新的数据模型和新的实现技术，推动了数据库技术的发展。

小　　结

本章着重介绍了数据库系统的概念、特点和结构、数据库系统的发展过程、基本功能和组成模块。读者应重点掌握这些概念，并能独自区分，要理解采用数据库系统开发信息系统可以提高工作效率的原因。

数据库是组织机构中一组数据的集合。

数据库管理系统是一种重要的系统软件，用于数据管理，可以做到数据共享，提高信息系统的开发效率。

数据模型用于描述数据的结构和性质、数据之间的联系以及施加在数据或数据联系上的约束。

数据库系统可以采用集中式、客户机/服务器等体系结构，目前，两层或多层的客户机/服务器体系结构占主导地位。

数据库管理系统经历了支持层次模型、网状模型、关系模型、面向对象模型、XML 模型等几个发展过程，目前的主流产品是基于关系模型的，并做了适当扩充以支持面向对象的概念和 XML 数据。

习　题

1. 解释以下名词：

   数据库、DBMS、数据独立性

2. 举例说明什么是数据冗余。它可能产生什么样的结果？

3. 为什么文件系统缺乏数据独立性？举例说明。

4. 通过与文件系统的比较，简述数据库系统的优点。

5. 简述数据库系统的功能。

6. 数据库管理员的职责是什么？

7. 简述概念模型的作用。

8. 数据模型的三要素是什么？

9. 简述数据库的三级模式。

10. 简述常见的 DBMS。

第2章 关系模型

关系模型是目前最重要的一种逻辑数据模型。关系数据库系统采用关系模型作为数据的组织方式。前文提到，美国 E. F. Codd 博士于 1970 年首次提出了数据库系统的关系模型，开创了数据库关系方法和关系理论的研究，为数据库技术奠定了理论基础。基于 E. F. Codd 的杰出贡献，他于 1981 年获得了 ACM 图灵奖。

目前，大多数计算机厂商推出的数据库管理系统几乎都支持关系模型，非关系系统的产品也大都加上了关系接口。数据库领域当前的研究工作也都是以关系方法为基础。主流的数据库管理系统都支持关系模型。

2.1 关系模型概述

关系模型的数据结构非常简单，只包含单一的数据结构——关系（Relation），现实世界的实体以及实体间的各种联系均用关系表示。关系模型由数据结构、数据操作和完整性 3 部分组成。

2.1.1 关系模型的数据结构

直观上，关系就是常见的表（Table）。一个表由表名、表头和数据 3 部分构成，图 2-1 所示为一张学生名单表。

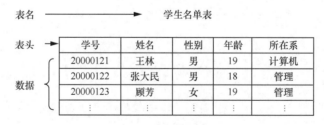

图 2-1　表的构成

形式上，关系是元组的集合。为了更准确地理解，下面从集合论的角度给出关系的形式化定义。

1. 域

定义 2.1　域（Domain）是一组具有相同数据类型的值的集合。

例如，整数、实数都是域。域可以理解为程序设计语言的数据类型，如 C 语言的 int、float。

2. 笛卡儿积

笛卡儿积是域上的一种集合运算。

定义 2.2 给定一组域 $D_1, D_2, \cdots, D_n, D_1, D_2, \cdots, D_n$ 的**笛卡儿积**（**Cartesian Product**）为：

$$D_1 \times D_2 \times \cdots \times D_n = \{(d_1, d_2, \cdots, d_n) \mid d_i \in D_i, i=1, 2, \cdots, n\}$$

其中，每一个元素 $(d_1, d_2, \cdots, d_n)$ 叫作一个 **n 元组**（*n*-tuple）或简称**元组**（Tuple）。元素的每一个值 d_i 叫作一个**分量**（Component）或**字段**（Field）。

例如，$D_1=\{王林, 顾芳\}$，$D_2=\{男, 女\}$，$D_3=\{计算机, 管理\}$，则：

$D_1 \times D_2 \times D_3 = \{$(王林, 男, 计算机), (王林, 男, 管理), (王林, 女, 计算机), (王林, 女, 管理), (顾芳, 男, 计算机), (顾芳, 男, 管理), (顾芳, 女, 计算机), (顾芳, 女, 管理)$\}$。

按照上面的定义，笛卡儿积的运算结果是一个集合，为了方便起见，将笛卡儿积和表联系起来：笛卡儿积的域映射为表的列，每个元组映射为表的一行数据，笛卡儿积的名称作为表名，这样，笛卡儿积就表示为一张表。表 2-1 所示为 D_1，D_2 和 D_3 的笛卡儿积。

表 2-1　　　　　　　　　　　　　D_1, D_2 和 D_3 的笛卡儿积

D_1	D_2	D_3
王林	男	计算机
王林	男	管理
王林	女	计算机
王林	女	管理
顾芳	男	计算机
顾芳	男	管理
顾芳	女	计算机
顾芳	女	管理

3. 关系

定义 2.3 $D_1 \times D_2 \times \cdots \times D_n$ 的一个有限子集叫作域 $D_1, D_2, \cdots, D_n$ 上的**关系**。

例如，D_1 是字符串集合，$D_2=\{男, 女\}$，D_3 是整数的集合，图 2-1 所示的学生名单就是一个关系，它是笛卡儿积 $D_1 \times D_1 \times D_2 \times D_3 \times D_1$ 的一个子集。

由于构成关系的域可能相同，为了区分这些域，必须给关系的各个域重命名，重命名后的域称为关系的**属性**（Attribute）。

根据定义 2.3，关系是一个集合，因此，每个关系要有一个名称。为了更好地了解一个关系，除了名称外，还必须知道这个关系来自哪一个笛卡儿积。我们引入**关系模式**（Relation Schema）的概念。用下面的符号表示一个关系模式。

$$R(A_1, A_2 \cdots, A_n)$$

这里，R 表示关系的名称，$A_1, A_2, \cdots, A_n$ 表示构成关系的属性。关系模式既给出了关系的名称，又描述了关系的来源，关系模式刻画了关系的结构。关系的内容即关系的所有元组叫作**关系实例**（Relation Instance）。

一个关系由关系名称、关系模式和关系实例组成，分别对应表名、表头和表中的数据。

关系名称和关系模式相对稳定，关系实例会随时间发生变化。图 2-1 所示的学生名单是一个关系，其名称和结构很少发生变化，但是，其中的数据会由于学生毕业和新生入学而不断发生变化。

我们更关注关系的关系模式。图 2-1 所示的学生名单关系的关系模式为：

学生(学号, 姓名, 性别, 年龄, 所在系)

在本书后面的叙述中，如果知道关系的关系模式，为了方便起见，就只给出关系名称来表示一个关系。

由于关系是一个集合，所以关系的元组不能出现重复，即一定存在属性组 $A_1, A_2, \cdots, A_m$ ($1 \leqslant m \leqslant n$)，每个元组在这组属性上的取值不同于任何其他的元组。

如果属性组 $A_1, A_2, \cdots, A_m$($1 \leqslant m \leqslant n$)使每个元组在其上的取值具有唯一性，并且去掉任何一个属性后，元组在其上的取值不再具有唯一性，则称该属性组为**候选码**（Candidate Key）。

若一个关系有多个候选码，则选定其中一个作为**主码**（Primary Key）。包含在某个候选码中的属性叫作**主属性**，不包含在任何候选码中的属性称为**非主属性**或**非码属性**。在最简单的情况下，候选码只包含一个属性，而在最极端的情况下，候选码包含所有的属性，称为**全码**（All-Key）。

从上面的叙述中可知，关系是一个集合，可以表示为表，表可以作为关系的同义词。但是要注意以下事项。

（1）列是同质的，即所有行在同一列上的取值必须是同一类型的数据，来自同一个域。例如，图 2-1 中每个元组在性别列上的取值只能来自域{男, 女}。

（2）不同的列可以出自同一个域，但是每列要有唯一的名称。例如，图 2-1 所示的学号列、姓名列都来自字符串域。

（3）行的次序可以任意交换，交换表中任何两行的位置，得到的是同一个表。因为关系是一个集合，元组是关系的元素，集合中的元素无次序之分，所以关系中的元组无次序之分。

（4）列的次序可以任意交换，交换表中任何两列的位置，得到的仍然是同一个表。这是对关系定义的扩展，一般情况下，$(d_1, d_2, \cdots, d_i, d_{i+1}, \cdots, d_n) \neq (d_1, d_2, \cdots, d_{i+1}, d_i, \cdots, d_n)$，因为关系是笛卡儿积的子集，而构成笛卡儿积的域的次序是不能交换的。但是，如果约定 d_i($1 \leqslant i \leqslant n$)是行在列 A_i 上的分量，则$(d_1, d_2, \cdots, d_i, d_{i+1}, \cdots, d_n)$ 和 $(d_1, d_2, \cdots, d_{i+1}, d_i, \cdots, d_n)$代表的是同一个行。

（5）任意两行不能完全相同，因为表中的一行代表关系中的一个元组，但是任何一个元组在主码上的取值是不同的。

（6）每一行在任何一列上的取值必须是单一值，不能是多个值；必须是原子值，不能是复合值。因此，表 2-2 不是一个关系，因为工资和扣除是可拆分的数据项，工资又分为基本工资、工龄工资和职务工资，扣除又分为房租和水电费。表 2-3 也不是一个关系，因为一个人有多个电话号码。表 2-4 也不是一个关系，虽然表 2-5 和表 2-4 表示相同的信息，但是表 2-5 是一个关系。

表 2-2 　　　　　　　　　　　　　　　　工资单

编　号	姓　名	职　称	工　资			扣　除		实发
			基本	工龄	职务	房租	水电费	
86051	陈　平	讲　师	1205	50	80	160	120	1055
⋮	⋮	⋮	⋮	⋮	⋮	⋮	⋮	⋮

表 2-3	通讯录
姓　名	电话号码
王　林	8636xxxx(H)，8797xxxx(O)，139xxxxx001
张大民	133xxxxx125，138xxxxx878

表 2-4　　　　　　　　　　　成绩单 1

姓　名	课　程		
	数　学	物　理	化　学
王　林	85	90	92
张大民	97	78	85
顾　芳	86	89	96
姜　凡	78	93	67
葛　波	89	77	91

表 2-5　　　　　　　　　　　成绩单 2

姓　名	课　程	成　绩
王　林	数学	85
王　林	物理	90
王　林	化学	92
张大民	数学	97
张大民	物理	78
张大民	化学	85
顾　芳	数学	86
顾　芳	物理	89
顾　芳	化学	96
姜　凡	数学	78
姜　凡	物理	93
姜　凡	化学	67
葛　波	数学	89
葛　波	物理	77
葛　波	化学	91

2.1.2　关系模型的数据操作

2.1.1 节讲解了关系模型的数据结构，下面介绍关系模型的数据操作。

以一张表为例，可以做以下操作。

（1）建表：给出表名，画出表头，进行一些修饰。

（2）填表：向表中填入一行或多行数据。

（3）修改：改正表中的某些数据。

（4）删除：去掉一行或多行数据。

（5）查询：查找满足某个条件的行。

（6）销毁表：表不再具有使用价值后，可以废除该表。

对关系也有相同的操作。关系模型的常用数据操作包括查询（Query）、插入（Insert）、删除（Delete）、修改（Update）。例如，对关系 Student 有以下数据操作，这些操作用 SQL 语言表示。

1. 创建关系模式

```
CREATE  TABLE Student
(Sno      CHAR(7)      PRIMARY KEY,
 Sname    CHAR(8)      NOT NULL,
 Ssex     CHAR(2) ,
 Sage     SMALLINT,
 Sdept    CHAR(20));
```

2. 插入学生王林的信息

```
INSERT
INTO Student(Sno,Sname,Ssex,Sage,Sdept)
VALUES ('2000012', '王林', '男', 19,'计算机');
```

3. 修改学生王林的信息，将他由计算机系转到管理系

```
UPDATE   Student
SET Sdept = '管理'
WHERE   Sno='2000012';
```

4. 删除学生王林的信息

```
DELETE
FROM Student
WHERE Sno='2000012';
```

5. 查询管理系所有学生的信息

```
SELECT *
FROM Student
WHERE Sdept = '管理';
```

6. 删除学生关系

```
DROP TABLE Student;
```

2.1.3 关系模型的完整性

关系模型的完整性是一组约束规则,规定了关系实例中允许出现的元组和不允许出现的元组。关系模型有 3 类完整性：实体完整性、引用（参照）完整性和用户自定义的完整性。其中实体完整性和引用完整性是关系模型必须满足的约束，被称作关系的两个不变性，由关系数据库管理系统自动支持。

1. 实体完整性（Entity Integrity）

对于任何一个关系 R，如果 A 是主码的某个属性，则关系 R 的任何一个元组在属性 A 上不能

取空值（NULL）。所谓空值，就是"不知道"或"无意义"的值。

例如，关系 Student 的主码是学号，任何一个元组的学号都不能取空值，即每个学生都必须有一个学号。

实体完整性的意义在于，如果主码的某个属性取空值，就说明存在某个不可标识的实体，即存在不可区分的实体，这与主码的意义相矛盾，因此称为实体完整性。

2. 引用完整性（Referential Integrity）

假设关系 R 有属性组 $A_1, A_2, \cdots, A_m$，关系 S 有属性组 $B_1, B_2, \cdots, B_m$，并且 A_k 和 B_k 来自同一个域，$1 \leq k \leq m$，如果 $B_1, B_2, \cdots, B_m$ 是关系 S 的主码，则 $A_1, A_2, \cdots, A_m$ 称作关系 R 的外码。

引用完整性要求，关系 R 的任何一个元组在外码上的取值要么是空值，要么是关系 S 中某个元组的主码的值。引用完整性保证不引用不存在的实体。

例如，假设有另外一个关系 Department(Sdept，Dmanager)，这个关系存储了学校的各系的名称和系主任的名字，其中，属性 Sdept 是主码，如表 2-6 所示。

表 2-6   *Department* 关系

Sdept	Dmanager
计算机	庄琳
管理	张克峰
数学	韦忠礼

属性 Sdept 既出现在关系 Department，又出现在关系 Student。对于关系 Student，属性 Sdept 就是一个外码。任何一个学生在 Sdept 上的取值要么是空值，表示目前尚不清楚该学生属于哪个系；要么出现于关系 Department 的某个元组，即必须是一个已经存在的系，而不允许是一个不存在的系。

3. 用户自定义的完整性（User-Defined Integrity）

任何关系数据库管理系统都应该支持实体完整性和引用完整性。除此之外，不同的应用系统根据应用环境的要求，往往需要一些特殊的约束规则，用户自定义的完整性就是针对某一具体应用环境的约束规则。它反映了某一具体应用涉及的数据必须满足的语义要求。例如，某个属性必须取唯一值，某个属性不能取空值，某个属性的取值范围为 0～100 等。关系模型提供定义和检验这类完整性的机制，以便用统一的系统的方法处理它们，而不要由应用程序承担这一功能。

2.2 关系代数

查询操作是最常用的一种操作。本节介绍**关系代数**，它是一种抽象的关系查询语言，通过运算表达查询。

任何一种运算都是将运算符作用于运算对象，得到预期的运算结果。所以运算对象、运算符、运算结果是运算的 3 大要素。

关系代数就是在关系上定义了一些运算，这些运算的结果仍然是关系。关系代数用到的运算符包括 4 类：集合运算符、关系运算符、算术比较运算符和逻辑运算符。关系代数包括：

（1）4 个集合运算：交（INTERSECT）、并（UNION）、差（EXCEPT）和笛卡儿积（CARTESIAN PRODUCT）。

（2）4 个关系运算：选择（SELECT）、投影（PROJECT）、连接（JOIN）和除（DIVIDE），以及辅助这些运算的算术比较运算符和逻辑运算符。

关系代数用这些运算来表达对关系数据库的各种查询，关系代数的运算符如表 2-7 所示。

表 2-7　关系代数的运算符

运算符		含义	运算符		含义
集合运算符	∪	并	比较运算符	>	大于
	−	差		>=	大于等于
	∩	交		<	小于
	×	笛卡儿积		<=	小于等于
				=	等于
				<>	不等于
关系运算符	σ	选择	逻辑运算符	¬	非
	π	投影		∧	与
	⋈	连接		∨	或
	÷	除			

2.2.1 集合运算

1. 并

并运算是二元运算符。参与运算的有两个关系，这两个关系的属性个数必须相同，并且相同位置的属性必须来自同一个域。并运算的结果是一个新的关系，其关系模式同原来的关系，其关系实例是两个关系的关系实例的并。关系 R 和 S 的并运算的形式化定义如下。

$$R \cup S = \{ t | t \in R \vee t \in S \}$$

一个具体的例子如图 2-2 所示。关系 R 的关系模式是 $R(A, B, C)$，关系 S 的关系模式是 $S(A, B, C)$，并运算结果的关系模式是 $R \cup S\,(A, B, C)$。因为集合中不允许出现相同的元素，关系 R 和 S 都有元组(a_1, b_2, c_2)、(a_2, b_2, c_1)，因此这两个元组在结果中只出现了一次。

R

A	B	C
a_1	b_1	c_1
a_1	b_2	c_2
a_2	b_2	c_1

∪

S

A	B	C
a_1	b_2	c_2
a_1	b_3	c_2
a_2	b_2	c_1

⇨

$R \cup S$

A	B	C
a_1	b_1	c_1
a_1	b_2	c_2
a_2	b_2	c_1
a_1	b_3	c_2

图 2-2　并运算

上面的例子隐含了关系 R 的属性 A 和关系 S 的属性 A 来自同一个域的事实（属性 B 和属性 C 也来自同一个域）。假设关系 R 的关系模式是 $R(A_1, B_1, C_1)$，关系 S 的关系模式是 $S(A_2, B_2, C_2)$，A_1

和 A_2 的域是 D_1，B_1 和 B_2 的域是 D_2，C_1 和 C_2 的域是 D_3，虽然 R 和 S 的属性名不同，但对应位置的属性同域，仍然能做并运算，运算结果的关系模式有 3 个属性，可以任意命名，如 A_3，B_3，C_3。运算结果如图 2-3 所示。

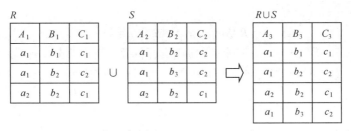

图 2-3 并运算

2. 交

交运算是二元运算符。交运算的结果是一个新的关系，其关系实例是两个关系的关系实例的交。关系 R 和 S 的交运算的形式化定义为：

$$R \cap S = \{ t|t \in R \wedge t \in S \}$$

一个具体的例子如图 2-4 所示。

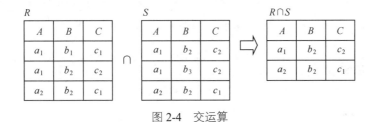

图 2-4 交运算

3. 差

差运算是二元运算符。差运算的结果是一个新的关系，其关系实例是两个关系的关系实例的差。关系 R 和 S 的差运算的形式化定义为：

$$R - S = \{ t|t \in R \wedge t \notin S \}$$

一个具体的例子如图 2-5 所示。

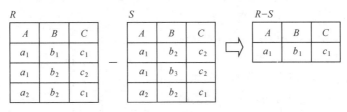

图 2-5 差运算

4. 笛卡儿积

两个分别具有 n 个属性和 m 个属性的关系 R 和 S 的笛卡儿积是一个具有 $n+m$ 个属性的关系。

新关系的关系模式由关系 R 和 S 的关系模式合并而成，关系实例的元组的前 n 列是关系 R 的一个元组，后 m 列是关系 S 的一个元组。

若 R 有 k_1 个元组，S 有 k_2 个元组，则关系 R 和 S 的笛卡儿积有 $k_1 \times k_2$ 个元组，关系 R 和 S 的笛卡儿积运算的形式化定义为：

$$R \times S = \{\widehat{t_r t_s} \mid t_r \in R \wedge t_s \in S\}$$

一个具体的例子如图2-6所示。笛卡儿积运算结果的关系模式为 $R \times S = (R.A, R.B, R.C, S.A, S.B, S.C)$，因为关系模式的属性不能同名，关系 R 和 S 的属性 A 分别命名为 $R.A, S.A$，属性 B 和 C 采用同样的处理方法。

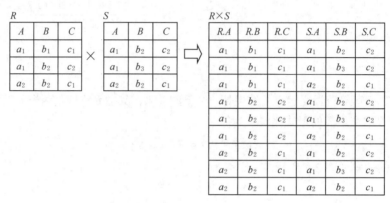

图2-6　笛卡儿积运算

2.2.2　关系运算

1. 选择

选择是一元运算符，运算的结果产生了一个新关系，新关系的关系模式与运算对象的关系模式相同，关系实例由运算对象中满足条件的元组组成。对关系 R 的选择操作记作：

$$\sigma_C(R) = \{t \mid t \in R \wedge C(t) = '真'\}$$

其中 C 表示选择条件，它是一个逻辑表达式，取逻辑值"真"或"假"。逻辑表达式 C 的基本形式为：

$$X \theta Y$$

其中 θ 表示比较运算符，它可以是 $>$、$>=$、$<$、$<=$、$=$ 或 $<>$。X，Y 为属性名、常量或简单函数；属性名也可以用其在关系模式中的位置代替。

在基本形式的基础上，还可以用逻辑运算符 $\neg$、$\wedge$、$\vee$ 构成更复杂的逻辑表达式。

选择运算是从水平方向进行的运算。例如，选择关系 R 的属性 B 的值是 b_1 的元组，结果如图2-7所示。

图2-7　选择运算

2. 投影

投影是一元运算符，运算结果是保留运算对象的某些属性，去掉其他属性所形成的新关系，记作：

$$\pi_L(R) = \{ t[L] \mid t \in R \}$$

其中 L 为需要保留的关系 R 属性组，$t[L]$是由元组 t 生成的新元组，新元组只包含属性组 L 的属性。投影运算是从垂直方向进行的运算。

关系 R 在属性 A 和 C 上投影的结果如图 2-8 所示。注意，投影之后不仅去除了原关系的某些属性，而且可能去除某些元组，因为去除了某些属性后可能出现重复的元组。

R

A	B	C
a_1	b_1	c_1
a_2	b_2	c_2
a_1	b_2	c_1

⇨

$\pi_{A,C}(R)$

A	C
a_1	c_1
a_2	c_2

图 2-8　投影运算

3. 连接

连接运算是对两个关系的笛卡儿积运算的结果在水平方向进行选择运算，在垂直方向进行投影运算从而产生一个新关系，关系 R 和 S 的连接运算记作：

$$R \underset{C}{\bowtie} S = \sigma_C(R \times S)$$

条件的构成同选择运算。

连接运算有两种重要并且常用的形式，一种是等值连接，另一种是自然连接。

连接条件为 $A=B$ 的连接运算称为**等值连接**（Equijoin）。它是从关系 R 与 S 的笛卡儿积运算的结果中选取在 A，B 属性上值相等的那些元组。

自然连接（Natural Join）是一种特殊的等值连接，用符号⋈表示，它要求关系 R 的属性 A 和关系 S 的属性 B 同名，并且在结果中只保留属性 A 或属性 B。

连接运算是从水平方向进行运算。因为需要取消重复列，自然连接是同时从水平和垂直方向进行运算。图 2-9（c）是连接运算，图 2-9（d）是等值连接，图 2-9（e）是自然连接。

R

A	B	C
a_1	b_1	5
a_1	b_2	6
a_2	b_3	8
a_2	b_4	12

（a）

S

B	E
b_1	3
b_2	7
b_3	10
b_3	2
b_5	2

（b）

$R \underset{C<E}{\bowtie} S$

A	R.B	C	S.B	E
a_1	b_1	5	b_2	7
a_1	b_1	5	b_3	10
a_1	b_2	6	b_2	7
a_1	b_2	6	b_3	10
a_2	b_3	8	b_3	10

（c）

$R \underset{R.B=S.B}{\bowtie} S$

A	R.B	C	S.B	E
a_1	b_1	5	b_1	3
a_1	b_2	6	b_2	7
a_2	b_3	8	b_3	10
a_2	b_3	8	b_3	2

（d）

$R \bowtie S$

A	B	C	E
a_1	b_1	5	3
a_1	b_2	6	7
a_2	b_3	8	10
a_2	b_3	8	2

（e）

图 2-9　连接运算

关系 R 和 S 做自然连接时，选择在公共属性上值相等的元组构成新的关系。此时，关系 R 中某些元组有可能在关系 S 中不存在公共属性上值相等的元组，从而造成 R 中这些元组在运算时被舍弃，而 S 中的某些元组也可能被舍弃。例如，图 2-9（e）所示的自然连接，R 的第 4 个元组和 S 的第 5 个元组被舍弃。如果把被舍弃的元组也保存在新关系中，在新增加的属性上取空值，这种连接就叫作**外连接**（outer join），如果只保留关系 *R* 要舍弃的元组就叫作**左外连接**；如果只保留关系 *S* 要舍弃的元组就叫作**右外连接**。图 2-10（a）是图 2-9 关系 *R* 和关系 *S* 的外连接，图 2-10（b）是左外连接，图 2-10（c）是右外连接。

A	*B*	*C*	*E*
a_1	b_1	5	3
a_1	b_2	6	7
a_2	b_3	8	10
a_2	b_3	8	2
a_2	b_4	12	
	b_5		2

(a)

A	*B*	*C*	*E*
a_1	b_1	5	3
a_1	b_2	6	7
a_2	b_3	8	10
a_2	b_3	8	2
a_2	b_4	12	

(b)

A	*B*	*C*	*E*
a_1	b_1	5	3
a_1	b_2	6	7
a_2	b_3	8	10
a_2	b_3	8	2
	b_5		2

(c)

图 2-10　外连接运算

4. 除

给定关系 *R*(*X*, *Y*) 和 *S*(*Y*, *Z*)，其中 *X*，*Y*，*Z* 为属性组。关系 *R* 的 *Y* 与关系 *S* 的 *Y* 可以有不同的属性名，但必须出自同一个域。关系 *R* 与 *S* 的除运算 *R* ÷ *S* 得到一个新关系 *P*(*X*)，对于任何一个元组 $t \in P(X)$，有 $t \in \pi_X(R)$，并且 $\{t\} \times \pi_Y(S) \subseteq R$。

图 2-11 的关系 *R* 表示某个飞行员能驾驶哪些机型，关系 *S* 列出了 3 种机型，关系 *R* ÷ *S* 表示会驾驶关系 *S* 列出的所有机型的飞行员。

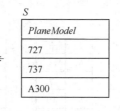

R

Pilot	*Plane Model*
P_1	727
P_1	737
P_2	747
P_1	A300
P_3	727

÷

S

Plane Model
727
737
A300

R ÷ *S*

Pilot
P_1

图 2-11　除运算

2.3　示例数据库

关系数据库是关系的集合。下面给出本书使用的一个示例数据库，它包含 3 个关系，其中，带下画线的属性或属性组为主码。

（1）学生关系：Student(<u>Sno</u>, Sname, Ssex, Sage, Sdept)

属性 Sno、Sname、Ssex、Sage 和 Sdept 分别表示学号、姓名、性别、年龄和所在系。

（2）课程关系：Course(<u>Cno</u>, Cname, Cpno, Ccredit)

属性 Cno、Cname、Cpno 和 Ccredit 分别表示课程号、课程名、先修课程号和学分。

（3）学生选课关系：SC(<u>Sno</u>, <u>Cno</u>, Grade)

属性 Sno、Cno 和 Grade 分别表示学号、课程号和成绩。

3 个关系的关系实例分别如表 2-8～表 2-10 所示。

表 2-8　　　　　　　　　　　　　　　关系 *Student* 的关系实例

Sno	*Sname*	*Ssex*	*Sage*	*Sdept*
2000012	王林	男	19	计算机
2000113	张大民	男	18	管理
2000256	顾芳	女	19	管理
2000278	姜凡	男	19	管理
2000014	葛波	女	18	计算机

表 2-9　　　　　　　　　　　　　　　关系 *Course* 的关系实例

Cno	*Cname*	*Cpno*	*Ccredit*
1128	高等数学		6
1156	英语		6
1137	管理学		4
1024	数据库原理	1136	4
1136	离散数学	1128	4
1030	物理		4

表 2-10　　　　　　　　　　　　　　关系 *SC* 的关系实例

Sno	*Cno*	*Grade*
2000012	1156	80
2000113	1156	89
2000256	1156	93
2000014	1156	88
2000256	1137	77
2000278	1137	89
2000012	1137	70
2000012	1024	80
2000014	1024	88
2000014	1136	90
2000012	1136	78
2000012	1128	90
2000014	1128	85

下面给出若干个用关系代数表示的对示例数据库的查询。

例 2.1　查询选修了 1137 号课程的学生的学号和成绩。

关系 SC 记录了学生选修的课程以及取得的成绩，这个查询应该对关系 SC 进行运算。首先在水平方向进行运算，选择课程号为 1137 的所有元组，再对满足条件的元组进行垂直方向的运算，只保留学号和成绩属性。

2-1　示例
数据库的查询

$$\pi_{Sno,\,Grade}(\sigma_{Cno='1137'}(SC))$$

例 2.2　查询选修了 1137 号课程的学生的姓名和成绩。

这个查询同例 2.1 不同的是要查询学生的姓名，而姓名是关系 Student 的属性，因此，选择出选修了 1137 号课程的所有学生后，还要和关系 Student 做自然连接运算，获取姓名信息，然后再做投影运算。

$$\pi_{Sname, Grade}(Student \bowtie \sigma_{Cno='1137'}(SC))$$

例 2.3 查询选修了管理学课程的学生的学号和姓名。

这个查询涉及 3 个关系：课程名在关系 Course 中，姓名在关系 Student 中，而选修课程的信息在关系 SC 中。首先选择关系 Course 的元组，条件是课程名为管理学，然后，利用得到的课程号与关系 SC 做自然连接运算，得到选修管理学的所有学生的学号，再利用学号和关系 Student 做自然连接运算，最后，使用投影运算去除不需要的属性。

$$\pi_{Sno, Sname}(Student \bowtie (\sigma_{Cname='管理学'}(Course) \bowtie SC))$$

例 2.4 查询选修了 1024 或 1136 号课程的学生的学号。

这个查询需要的信息全部出现在关系 SC 中，但查询条件需要使用逻辑或运算。

$$\pi_{Sno}(\sigma_{Cno='1024' \vee Cno='1136'}(SC))$$

例 2.5 查询没有选修 1156 号课程的学生的学号、姓名和所在系。

关系 Student 记录了所有学生的学号、姓名和所在系，对 Student 做投影运算，去除其他无关的属性，只保留学号、姓名和所在系属性，记为查询 1。关系 SC 记录了选修了 1156 号课程的学生的信息：学号、课程号和成绩，通过学号和关系 Student 做自然连接运算获取学生的姓名和所在系，记为查询 2。查询 1 和查询 2 的结果是集合，利用集合的差运算得到最终的查询结果。

$$\pi_{Sno, Sname, Dept}(Student) - \pi_{Sno, Sname, Dept}(Student \bowtie \sigma_{Cno='1156'}(SC))$$

如果每个学生至少选修了一门课，即在关系 SC 中至少有一个元组，则这个查询也可以表达为如下形式。

$$\pi_{Sno, Sname, Dept}(\sigma_{Cno<>'1156'}(Student \bowtie SC))$$

例 2.6 查询至少选修了 1024 与 1136 号课程的学生的学号。

在关系 SC 中，以学号为 2000014 的学生为例，她选修了 1156、1024、1136 和 1028 号课程，对这 4 个元组做笛卡儿积运算将产生 16 个元组，其中 1 个元组的第 2 个属性是 1024，第 5 个属性是 1136，因此，她将出现在下面的查询中。同理，学号为 2000012 的学生也将出现在下面的查询中。

$$\pi_1(\sigma_{1=4 \wedge 2='1024' \wedge 5='1136'}(SC \times SC))$$

在例 2.6 中，SC×SC 表示关系 SC 自身进行笛卡儿积运算，结果有属性重名的现象，这时，不能写为 Sno=Sno，因为 Sno 具有二义性（有两个属性的名称都为 Sno），所以这里用 1=4 表示，1 表示第 1 个属性，4 表示第 4 个属性。同理，2 和 5 表示两个不同的 Cno 属性。

例 2.7 查询选修了全部课程的学生的学号。

出现在查询结果中的学生应该是这样的：对关系 Course 中的每一门课，在关系 SC 中都有一条选课记录；或者说，对关系 Course 的每个元组，该学生在关系 SC 有一个元组，这两个元组的 Cno 属性值相同。因此，这个查询要用除法运算。

$$\pi_{Sno, Cno}(SC) \div Course$$

例 2.6 也可以用除法运算实现。

$$\pi_{Sno, Cno}(SC) \div (\sigma_{Cno='1024' \vee Cno='1136'}(Course))$$

例 2.8 查询所选修课程包含学生葛波所选修课程的学生的姓名。

学生葛波所选修的课程可以表达为：

$$\pi_{Cno}(\sigma_{sname='葛波'}(Student) \bowtie SC)$$

所选修课程包含学生葛波所选修课程的学生的学号是：

$$\pi_{Sno, Cno}(SC) \div \pi_{Cno}(\sigma_{sname='葛波'}(Student) \bowtie SC)$$

这些学生的姓名是：

$$\pi_{Sname}(Student \bowtie (\pi_{Sno, Cno}(SC) \div \pi_{Cno}(\sigma_{sname='葛波'}(Student) \bowtie SC)))$$

小　　结

本章着重介绍了关系的概念、基本操作和完整性。理解关系模型是使用关系数据库的基础。

直观上，关系是一个简单的二维表，由若干列和若干行组成，同一列的数据有相同的数据类型，当然，为了区分不同的表，每个二维表必须有唯一的名称。

形式上，关系是一个集合，集合的元素叫作元组。n 元关系（有 n 个属性）的元组有 n 个分量，每个分量是属性所属域的一个元素。

关系的操作分为查询操作和更新操作。查询操作包括集合运算，关系运算选择、投影、连接和除。更新操作包括插入一个元组、删除一个元组、修改元组的某个分量，更新操作将在第 3 章介绍。

关系要满足实体完整性、参照完整性、用户自定义的完整性。实体完整性是指关系的任何一个元组在主码上不能取空值。空值是一个特殊的值，表示暂时"不知道"或"不存在"具体的值。

习　　题

1．简述域的概念。

2．举例说明什么是主码，它的作用是什么？

3．举例说明什么是外码，它的作用是什么？

4．什么是实体完整性？什么是参照完整性？

5．笛卡儿积运算、等值连接运算和自然连接运算之间有什么差异？

6．给出例 2.1～例 2.8 的结果。

7．设有一个 SPJ 数据库，包括 S、P、J、SPJ 这 4 个关系模式。

```
S(SNO,SNAME,STATUS,CITY);
P(PNO,PNAME,COLOR,WEIGHT);
J(JNO,JNAME,CITY);
SPJ(SNO,PNO,JNO,QTY);
```

供应商关系 S 由供应商代码（SNO）、供应商姓名（SNAME）、供应商状态（STATUS）、供应商所在城市（CITY）组成；零件关系 P 由零件代码（PNO）、零件名（PNAME）、颜色（COLOR）、重量（WEIGHT）组成；工程项目关系 J 由工程项目代码（JNO）、工程项目名（JNAME）、工程项目所在城市（CITY）组成；供应情况关系 SPJ 由供应商代码（SNO）、零件代码（PNO）、工程项目代码（JNO）、供应数量（QTY）组成，表示某供应商供应某种零件给某工程项目的数量为 QTY。

有若干数据如下。

关系 S

SNO	SNAME	STATUS	CITY
S1	精 益	20	天津
S2	盛 锡	10	北京
S3	东方红	30	北京
S4	丰泰盛	20	天津
S5	为 民	30	上海

关系 P

PNO	PNAME	COLOR	WEIGHT
P1	螺 母	红	12
P2	螺 栓	绿	17
P3	螺丝刀	蓝	14
P4	螺丝刀	红	14
P5	凸 轮	蓝	40
P6	齿 轮	红	30

关系 J

JNO	JNAME	CITY
J1	三 建	北京
J2	一 汽	长春
J3	弹 簧 厂	天津
J4	造 船 厂	天津
J5	机 车 厂	唐山
J6	无线电厂	常州
J7	半导体厂	南京

关系 SPJ

SNO	PNO	JNO	QTY
S1	P1	J1	200
S1	P1	J3	100
S1	P1	J4	700
S1	P2	J2	100
S2	P3	J1	400
S2	P3	J2	200
S2	P3	J4	500
S2	P3	J5	400
S2	P5	J1	400
S2	P5	J2	100
S3	P1	J1	200

续表

SNO	PNO	JNO	QTY
S3	P3	J1	200
S4	P5	J1	100
S4	P6	J3	300
S4	P6	J4	200
S5	P2	J4	100
S5	P3	J1	200
S5	P6	J2	200
S5	P6	J4	500

试用关系代数完成如下查询。

（1）查询供应工程 J1 零件的供应商代码 SNO。

（2）查询供应工程 J1 零件 P1 的供应商代码 SNO。

（3）查询供应工程 J1 红色零件的供应商代码 SNO。

（4）查询没有使用天津供应商生产的红色零件的工程项目代码 JNO。

（5）查询至少用了供应商 S1 所供应的全部零件的工程项目代码 JNO。

第3章 关系数据库标准语言 SQL

关系代数提供了选择、投影、连接等运算，用于查询关系中的数据，其特点是简洁而严格。SQL（Structured Query Language）是关系数据库的标准语言，它包含了关系代数的运算，并进行了扩充，功能强大。当前，几乎所有的关系数据库管理系统都支持 SQL，有些还对 SQL 进行了扩充。本章主要介绍 SQL:1999 标准。

3.1 SQL 概述

3.1.1 SQL 的产生和发展

SQL 的最早版本是由 IBM 开发的。SQL 的前身是 1972 年提出的 SQUARE（Specifying Queries As Relational Expression）语言，在 1974 年修改为 SEQUEL（Structured English Query Language），简称 SQL。

SQL 简单易学，功能丰富，深受用户及计算机工业界欢迎，被数据库厂商采用。经过各公司的不断修改、扩充和完善，SQL 得到业界的认可。1986 年 10 月，美国国家标准学会（American National Standard Institute，ANSI）的数据库委员会 X3H2 批准了 SQL 作为关系数据库语言的美国标准，同年公布了 SQL 标准文本（SQL-86），1987 年国际标准化组织（International Organization for Standardization，ISO）也通过了这一标准。ANSI 于 1989 年公布了 SQL-89 标准，1992 年公布了 SQL-92 标准。此后，SQL 在 ISO/IEC 的监管下不断发展，陆续公布了 SQL:1999、SQL:2003、SQL:2008、SQL:2011、SQL:2016 和 SQL:2019 标准。

SQL 标准分为强制和可选两个部分，强制部分是数据库厂家必须实现的标准，从 SQL:1999 标准后，强制部分的内容变化不大，本书主要介绍 SQL:1999 标准的部分内容。

目前，各个数据库厂商都有各自的 SQL 软件或与 SQL 的接口软件，并开发了各种图形界面的输入输出软件、报表生成器、软件开发工具等，方便了应用程序的开发，并且使得开发出的应用程序的界面更丰富、更方便用户使用。

3.1.2 SQL 的组成

1. 操作对象

表和视图是 SQL 的操作对象。

表就是关系模型的关系。表由名称、结构（关系模式）和数据 3 部分组成。表的名称和结构存储在 DBMS 的数据字典，表的数据保存在数据库。

视图是一个特殊的表，基本上可以把它当作表使用。

2. 操作分类

SQL 包括了对数据库的所有操作，从功能上可以分为以下 4 个部分。

（1）数据定义语言（Data Definition Language，DDL）

数据定义语言用来定义数据库的逻辑结构，包括定义表、视图和索引。数据定义语言只是定义结构，不涉及具体的数据。数据定义语句的执行结果会保存在数据字典。

（2）数据操纵语言（Data Manipulation Language，DML）

数据操纵语言包括查询和更新两大类操作。查询包括选择、投影、连接等运算。更新包括插入、删除和修改操作。

（3）数据控制语言（Data Control Language，DCL）

数据控制语言包括对关系和视图的访问权限的描述，以及对事务的控制语句。

（4）嵌入式 SQL 和动态 SQL（Embeded SQL and Dynamic SQL ）

这部分规定了在诸如 C、Fortran、Cobol 等宿主语言使用 SQL 的规则。

3.1.3　SQL 的特点

SQL 具有如下特点。

1. 综合统一

DBMS 的主要功能是通过数据库支持的数据语言来实现的。

非关系模型（层次模型、网状模型）的数据语言一般都分为数据操纵语言和数据定义语言。数据定义语言描述数据库的逻辑结构和物理结构。这些语言有各自的语法。当数据库投入运行后，如果需要修改模式，就必须停止现有数据库的运行，转储数据，修改模式并编译后再重装数据库，十分麻烦。

SQL 则集数据定义语言、数据操纵语言、数据控制语言的功能于一身，语言风格统一，可以独立完成数据库生命周期的全部活动，包括建立数据库、定义关系模式、插入数据、查询和更新数据、维护和重构数据库以及数据库安全性控制等一系列操作要求，这为数据库应用系统的开发提供了良好的环境。数据库投入运行后，还可根据需要修改模式，并且不影响数据库的运行，从而使系统具有良好的可扩展性。

另外，关系模型将实体和实体间的联系均用关系表示，这种数据结构的单一性带来了数据操作符的统一，查询、插入、删除、更新等操作都只需一种操作符，从而解决了非关系系统信息表示方式多样性带来的操作复杂性问题。

2. 高度非过程化

非关系数据模型的数据操纵语言是面向过程的语言，就像大家熟悉的 C 语言一样，执行一项工作时必须描述"怎么做"的过程。如果要从数据库中取出数据，就必须描述在什么地方以何种方式取出数据，这要求使用人员了解数据库的物理结构。而用 SQL 操作数据时，只要提出"做什么"，而无须指明"怎么做"。"怎么做"是由系统自动完成的。用户是在数据库的逻辑结构层次上使用数据库，无须了解数据库的物理结构。这不但减轻了用户的负担，而且有利于提高数据的独立性。

3. 面向集合的操作方式

非关系模型采用的是面向记录的操作方式，操作对象是一条记录。例如，要查询所有平均成绩在 80 分以上的学生姓名，用户必须逐条地把满足条件的学生记录找出来（通常要说明具体处理过程，即按照哪条路径，如何循环等）。SQL 采用集合操作方式，不仅操作对象、查询结果可以是元组的集合，而且插入、删除、更新操作的对象也可以是元组的集合。

4. 以同一种语法结构提供两种使用方式

SQL 既是自含式语言，又是嵌入式语言。作为自含式语言，它能够独立用于联机交互环境，用户可以在终端直接输入 SQL 命令对数据库进行操作；作为嵌入式语言，SQL 语句能够嵌入高级语言（如 C、Cobol、Fortran）程序中，供程序员设计程序时使用。在两种不同的使用方式下，SQL 的语法结构基本上是一致的。这种以统一的语法结构提供两种不同的使用方式的做法具有极大的灵活性与方便性。

5. 语言简洁，易学易用

SQL 功能极强，但由于设计巧妙，十分简洁，完成核心功能只用了 9 个动词，如表 3-1 所示。

表 3-1 SQL 的动词

SQL 功能	动　　词
数据查询	SELECT
数据定义	CREATE、DROP、ALTER
数据操纵	INSERT、UPDATE、DELETE
数据控制	GRANT、REVOKE

3.2　数据类型和表的定义

SQL 使用表（Table）指代关系模型的关系，使用列（Column）指代属性。本节介绍与表的定义相关的知识。

用户使用表的定义语句管理表，必须具有 DBA 身份或者获得了 DBA 的授权，用户建立表以后，对该表拥有全部的权限，其他用户一般只拥有查询权限。

用户建立表以后，可以再增加新的列，但是一般不允许删除列，如果确实要删除列，就必须先删除表，然后重新建立表并装入数据。增加列一般不需要修改已经存在的程序，而删除列必须修改那些使用了该列的程序。

3.2.1　数据类型

域是关系模型的一个很重要的概念，关系模式的属性需要指定一个域，属性值必须取自域。SQL 的数据类型与关系模型的域的含义相同。

SQL 标准定义了若干数据类型以及函数。SQL:1999 标准定义了 3 种数据类型：预定义数据类型（Predefined Data Type）、构造类型（Constructed Type）和用户自定义类型（User-defined Type）。构造类型和用户自定义类型将在第 10 章介绍，下面介绍预定义数据类型。

1. 串（String）

（1）字符串（Character String）

字符串是一个字符序列，字符串中的字符数称为字符串长度。根据长度是否可变，SQL 的字符串分为定长（CHARACTER）、变长（CHARACTER VARYING 和 CHARACTER LARGE OBJECT）2 类。定长（CHARACTER）用于存储如学号等长度固定的数据，CHARACTER VARYING 用于存储如地址等长度在较小范围内变化的数据，CHARACTER LARGE OBJECT 用于存储如视频等超长的长度可变的数据。

一个字符串中的字符必须来自同一个字符集。字符集是文字和符号的集合，常见的字符集有 GB2312、GB18030、UNICODE 等。字符集规定了排序规则（Collation）用于比较字符集中字符的大小，一个字符集有一个或多个排序规则。同一个字符集还可能有不同的编码方案，如 UNICODE 有 UTF8、UTF16 和 UTF32 编码方案。

SQL 使用字符串描述符说明字符串的上述属性。例如，字符串描述符 CHARACTER(8)说明这是一个定长的字符串，长度为 8，这个字符串使用默认的字符集和默认的排序规则。

（2）字节串（Binary String）

字节串是一个字节（8bit）序列。与字符串不同，字节串不涉及字符集和排序规则。SQL:1999 标准只规定了 BINARY LARGE OBJECT，SQL:2016 标准增加了 BINARY 和 BINARY VARYING。BINARY 的长度固定，BINARY VARYING 和 BINARY LARGE OBJECT 的长度可变。

字节串使用字节串描述符定义，如 BINARY VARYING(8)说明这个字节串长度可变，可以存储 0~8 个字节。

（3）位串（Bit String）

位串是一个位（bit）序列。BIT 和 BIT VARYING 分别是定长和变长的位串。

2. 数字（Number）

SQL 的数字有精确数值和近似数值两类。精确数值用于表示金额等需要精确值的场合，近似数值用于表示不需要精确值的场合。

（1）精确数值（Exact Numeric Value）

SQL:1999 标准规定的精确数值类型的关键字有 NUMERIC、DECIMAL、INTEGER 和 SMALLINT。

SQL 标准规定可以为精确数值类型指定精度（Precision）和比例（Scale），即有效数字位数和小数点后面的数字位数。例如，123.45 的精度为 5，比例为 2。

（2）近似数值（Approximate Numeric Value）

SQL:1999 标准规定的近似数值类型的关键字有 FLOAT、REAL 和 DOUBLE PRECISION。

近似数值多采用浮点数规范 IEEE754，该规范定义了单精度和双精度浮点数的存储形式，前者有 24 个二进制位（bit）的尾数，后者有 53 个二进制位的尾数。SQL 标准规定可以为近似数值类型指定精度（Precision），即尾数的位数。

3. 布尔类型（Boolean Type）

布尔类型有 true 和 false 两个值，布尔运算也可能产生 unknown 值，一般用空值代表 unknown。

4．日期时间和区间（Datetime and interval）

（1）日期时间

日期时间类型包括 DATE、TIME、TIMESTAMP。DATE 类型包括年、月、日 3 个分量。TIME 类型包括时、分、秒 3 个分量。TIMESTAMP 类型包括年、月、日、时、分、秒 6 个分量。

（2）区间

区间表示 2 个日期时间量的间隔，区间有年-月区间和日-时区间 2 类。年-月区间包括年、月分量，日-时区间包括日、时、分、秒分量。

SQL 标准除了规定上述 4 种数据类型外，还定义了若干函数，如操作字符串的 LOWER、UPPER 函数。商用的 DBMS 并没有完全遵从 SQL 标准的规定，语法和数据类型各有不同，请读者在使用时参照实际系统的说明书。

表 3-2 为 SQL Server 的主要数据类型。

表 3-2　　　　　　　　　　　　　　SQL Server 的主要数据类型

数据类型描述符	含　义
CHAR(n)	长度为 n 的定长字符串
VARCHAR(n)	最大长度为 n 的变长字符串
INT	长整数（也可以写作 INTEGER）
SMALLINT	短整数
NUMERIC(p, d)	定点数，由 p 位数字（不包括符号、小数点）组成，小数点后面有 d 位数字
REAL	取决于机器精度的浮点数
DOUBLE PRECISION	取决于机器精度的双精度浮点数
FLOAT(n)	浮点数，精度至少为 n 位数字
DATE	日期，包含年、月、日，格式为 YYYY-MM-DD
TIME	时间，包含时、分、秒，格式为 HH:MM:SS

3.2.2　表的定义

1．定义表

SQL 使用 CREATE TABLE 语句定义表，其一般格式如下。

```
CREATE TABLE <表名>(<列名> <数据类型描述符> [列级完整性]
            [，<列名> <数据类型描述符> [列级完整性]]…)
            [，<表级完整性>];
```

<表名>是所要定义的表的名称。表由若干列组成。定义表的同时通常还可以定义与该表有关的完整性，这些完整性被存入数据字典。当用户操作表的数据时，DBMS 自动检查该操作是否违背这些完整性。如果完整性涉及该表的多列，则必须定义在表级，否则既可以定义在列级，也可以定义在表级。

（1）数据类型

列选用何种数据类型取决于实际应用，一般要从两个方面来考虑，一是取值范围，二是做何种运算。例如，对于年龄列，可以采用 CHAR(3)作为数据类型，但考虑到要在年龄上做算术运算（如求平均年龄），所以要采用整数作为数据类型，因为 CHAR(*n*)数据类型不允许做算术运算。整数又有长整数和短短数两种，因为人的年龄在百岁左右，所以选用短整数作为年龄的数据类型。

（2）实体完整性

例 3.1　建立 Student 表，Sno 作为主码。

```
CREATE TABLE Student
    (Sno    CHAR(7)   PRIMARY KEY,
     Sname  CHAR(8),
     Ssex   CHAR(2) ,
     Sage   SMALLINT,
     Sdept  CHAR(20));
```

如果单列构成主码，则在该列后紧跟 PRIMARY KEY 子句。执行语句后，数据库管理系统在数据字典记录表的名称、关系模式和完整性，但尚未有数据。

例 3.2　建立 SC 表，Sno 和 Cno 是主码。

```
CREATE TABLE SC
    (Sno    CHAR(7),
     Cno    CHAR(4),
     Grade  SMALLINT,
     PRIMARY KEY (Sno,Cno));
```

如果多列构成主码，仍然使用 PRIMARY KEY 子句定义主码，但该子句要作为单独的一行。

（3）参照完整性

例 3.3　建立 Course 表，Cno 是主码，Cpno 是外码，引用 Course 表的主码 Cno 列。

```
CREATE TABLE Course
    (Cno    CHAR(4) PRIMARY KEY,
     Cname  CHAR(40),
     Cpno   CHAR(4),
     Ccredit SMALLINT,
     FOREIGN KEY (Cpno) REFERENCES Course(Cno));
```

例 3.4　建立 SC 表，Sno 和 Cno 构成主码，Sno、Cno 也是外码，分别引用 Student 表的主码 Sno 列和 Course 表的主码 Cno 列。

```
CREATE TABLE SC
    (Sno    CHAR(7),
     Cno    CHAR(4),
     Grade  SMALLINT,
     PRIMARY KEY (Sno,Cno),
     FOREIGN KEY (Sno) REFERENCES Student(Sno),
     FOREIGN KEY (Cno) REFERENCES Course(Cno));
```

FOREIGN KEY 子句定义外码及参照表和参照列，要作为单独的一行。

参照完整性在两个表的元组之间建立了联系，因此，对被参照表和参照表进行插入、删除和修改操作时，有可能破坏参照完整性。例如，对 SC 表和 Student 表有 4 种可能破坏参照完整性的情况。

- 向 SC 表插入一个元组后，造成该元组 Sno 列的值在 Student 表找不到一个元组的 Sno 列值与之相等。
- 修改 SC 表的一个元组后，造成该元组 Sno 列的值在 Student 表找不到一个元组的 Sno 列值与之相等。
- 从 Student 表删除一个元组后，造成 SC 表的某些元组 Sno 列的值在 Student 表找不到一个元组的 Sno 列的值与之相等。
- 修改 Student 表的一个元组的 Sno 列后，造成 SC 表的某些元组 Sno 列的值在 Student 表找不到一个元组的 Sno 列的值与之相等。

当上述不一致发生时，系统可以采用以下策略处理。

① 拒绝（Reject）

不允许该操作执行。该策略一般设置为默认策略。

② 瀑布删除（Cascade）

当删除或修改被参照表（例 3.1 中的 Student 表）的一个元组造成了不一致时，则删除参照表的（例 3.2 中的 SC 表）所有不一致的元组（假设 Student 被删除的元组的 Sno 列值为 200012，则从 SC 表删除 SC.Sno='2000012'的所有元组）。

③ 设置为空值（Set-Null）

当删除或修改被参照表的一个元组造成了不一致时，则将参照表中所有造成不一致的元组的对应列设置为空值（假设 Student 表被删除的元组的 Sno 列值为 2000012，则将 SC 表的 SC.Sno='2000012'的所有元组的 Sno 列设置为空值。当然，该策略不适用于例 3.2 中的 SC 表，因为 Sno 是 SC 表的主码的一部分）。

一般地，当对参照表的操作破坏了参照完整性时，该操作被拒绝。当对被参照表的操作破坏了参照完整性时，系统选用默认策略，即拒绝执行。如果想让系统采用其他的策略，则必须说明，例如：

```
CREATE TABLE SC
    (Sno    CHAR(7),
     Cno    CHAR(4),
     Grade SMALLINT,
     PRIMARY KEY (Sno,Cno),
     FOREIGN KEY (Sno) REFERENCES Student(Sno)
         ON DELETE CASCADE
         ON UPDATE CASCADE,
     FOREIGN KEY (Cno) REFERENCES Course(Cno)
         ON DELETE CASCADE
         ON UPDATE CASCADE);
```

这里可以对 DELETE 和 UPDATE 采用不同的策略。

（4）列值完整性

① 非空值限制

如果不允许列取空值，在定义列的同时要加上 NOT NULL 子句。例如，不允许 Grade 列取空值。

```
Grade    INT  NOT  NULL
```

如果不明确说明，则允许列取空值。

② 指定允许的取值范围

用 CHECK 子句说明列的取值范围。例如，Student 表的 Ssex 列只允许取'男'和'女'。

```
Ssex   CHAR(2)  CHECK(Ssex IN ('男', '女'))
```

SC 表的 Grade 列的值应该为 0～100。

```
Grade    INT  CHECK(Grade >=0 AND Grade <= 100)
```

向表插入元组或修改列值时，DBMS 检查列上的完整性是否满足，如果不满足，则拒绝执行。与列级约束相比，元组级的约束可以设置列之间取值的组合。

例 3.5 当学生的性别是男时，其名字不能以 Ms.打头。

```
CREATE TABLE Student
    (Sno   CHAR(7) PRIMARY KEY,
     Sname CHAR(8) NOT NULL,
     Ssex  CHAR(2),
     Sage  SMALLINT,
     Sdept CHAR(20),
     CHECK (Ssex ='女' OR Sname NOT LIKE 'Ms.% '));
```

性别是女的元组都能通过该项检查，因为 Ssex='女'成立；当性别是男时，要通过检查，则名字一定不能以 Ms.打头，因为 Ssex='女'不成立，条件要想为真，Sname NOT LIKE 'Ms.%必须为真。

2. 修改表

表建立好以后，一般不会再修改。但随着应用环境和应用需求的变化，偶尔要修改已建立好的表。SQL 用 ALTER TABLE 语句修改表，许多 DBMS 有独自的格式，其一般格式为：

```
ALTER TABLE <表名>
[ADD <新列名> <数据类型描述符> [完整性]]
[DROP <完整性名>]
[MODIFY <列名> <数据类型描述符>];
```

其中<表名>是要修改的表，ADD 子句用于增加新列和新的完整性，DROP 子句用于删除指定的完整性，MODIFY 子句用于修改原有列的定义，包括修改列名和数据类型。

例 3.6 向 Student 表增加"入学时间"列，其数据类型为日期型。

```
ALTER TABLE Student ADD Scome DATE;
```

不论表中原来是否已有数据，新增加的列一律为空值。

例 3.7 删除学生姓名不能取空值的约束。

```
ALTER TABLE Student DROP NOT NULL(Sname);
```

SQL 没有提供删除列的语句，用户只能间接实现这一功能，即先把表中要保留的列及其内容复制到一个新表，然后删除原表，再将新表重命名为原表名。

3. 删除表

当不再需要某个表时，可以使用 DROP TABLE 语句删除它，其一般格式为：

```
DROP TABLE <表名>
```

例 3.8 删除 Student 表。

```
DROP TABLE Student;
```

表一旦被删除，表的定义、表中的数据及在表上建立的索引和视图都将自动删除。因此执行删除表的操作一定要格外小心。

3.3 数据查询

数据查询是数据库的核心操作。SQL 使用 SELECT 语句完成对数据库的查询操作，涵盖了关系代数的所有运算。SELECT 语句具有灵活的使用方式和丰富的功能，其一般格式为：

```
SELECT [ALL|DISTINCT] <目标列表达式> [别名] [, <目标列表达式> [别名] …]
FROM <表名或视图名> [别名] [,<表名或视图名> [别名] …]
[WHERE <条件表达式>]
[GROUP BY <列名表>
[HAVING <条件表达式>]]
[ORDER BY <列名> [ASC|DESC][, <列名> [ASC|DESC]];
```

在上面的格式中，使用了一些特殊符号来表达一定的含义，这些符号的含义如下。

- []：表示[]中的内容是可选的，即[]中的内容可以出现，也可以不出现。例如，[WHERE <条件表达式>]，表示查询语句可以有 WHERE 子句，也可以没有 WHERE 子句。
- <>：表示<>中的内容必须出现，但具体内容要根据具体应用填写。例如，可以用 Sname 替换<目标列表达式>。
- |：表示选择其一，如可以使用 ASC 或者 DESC 代替 ASC|DESC。
- [,…]：表示括号中的内容可以重复出现零至多次。例如，[,<表名或视图名> [别名]]，可以出现零个或多个表名。

SELECT 语句由 SELECT 子句、FROM 子句、WHERE 子句、GROUP BY 子句、HAVING 子句和 ORDER BY 子句组成，其中，必须有 SELECT 子句和 FROM 子句，其他的子句可以根据实际需要选用。

SELECT 语句的功能是根据 WHERE 子句的条件从 FROM 子句指定的表或视图中找出满足条件的元组，然后将满足条件的元组在 SELECT 子句规定的列上投影，最后得到一个新表。

SELECT 语句的其他子句是对得到的结果关系进行再处理。GROUP BY 子句将新表按<列名表>的值分组，分组中的任何两个元组在列名表指定的每列上的值都相等。如果 GROUP 子句带有 HAVING 短语，则只有满足指定条件的分组才予以输出。如果有 ORDER BY 子句，则新表还要按<列名>的值升序或降序排序。

简单地说，一个 SELECT 语句对应下面的关系代数式。

$$\pi_L(\sigma_C (R_1 \times R_2 \times \cdots \times R_n))$$

3.3.1 单表查询

单表查询是指 FROM 子句仅涉及一个表的查询。

1. SELECT 子句

SELECT 子句用来选择表的全部或部分列。

（1）查询指定列

在很多情况下，用户只对表的某些列感兴趣，这时可以在 SELECT 子句的<目标列表达式>指定要查询的列。

例 3.9 查询全体学生的学号与姓名。

学生的信息存放在 Student 表，题目要求在学号和姓名列上对 Student 表做投影操作，因此关系代数式为：

$$\pi_{Sno, Sname}(Student)$$

3-1 例 3.9

SQL 用 FROM 子句指定要操作的表，SELECT 子句给出要投影的列，完成题目要求的 SQL 语句为：

```
SELECT Sno, Sname
FROM Student;
```

SELECT 语句的执行结果是一个新表，它的关系模式由 SELECT 子句的列构成，但没有名称，是一个临时表，表的结构和表的数据不会被存储到数据库。针对 2.3 节给定的 Student 表的关系实例，该语句的执行结果为：

Sno	Sname
2000012	王林
2000014	葛波
2000113	张大民
2000256	顾芳
2000278	姜凡

（2）查询全部列

这样的查询实际上是要显示表的所有列的内容，关键是如何在 SELECT 子句指定表的所有列。一种方法是用枚举的方法给出所有的列名，另一种方法是用符号"*"代表所有列。

例 3.10 查询所有课程的详细记录。

方法 1：

```
SELECT Cno, Cname, Cpno, Ccredit
FROM Course;
```

方法 2：

```
SELECT *
FROM Course;
```

（3）查询经过计算的值

SELECT 子句的<目标列表达式>不仅可以是表的列，也可以是一个表达式，表达式是由运算符将常量、列、函数连接而成的有意义的式子。

例3.11 查询全体学生的姓名及其出生年份。

```
SELECT Sname, YEAR(SYSDATETIME()) - Sage AS Birthday
FROM Student;
```

3-2 例3.11

该语句的执行结果为：

Sname	Birthday
王林	1999
葛波	2000
张大民	2000
顾芳	1999
姜凡	1999

因为Student表记录了学生的年龄，没有记录出生日期，为了得到出生年份，必须进行计算，例3.11调用了SQL Server提供的函数SYSDATETIME()获取当前的日期，调用函数YEAR获取当前日期的年份。SELECT语句生成的新表有两列，分别是Sname和计算列，后一个列的名称一般情形下就是SELECT子句中的表达式。有时为了清晰起见，需要对这样的列重新命名，SQL使用AS子句重命名列和表。AS子句的格式为：

旧名 AS 新名

注意

保留词AS也可以省略。

上述SQL语句也可以写为：

```
SELECT Sname, YEAR(SYSDATETIME()) - Sage  Birthday
FROM Student;
```

（4）过滤重复元组

投影操作可能会生成一些相同的元组，由于关系是一个集合，因此，关系代数的投影运算会自动去除重复的元组。但是SQL采用**包**（Bag）语义，包是特殊的集合，它允许出现重复的元素。默认情况下，SELECT语句的结果会有重复的元组，但是SELECT语句也提供了消除重复的元组的手段，即在SELECT子句加上DISTINCT关键词。如果没有DISTINCT，则保留重复元组。

例3.12 列出Student表的所有系。

```
SELECT Sdept
FROM Student;
```

3-3 例3.12

该语句的执行结果为：

Sdept
计算机
计算机
管 理
管 理
管 理

去除重复的元组要用以下语句。

```
SELECT DISTINCT Sdept
FROM Student;
```

该语句的执行结果为：

Sdept
管理
计算机

2. WHERE 子句

WHERE 子句用于表达关系代数中选择运算的选择条件。常用的运算符如表 3-3 所示。

表 3-3 常用的运算符

选 择 条 件	谓 词
比较	=、>、<、>=、<=、<>
确定范围	BETWEEN AND、NOT BETWEEN AND
确定集合	IN、NOT IN
字符匹配	LIKE、NOT LIKE
空值	IS NULL、IS NOT NULL
逻辑运算符	AND、OR、NOT

（1）比较大小

比较运算符包括=（等于）、>（大于）、<（小于）、>=（大于等于）、<=（小于等于）、!= 或 <>（不等于）。

用比较运算符构成的选择条件的常用格式如下。

```
列名 运算符 常数
列名 运算符 列名
常数 运算符 列名
```

例 3.13 查询计算机系学生的详细信息。

全校所有的学生信息都存放在 Student 表，Student 表既有计算机系的学生信息，也有管理系的学生信息。题目只要求查询计算机系学生的详细信息，因此，要对 Student 表进行选择操作，选择条件是 Sdept = '计算机'，关系代数式为：

$$\sigma_{Sdept = '计算机'}(Student)$$

SQL 语句为：

```
SELECT *
FROM Student
WHERE Sdept = '计算机';
```

例 3.14 查询所有年龄在 19 岁以下的学生的姓名和年龄。

例 3.14 与例 3.13 的不同之处在于，不需要查询学生的详细信息，只要求查询学生的姓名和年龄，要先对 Student 表进行选择运算，再进行投影运算，选择条件是 Sage < 19，投影列为 Sname

和 Sage，关系代数式为：

$$\pi_{Sname,\,Sage}(\sigma_{Sage<19}(Student))$$

SQL 语句为：

```
SELECT Sname, Sage
FROM Student
WHERE Sage < 19;
```

（2）确定范围

谓词 BETWEEN AND 用于查询列值在指定范围内的元组，其中 BETWEEN 后面是范围的下限，AND 后面是范围的上限，其格式为：

```
列名 BETWEEN AND
```

例 3.15　查询年龄在 18～19 岁（包括 18 岁和 19 岁）的学生的姓名、系别和年龄。

```
SELECT Sname, Sdept, Sage
FROM Student
WHERE Sage BETWEEN 18 AND 19;
```

与 BETWEEN AND 相对的谓词是 NOT BETWEEN AND。如果要求查询年龄不在 18～19 岁的学生的姓名、系别和年龄，则 SQL 语句为：

```
SELECT Sname, Sdept, Sage
FROM Student
WHERE Sage NOT BETWEEN 18 AND 19;
```

（3）确定集合

谓词 IN 用来查询某个列值属于指定集合的元组，其格式为：

```
列名 IN 集合
```

如果一个元组在指定列上的值出现在集合中，则该元组满足选择条件，出现在选择运算的结果中。SQL 将集合中的元素放在左括号"("和右括号")"之间，元素用逗号","分隔。

例 3.16　查询计算机系和管理系的学生的姓名和年龄。

计算机系和管理系构成的集合表示为('计算机', '管理')

```
SELECT Sname, Sage
FROM Student
WHERE Sdept IN ('计算机', '管理');
```

与 IN 相对的谓词是 NOT IN，用于查询属性值不属于指定集合的元组。如果要查询既不是计算机系，也不是管理系的学生的姓名和年龄，则 SQL 语句为：

```
SELECT Sname, Ssex
FROM Student
WHERE Sdept NOT IN ('计算机', '管理');
```

（4）字符串匹配

谓词 LIKE 可以用于查找列值与匹配串相匹配的元组。其一般语法格式为：

```
列名 LIKE '匹配串' [ESCAPE '换码字符']
```

一般情况下，匹配串中可使用通配符 "%" 和 "_"。其中：

- %（百分号） 代表任意长度（长度可以为 0）的字符串。例如，a%b 表示以 a 开头，以 b 结尾的任意长度的字符串。字符串 acb、addgb、ab 等都满足该匹配串。
- _（下画线） 代表任意单个字符。例如，a_b 表示以 a 开头，以 b 结尾的长度为 3 的任意字符串。例如，acb、afb 等都满足该匹配串。

例 3.17 查询所有姓王的学生的姓名、学号和性别。

```
SELECT Sname, Sno, Ssex
FROM Student
WHERE Sname LIKE '王%';
```

与 LIKE 相对的谓词是 NOT LIKE，用于查询列值与匹配串不相匹配的元组。如果要查询所有不姓王的学生的姓名、学号和性别，则 SQL 语句为：

```
SELECT Sname, Sno, Ssex
FROM Student
WHERE Sname NOT LIKE '王%';
```

例 3.18 查询以 113 开头的课程号及对应的课程名称。

```
SELECT Cno, Cname
FROM  Course
WHERE  Cno LIKE '113_';
```

如果要查询的字符串本身就含有 "%" 或 "_"，为了避免 SQL 将其解释成通配符，就要使用 "ESCAPE'换码字符'" 短语。

例 3.19 查询 DB_Design 课程的课程号和学分。

```
SELECT *
FROM Course
WHERE Cname LIKE 'DB\_Design' ESCAPE '\'
```

"ESCAPE '\'" 短语表示 "\" 为换码字符，这样匹配串中紧跟在 "\" 后面的字符 "_" 不再具有通配符的含义，而转义为普通的 "_" 字符。

（5）空值的判断

谓词 IS NULL 用于判断某列的值是否为空值，其格式为：

```
列名 IS NULL
```

如果某个元组在指定列上的值为空值，则这个元组满足 IS NULL 条件，它会出现在选择运算的结果中。

例 3.20 查询缺少成绩的学生的学号和相应的课程号。

学生选修课程后，可能由于某种原因没有参加考试，所以没有成绩，成绩单的成绩列为空白，或者说成绩为空值。空值是一个特殊的值，对它不能用一般的运算符，空值的具体介绍请见 3.7 节。SC 表记录了所有学生的选课记录和成绩，因此，完成题目要求查询的 SQL 语句为：

```
SELECT Sno, Cno
FROM SC
WHERE Grade IS NULL;
```

这里的 IS NULL 不能用＝NULL 代替。

查询没有先导课程的课程名称。

```
SELECT Cname
FROM Course
WHERE Cpno IS NULL;
```

与 IS NULL 相对的谓词是 IS NOT NULL，如果题目要查询所有有成绩学生的学号和课程号，则 SQL 语句为：

```
SELECT Sno, Cno
FROM SC
WHERE Grade IS NOT NULL;
```

（6）逻辑运算

逻辑运算符 AND 和 OR 可用来联结多个查询条件。AND 的优先级高于 OR，可以用括号改变优先级。

例 3.21　查询年龄在 19 岁以下的计算机系的学生的姓名。

这个查询涉及两个选择条件：Sage < 19 和 Sdept = '计算机'，且这两个条件是与关系，SQL 语句为：

```
SELECT Sname
FROM  Student
WHERE Sdept= '计算机' AND Sage < 19;
```

例 3.22　查询计算机系和管理系的学生的姓名。

```
SELECT Sname
FROM    Student
WHERE   Sdept= '计算机' OR Sdept= '管理';
```

逻辑运算符 NOT 用于否定后面所跟的条件。谓词 BETWEEN AND、IN、LIKE、IS NULL 有对应的否定形式，见表 3-3。

例 3.23　查询不是计算机系和管理系的所有学生的姓名。

```
SELECT Sname
FROM    Student
WHERE   NOT (Sdept= '计算机' OR Sdept= '管理');
```

例 3.24　查询年龄不在 18～19 岁区间的学生的姓名、系别和年龄。

年龄在 18～19 岁这个条件的表达形式为 Sage BETWEEN 18 AND 19，其否定形式为 NOT Sage BETWEEN 18 AND 19，或者 Sage NOT BETWEEN 18 AND 19。SQL 语句为：

```
SELECT Sname, Sdept, Sage
FROM Student
WHERE NOT Sage BETWEEN 18 AND 19;
```

或

```
SELECT Sname, Sdept, Sage
FROM Student
WHERE Sage NOT BETWEEN 18 AND 19;
```

3. ORDER BY 子句

由 SELECT…FROM…WHERE 子句构成的 SELECT 语句完成对表的选择和投影运算，查询结果为一个新表，还可以对得到的新表做进一步操作。

ORDER BY 子句用于对查询结果排序。可以按照单列或多列的升序（ASC）或降序（DESC）排列，默认按升序排序。

例 3.25　查询选修了 1156 号课程的学生的学号及其成绩，将查询结果按成绩降序排列。

```
SELECT Sno, Grade
FROM  SC
WHERE  Cno= '1156'
ORDER BY Grade DESC;
```

该语句的执行结果为：

Sno	Grade
2000256	93
2000113	89
2000014	88
2000012	80

例 3.26　查询全体学生的详细信息，查询结果先按照系名升序排列，同系的学生再按年龄降序排列。

```
SELECT  *
FROM  Student
ORDER BY Sdept, Sage DESC;
```

ORDER BY 子句也可以不用列名而使用列名在新表的关系模式的位置号来代替，例 3.25 可以写成：

```
SELECT Sno, Grade
FROM  SC
WHERE  Cno= '1156'
ORDER BY 2 DESC;
```

4. 聚集函数

对于查询结果，有时我们需要做一些简单的统计工作，SQL 提供了若干聚集函数完成这项任务。

```
COUNT（[DISTINCT|ALL] * ）        统计元组数
COUNT（[DISTINCT|ALL] <列名>）     统计一列中值的数量
SUM（[DISTINCT|ALL] <列名>）       计算一列值的总和
AVG（[DISTINCT|ALL] <列名>）       计算一列值的平均值
MAX（[DISTINCT|ALL] <列名>）       求一列值的最大值
MIN（[DISTINCT|ALL] <列名>）       求一列值的最小值
```

我们接触过大量的初等函数，如 $y = x^2$。一般情况下，对于初等函数，给定一个自变量值，就会得到一个函数值。

聚集函数与初等函数的不同之处在于自变量的值不是单值，而是值的集合。例如，$y = \text{sum}(x)$，x 的值是一个集合，假设 $x = \{1, 2, 3, 4, 5\}$，则 $\text{sum}(x) = \text{sum}(\{1, 2, 3, 4, 5\}) = 1+2+3+4+5=15$。

上述聚集函数中的列名和"*"可以理解为集合的名称，由于 SQL 采用包语义，所以集合中可能会有相同的元素。使用 DISTINCT 短语可以去掉重复元素。

例 3.27 查询学生总人数。

学生人数即 Student 表的元组数，使用 COUNT(*)函数，SQL 语句为：

```
SELECT COUNT(*) AS Count
FROM  Student;
```

语句的执行过程如下。

（1）取出 Student 表的第一个元组(2000012，王林，男，19，计算机)，为了简单起见，用 t_1 代表这个元组，把它加入集合*（初始为空集），*=$\{t_1\}$。

（2）对 Student 表的每一个元组都做上述处理。

（3）*=$\{t_1, t_2, t_3, t_4, t_5\}$。

（4）执行函数 count(*)，对集合*中的元素进行计数，结果为 5。

> 上述语句返回的结果仍然是一个表，这个表的关系模式只包含一列，并且只有一行数据，列名为 Count。

例 3.28 查询选修了 1156 或者 1136 号课程的学生总人数。

3-4　例 3.28

学生每选修一门课，在 SC 表就有一条相应的记录。有的学生既选修了 1156 号课程，又选修了 1136 号课程。例如，学号为 2000012 和 2000014 的学生。按照题意，即使一个学生选修了 2 门课程，也只能计数一次。因此，必须在 COUNT 函数中用 DISTINCT 短语去除重复元素。

```
SELECT COUNT(DISTINCT Sno)
FROM SC
WHERE Cno= '1156' OR Cno= '1136';
```

语句的执行过程如下。

（1）取出 SC 表的第一个满足条件的元组，得到 Sno 列上的值 2007012，把这个值加入集合 Sno，Sno = {'2007012'}。

（2）对 SC 表的所有满足条件的元组都做上述处理。

（3）Sno = {'2000012', '2000012', '2000014', '2000014', '2000113', '2000256'}。

（4）计算 COUNT(Distinct Sno)，首先计算 Distinct Sno，即去掉 Sno 中的重复元素，得到集合{'2000012', '2000014', '2000113', '2000256'}，然后对这个集合的元素进行计数，结果为 4。

例 3.29 求出所有学生的平均年龄。

```
SELECT AVG(Sage)
FROM Student;
```

例 3.30 查询选修 1156 号课程的学生的最高分数。

```
SELECT MAX(Grade)
```

```
FROM SC
WHERE Cno= '1156';
```

例 3.31　Course 表有几门课程？

题目要求 Course 表中的元组数，以下 3 种语句中，哪一种是错误的？

```
SELECT COUNT(*)          SELECT COUNT(Cno)          SELECT COUNT(Cpno)
FROM Course              FROM Course                FROM Course
    (a)                      (b)                        (c)
```

（a）的结果肯定是正确的，返回值是 6。（b）的结果是 6，而（c）的结果是 2，很明显，（c）的结果是错误的。因为 Cpno={NULL, NULL, NULL, 1136, 1128, NULL}，COUNT 函数执行时，首先从自变量值的集合中去除 NULL 值，因此 COUNT(Cpno)=COUNT({NULL, NULL, NULL, 1136, 1128, NULL })=COUNT({1136, 1128})=2。而 Cno={1128, 1156, 1137, 1024, 1136, 1030}，所以 COUNT(Cno)=6。

　　　　　聚集函数遇到空值时，将跳过空值，只处理非空值。函数 COUNT(*)比较特殊，因为*代表的集合是元组的集合，不存在为 NULL 的元组，因此，结果是全体元组数。

5. GROUP BY 子句

为了进一步细化聚集函数的作用范围，SQL 提供了对查询结果进行分组的功能。如果未对查询结果分组，聚集函数将作用于整个查询结果，如例 3.27～例 3.31。对查询结果分组后，聚集函数将作用于每个分组，即每个分组都有一个函数值。

分组就是将具有相同特征（在一列或多列上的值相同）的元组分配到同一个分组，作为一个整体处理。

SQL 用 GROUP BY 子句实现分组功能，其格式为：

```
GROUP BY <列名表>
```

列名表描述了分组特征，同一分组的元组在这些列上的值一定相同。列名表中的列又叫作**分组列**。

例 3.32　统计每门课程的选课人数。

SC 表记录了选修课程信息。要统计每门课程的选修人数，需要先按照 Cno 列分组，然后计算每个分组的元组数。SQL 语句为：

3-5　例 3.32

```
SELECT Cno, COUNT(*)
FROM SC
GROUP BY Cno;
```

语句的执行结果为：

Cno	COUNT(*)
1024	2
1128	2
1136	2
1137	3
1156	4

图 3-1（a）给出了 SC 表的所有元组。SQL 首先将所有元组在 Cno 列上分组，在 Cno 列上有相同值的元组被划分到同一分组，得到 5 个分组。针对每个分组，将分组中所有元组的集合作为函数 COUNT(*)的参数，统计集合中的元素数，然后将这个分组的 Cno 的值和函数 COUNT(*)的值组织成一个新元组，放到结果表。

Sno	Cno	Grade
2000012	1024	80
2000012	1136	78
2000012	1137	70
2000012	1156	80
2000014	1024	88
2000014	1136	90
2000014	1156	88
2000113	1156	89
2000256	1137	77
2000256	1156	93
2000278	1137	89
2000012	1128	90
2000014	1128	85

(a)

Sno	Cno	Grade	
2000012	1024	80	分组 1
2000014	1024	88	
2000014	1136	90	分组 2
2000012	1136	78	
2000012	1137	70	
2000256	1137	77	分组 3
2000278	1137	89	
2000256	1156	93	
2000012	1156	80	
2000014	1156	88	分组 4
2000113	1156	89	
2000012	1128	90	分组 5
2000014	1128	85	

(b)

图 3-1　分组和聚集的过程

注意　SELECT 语句出现 GROUP BY 子句后，SELECT 子句就只能出现分组列的列名或聚集函数。

例如，下面的写法是错误的，原因是 Sno 既不是分组列，也不是聚集函数。

```
SELECT Sno, COUNT(Sno)
FROM SC
GROUP BY Cno;
```

之所以有上面的规定，是因为 SQL 把一个分组作为一个整体看待，要体现整体的特征。观察图 3-1（b），每个分组的 Cno 值相同，而 Sno 的值各不相同，所以 Sno 的值不能描述整体的特征，当然就不能出现在 SELECT 子句。

例 3.33　统计各个学院男生和女生的人数。

按照题意，首先要按照 Sdept 对学生分组，然后对每个分组按照 Ssex 分组。分组过程如图 3-2 所示。SQL 语句为：

Sno	Sname	Ssex	Sage	Sdept
2000113	张大民	男	18	管理
2000256	顾芳	女	19	管理
2000278	姜凡	男	19	管理
2000012	王林	男	19	计算机
2000014	葛波	女	18	计算机

(a) 先按Sdept分组

Sno	Sname	Ssex	Sage	Sdept
2000113	张大民	男	18	管理
2000278	姜凡	男	19	管理
2000256	顾芳	女	19	管理
2000012	王林	男	19	计算机
2000014	葛波	女	18	计算机

(b) 再按Ssex分组

图 3-2　两个分组列的分组过程

```
SELECT Sdept, Ssex, COUNT(*)
FROM Student
GROUP BY Sdept, Ssex;
```

该语句的执行结果为：

Sdept	Ssex	COUNT(*)
管理	男	2
计算机	男	1
管理	女	1
计算机	女	1

为了把同一个系的信息放在相邻的位置，可以对分组的结果进行排序操作，修改后的 SQL 语句为：

```
SELECT Sdept, Ssex, COUNT(*)
FROM Student
GROUP BY Sdept, Ssex
ORDER BY Sdept;
```

6. HAVING 子句

例 3.34 求选课人数超过 2 的课程号和具体的选课人数。

例 3.32 在 Cno 列上分组，统计出每门课的选课人数。而例 3.34 实际上是要求出选课人数超过 2 的分组。

对分组进行选择操作由 HAVING 子句完成。HAVING 子句作用于执行 SELECT…FROM…WHERE…GROUP BY 语句后得到的分组，从中选择满足条件的分组。

HAVING 子句的格式同 WHERE 子句，但其条件表达式是由分组列、聚集函数和常数构成的有意义的式子。

```
HAVING <条件表达式>

SELECT Cno, COUNT(*)
FROM SC
GROUP BY Cno
HAVING COUNT(*) > 2;
```

例 3.35 求选课人数超过 2 并且课程号包含字符 7 的课程号和具体的选课人数。

```
SELECT Cno, COUNT(*)
FROM SC
GROUP BY Cno
HAVING Cno LIKE '%7%' AND COUNT(*) > 2;
```

7. 注释

与其他语言一样，SQL 也有注释，SQL 的注释是一个以两个减号开始，以回车换行标志为结束的字符串。下面的 SQL 语句中有两处注释。

```
--查询计算机系学生的详细信息
SELECT *
FROM Student
WHERE Sdept = '计算机'  --选择条件
```

3.3.2 多表查询

前面介绍了单表查询，单表查询的特点是 FROM 子句只有一个表，SELECT 语句对 FROM 子句指定的表进行选择和投影运算，得到一个临时表。对临时表还可以做进一步的分组、分组选择和排序操作，从而得到最终的结果。

多表查询涉及多个表，FROM 子句出现多个表。从概念上讲，FROM 子句先对这些表做笛卡儿积运算，得到一个临时表，之后的选择、投影等运算都是针对这个临时表进行，从而将多表查询转换为单表查询。

1. 笛卡儿积

笛卡儿积是关系代数的集合运算之一。将两个表的元组两两首尾相连就得到笛卡儿积的一个元组。假设两个表分别有 m 和 n 个元组，则笛卡儿积有 $m \times n$ 个元组。

例 3.36 求 Student 表和 SC 表的笛卡儿积。

```
SELECT *
FROM Student, SC;
```

在 2.3 节的示例数据库中，Student 表和 SC 表分别有 5 个和 13 个元组，因此，笛卡儿积有 65 个元组，由于篇幅所限，表 3-4 只给出了部分结果。

表 3-4　　　　　　　　　　Student 表和 SC 表的笛卡儿积的部分结果

Sno	Sname	Ssex	Sage	Sdept	Sno	Cno	Grade
2000012	王林	男	19	计算机	2000012	1024	80
2000012	王林	男	19	计算机	2000012	1128	90
2000012	王林	男	19	计算机	2000012	1136	78
2000012	王林	男	19	计算机	2000012	1137	70
2000012	王林	男	19	计算机	2000012	1156	80
2000012	王林	男	19	计算机	2000014	1128	85
2000012	王林	男	19	计算机	2000014	1024	88
2000012	王林	男	19	计算机	2000014	1136	90
2000012	王林	男	19	计算机	2000014	1156	88
2000012	王林	男	19	计算机	2000113	1156	89
2000012	王林	男	19	计算机	2000256	1137	77
2000012	王林	男	19	计算机	2000256	1156	93
2000012	王林	男	19	计算机	2000278	1137	89

观察表 3-4，可以得出以下结论：
- 笛卡儿积的输入是两个表输出是一个新表。
- 新表的列是 Student 表或 SC 表的某一列，新表的列数是两个表的列数之和。
- Student 表的一个元组和 SC 表的一个元组首尾相连形成了新表的一个元组。

这里有一点令人感到迷惑，表中第 1 列和第 6 列的名称都是 Sno，似乎违反了同一个表的列不能重名的规定。实际上，表 3-4 是一个简化的写法，隐藏了部分信息。第 1 列的全名是 Student.Sno，第 6 列的全名是 SC.Sno。这里的 Student. 和 SC. 叫作**前缀**，用于说明它后面的列名所属的表名。

2. 条件连接

从关系代数的连接运算的定义可以看出，笛卡儿积实际上是一种无条件连接运算，条件连接运算可以被看作是先进行笛卡儿积运算，然后对笛卡儿积的结果进行选择运算。

例 3.37 查询学生王林选修课程的课程号和成绩。

学生的信息存放在 Student 表，选课信息存放在 SC 表，因此，题目要求的查询需要先对这两个表做笛卡儿积运算，得到一个临时表，再对这个临时表进行选择和投影运算。可以用下面的关系代数式完成查询。

3-6 例 3.37

$$\pi_{Cno, Grade}\,(\sigma_C(Student \times SC))$$

关键是要确定选择条件。观察表 3-4，符合查询要求的是前 5 个元组，这 5 个元组的特点是 Sname = '王林'，并且第 1 列和第 6 列的值相等。因为这个查询首先要求学生的姓名是王林，其次要求选课记录必须是王林所选修的课程，因此，选择条件是 Sname = '王林' and Student.Sno = SC.Sno，完成查询的 SQL 语句为：

```
SELECT Cno, Grade
FROM Student, SC
WHERE Sname = '王林' and Student.Sno = SC.Sno;
```

语句的执行过程如下。

（1）对 Student 表和 SC 表做笛卡儿积运算，得到一个临时表 1。

（2）对这个临时表 1 再做选择运算，得到另外一个临时表 2。

（3）再对临时表 2 做投影运算，得到最终的结果。

例 3.38 查询学生王林选修课程的课程号和成绩，并按成绩排序。

```
SELECT Cno, Grade
FROM Student, SC
WHERE Sname = '王林' and Student.Sno = SC.Sno
ORDER BY Grade;
```

例 3.39 查询某门课程考试成绩为优良的学生的学号、姓名及所在院系。

显然要对 Student 表和 SC 表做连接运算。连接条件是：第一，Student.Sno = SC.Sno，即找到学生自己的选课记录，而不是其他人的选课记录；第二，SC.Grade >=80，即所选修课程的考试成绩必须是优良。

```
SELECT Student.Sno, Sname, Sdept
FROM Student, SC
WHERE Student.Sno = SC. Sno AND Grade>=80;
```

该语句的执行结果为：

Sno	Sname	Sdept
2000012	王林	计算机
2000012	王林	计算机

续表

Sno	Sname	Sdept
2000012	王林	计算机
2000014	葛波	计算机
2000014	葛波	计算机
2000014	葛波	计算机
2000014	葛波	计算机
2000113	张大民	管理
2000256	顾芳	管理
2000278	姜凡	管理

因为张大民、顾芳和姜凡只有一门课程的成绩为优良，所以在查询结果中只出现了一次，而王林和葛波有多门课程的成绩为优良，因此出现了多次。为了去除重复的元组，SELECT 子句要加上 DISTINCT 修饰符。

```
SELECT DISTINCT Student.Sno, Sname, Sdept
FROM Student,SC
WHERE Student.Sno = SC. SNO AND Grade>=80;
```

例 3.40 查询英语课程的最高成绩和最低成绩。

SC 表只记录了课程号，没有课程的名称，Course 表既有课程号，又有课程名称，因此，要对两个表做条件连接运算。

```
SELECT MAX(Grade),MIN(Grade)
FROM Course, SC
WHERE Cname = '英语' and Course.Cno = SC.Cno;
```

例 3.41 查询每个学生的学号、姓名、选修的课程名及成绩。

本查询涉及 Student、SC 和 Course 3 个表的条件连接运算。SQL 语句为：

```
SELECT Student.Sno, Sname, Cname, Grade
FROM Student, SC, Course
WHERE Student.Sno = SC.Sno AND SC.Cno = Course.Cno;
```

例 3.42 查询每一门课的间接先修课（即先修课的先修课）。

Course 表只有每门课的直接先修课信息，而没有先修课的先修课信息。要得到这个信息，必须先找到一门课程的先修课，再按此先修课的课程号查找它的先修课程。这就要将 Course 表与其自身进行连接运算。

在示例数据库中，1024 号课程的先修课是 1136 号课程，而 1136 号课程的先修课是 1128 号课程，所以，1024 号课程的间接先修课是 1128 号课程。1136 号课程的先修课是 1128 号课程，而1128 号课程无先修课，所以 1136 号课程的间接先修课为空，或者说没有间接先修课。

由于是同一个表的连接运算，每个列名都要出现两次，而表名又一样，所以，前文中提到的将表名作为列名前缀的方法不能解决问题。SQL 的解决办法是重命名表，就像 3.3.1 节重命名列一样。重命名表的格式为：

```
表名 AS 别名 或 表名 别名
```

完成查询的 SQL 语句为：

```
SELECT A.Cno, B.Cpno
FROM Course A, Course B
WHERE A.Cpno = B.Cno and B.Cpno IS NOT NULL;
```

上面的例子中，第 1 个 Course 表被重命名为 A，第 2 个 Course 表的被重命名为 B，SQL 就认为这是两个不同的表，一个表的名称是 A，另外一个表的名称是 B，这样同一个表就被看作两个不同的表。

重命名表以后，出现在前缀中的表名必须是重命名后的表名。

在下面的语句中，应该用 a 替换加黑的 Student。

```
SELECT Student.Sno
FROM Student a
WHERE Student.Sno='2000012';
```

3-7 集合运算

3.3.3 集合运算

因为 SELECT 语句的结果是元组的集合，所以两个 SELECT 语句的结果可进行集合运算，但要求两个表的列数一致，并且相同位置的列具有同样的数据类型。集合运算包括并（UNION）、交（INTERSECT）和差（EXCEPT）。

有的 DBMS 只提供了 UNION 运算符，用于合并两个 SELECT 语句的结果，没有提供 INTERSECT 和 EXCEPT 运算符，这时，可以使用其他运算符来间接实现这两种运算。

例 3.43 查询计算机系学生的学号和选修了"管理学"的学生的学号。

查询计算机系学生的学号的 SQL 语句如下。

```
SELECT Sno
FROM Student
WHERE Sdept= '计算机';
```

查询选修了"管理学"的学生的学号的 SQL 语句如下。

```
SELECT Sno
FROM SC A,Course B
WHERE  A.Cno = B.Cno AND B.Cname='管理学';
```

题目要求的查询结果是上面两个 SELECT 语句结果的并，完整的查询语句为：

```
SELECT Sno
FROM Student
WHERE Sdept= '计算机'
UNION
SELECT Sno
FROM SC A,Course B
WHERE  A.Cno = B.Cno AND B.Cname='管理学';
```

使用 UNION 合并两个 SELECT 的结果时，系统会自动去掉重复元组。如果要保留重复元组，则使用 UNION ALL 运算符。

例 3.44 查询计算机系的年龄小于 19 岁的学生。

查询计算机系的学生的 SQL 语句为：

```
SELECT *
FROM Student
WHERE Sdept = '计算机';
```

查询年龄小于 19 岁的学生的 SQL 语句为：

```
SELECT *
FROM Student
WHERE Sage <19;
```

题目要求两个查询结果的交集，因此，完成题目要求的 SQL 语句为：

```
SELECT *
FROM Student
WHERE Sdept = '计算机'
INTERSECT
SELECT *
FROM Student
WHERE Sage <19;
```

也可以从另外一个角度考虑该问题。第一个查询的过滤条件是 Sdept = '计算机'，第二个查询的过滤条件是 Sage <19。两个集合的交集一定既满足条件 Sdept = '计算机'，又满足条件 Sage <19，因此，完成题目要求的 SQL 语句也可以写成如下形式。

```
SELECT *
FROM Student
WHERE Sdept = '计算机'  AND Sage <19;
```

例 3.45 查询计算机系年龄不小于 19 岁的学生。

与例 3.44 一样，用两个 SELECT 语句表示两个查询。第一个查询选择计算机系学生，第二个查询选择年龄小于 19 岁的学生，查询结果为 2 个查询结果的差集。

```
SELECT *
FROM Student
WHERE Sdept = '计算机'
EXCEPT
SELECT *
FROM Student
WHERE Sage <19;
```

两个集合的差集一定满足条件 Sdept = '计算机'，但不满足条件 Sage <19，因此，下面的 SQL 语句可以得到相同的查询结果。

```
SELECT *
FROM Student
WHERE Sdept = '计算机'  AND NOT Sage <19;
```

3.3.4 子查询

子查询的表示形式为：（SELECT 语句），它是 IN、EXISTS 等运算符的运算数，也出现于 FROM 子句和 VALUES 子句。包含子查询的查询叫作**嵌套查询**。嵌套查询既提高了 SELECT 语句的可读性，又增强了查询表达能力。嵌套查询分为**相关嵌套查询**和**不相关嵌套查询**。

3-8 子查询

下面介绍如何在 WHERE 子句和 FROM 子句使用子查询，另外介绍 SQL 的连接运算符。

1. WEHER 子句中的子查询

（1）比较运算符

子查询的结果是元组的集合，即一个表，一般情况下，其关系模式有多列，关系实例有若干行。如果子查询的结果是一个单列并且单行的表，则可作为比较运算符的运算对象。

例 3.46 查询与学号为 2000012 的学生在同一个系的学生的详细信息。

```
SELECT * --父查询
FROM Student
WHERE Sdept = (SELECT Sdept        --子查询
               FROM Student
               WHERE Sno= '2000012');
```

上面的 SQL 语句的 WHERE 子句出现了子查询，"Sdept = 子查询"是比较表达式，比较运算符 "=" 的左边是列名，右边是集合，形式上是一个值和一个集合进行相等比较。但由于 Sno 是 Student 表的主码，所以子查询只返回一行数据，SELECT 子句的投影运算，保证只有一列，查询结果为（'计算机'），集合只有一个值，所以这个比较表达式实际上是值与值比较，和常见的相等比较一样。相对于子查询，外层的 SELECT-FROM-WHERE 叫作**父查询**，又叫作**外查询**，整个 SQL 语句叫作嵌套查询。

该语句的执行过程为：首先执行子查询，得到一个值'计算机'，再用这个值替换子查询，得到一个新的 SQL 语句。

```
SELECT * --父查询
FROM Student
WHERE Sdept = '计算机';
```

然后执行新的 SQL 语句，得到最终的结果。例 3.46 的子查询不依赖于父查询而单独执行，这样的嵌套查询叫作**不相关嵌套查询**。

例 3.47 查询选修了 1156 号课程并且成绩大于该课程平均成绩的学生的学号和成绩。

3-9 例 3.47

```
SELECT Sno, Grade --父查询
FROM SC
WHERE Cno = '1156' AND Grade > (SELECT AVG(Grade)        --子查询
                                FROM SC
                                WHERE Cno= '1156');
```

因为 AVG 是一个聚集函数，所以子查询返回一个单行单列的数据。

如果子查询返回一个单列多行的表，则这个子查询不能直接出现在比较表达式，需要使用

SOME 或 ALL 修饰符，SOME 是指集合的某一个元素，ALL 代表集合的全体元素。

例 3.48 查询其他系比管理系某一学生年龄小的学生的姓名和年龄。

管理系学生的所有不同年龄可以用下面的语句得到。

```
SELECT Sage
FROM Student
WHERE Sdept= '管理';
```

查询结果是{18, 19, 19}，不是一个单值。比某一个学生年龄小要使用条件表达式 Sage < SOME (18, 19, 19)，如果 Sage 的值小于集合中某个元素的值，则比较结果为真，否则为假。SQL 语句如下。

```
SELECT Sname, Sage
FROM Student
WHERE Sdept <> '管理' AND Sage < SOME (SELECT Sage
                                       FROM Student
                                       WHERE Sdept= '管理');
```

本查询也可以用聚集函数实现。首先用子查询找出管理系学生的最大年龄 19，然后在父查询查询所有非管理系且年龄小于 19 岁的学生的姓名及年龄。SQL 语句为：

```
SELECT Sname,Sage
FROM Student
WHERE Sdept <> '管理' AND Sage < (SELECT MAX(Sage)
                                  FROM Student
                                  WHERE Sdept= '管理');
```

例 3.49 查询其他系比管理系所有学生年龄都小的学生的姓名及年龄。

```
SELECT Sname, Sage
FROM Student
WHERE Sdept <> '管理' AND Sage < ALL (SELECT Sage
                                      FROM Student
                                      WHERE Sdept= '管理');
```

本查询同样也可以用聚集函数实现。SQL 语句如下。

```
SELECT Sname, Sage
FROM Student
WHERE Sdept <>'管理' AND Sage < (SELECT MIN(Sage)
                                 FROM Student
                                 WHERE Sdept= '管理');
```

事实上，用聚集函数实现子查询通常比直接用 SOME 或 ALL 实现了查询的查询效率要高。SOME、ALL 修饰符与聚集函数及谓词 IN 的对应关系如表 3-5 所示。

表 3-5　　　　SOME、ALL 修饰符与聚集函数及谓词 IN 的对应关系

	=	<>或!=	<	<=	>	>=
SOME	IN		< MAX	<= MAX	> MIN	>= MIN
ALL		NOT IN	< MIN	<= MIN	> MAX	>= MAX

例 3.50 查询平均成绩不小于 85 分的学生的姓名和所在系。

按照题意，设计查询过程为：首先从 Student 表任取一个学生，假设为 x，然后从 SC 表汇总

出 x 的平均成绩，如果平均成绩不小于 85，则输出 x 的姓名和所在系。

求学生 x 的平均成绩的 SQL 语句为：

3-10　例 3.50

```
SELECT Sno, AVG(Grade)
FROM SC
WHERE Sno = x.Sno;
```

请注意，在 SELECT 语句中除了表名、列名外，现在还出现了一个变量 x，x 叫作**元组变量**，表示某个表的一个元组，在例 3.50 中，x 代表 Student 表的一个元组。元组变量的名称只能是表名或表的别名，这样，通过元组变量的名称就知道它代表哪个表的元组。

最终的查询语句如下。

```
SELECT x.Sname, x.Sdept
FROM Student x
WHERE (SELECT AVG(GRADE)
        FROM SC
        WHERE Sno = x.Sno) >= 85;
```

这样的嵌套查询叫作**相关嵌套查询**，因为子查询有一个变量 x，当未确定 x 的值时，无法得到查询的结果，而 x 代表父查询的元组，与父查询相关。不相关嵌套查询的子查询先于父查询执行，并且只需要执行一次，而相关嵌套查询对父查询的每个元组都要执行一次子查询。

上述语句的执行过程如下。

① 执行父查询，顺序扫描 Student 表。

② 取 Student 表的一个元组赋予元组变量 x。

③ 执行父查询的 WHERE 子句。

　　a．将第②步获取的 x 传送到子查询。

　　b．执行子查询，得到平均成绩。

　　c．判断平均成绩是否大于等于 85。

④ 如果 WHERE 子句的条件为真，则输出 x.Sname 和 x.Sdept。

⑤ 重复步骤②～④，继续处理 Student 表的下一个元组，直到处理完 Student 表的所有元组。

上面给出的查询使用表的别名 x 作为元组变量名，易于理解，也可以用表名直接作为元组变量名。

```
SELECT Sname, Sdept
FROM Student
WHERE (SELECT AVG(GRADE)
        FROM SC
        WHERE Sno = Student.Sno) >= 85;
```

请注意，出现在 FROM 子句的 Student 是数据库的表名，出现在子查询的 Student 是元组变量，代表父查询 Student 表的元组，Student.Sno 是元组在 Sno 列上的值。Student 具体代表什么，由它所处的上下文（位置）决定。

（2）谓词 IN

谓词 IN 是二元运算符，一般书写形式为 A IN S，A 是一个列名，S 是一个集合。如果 A 是集合 S 的元素，运算结果为真，否则，运算结果为假。SQL 的 A IN S 等同于数学的 $A \in S$。

例 3.51　查询选修了 1024 号课程的学生的姓名和所在系。

本查询涉及 Student 表和 SC 表。分两步构造查询，首先在 SC 表查询选修了 1024 号课程的学生集合，记为 S。

```
SELECT Sno
FROM SC
WHERE Cno = '1024';
```

然后对 Student 表的每个元组 t，如果条件 t.Sno∈S 成立，即元组 t 在 Sno 列上的分量属于集合 S，则 t 是查询结果之一。SQL 用谓词 IN 代替∈，t∈S 要写为"t IN S"。SQL 如何表示 t? 答案是使用元组变量。元组变量既可以像例 3.50 那样出现于子查询，也可以像例 3.51 那样出现于父查询。根据上面的分析，满足题目要求的 SQL 语句为：

```
SELECT t.Sname, t.Sdept
FROM Student t
WHERE t.Sno IN (SELECT Sno
                FROM SC
                WHERE Cno = '1024');
```

也可以直接使用表名作为元组变量。

```
SELECT Student.Sname, Student.Sdept
FROM Student
WHERE Student.Sno IN (SELECT Sno
                      FROM SC
                      WHERE Cno = '1024');
```

如果 SELECT 子句和 WHERE 子句的元组变量名使用了表名，而不是别名，则元组变量.列名可以简写为列名。

```
SELECT Sname, Sdept
FROM Student
WHERE Sno IN (SELECT Sno
              FROM SC
              WHERE Cno = '1024');
```

上述语句的执行过程为：首先执行子查询，得到一个集合('2000012', '200014')，然后，执行外查询，对 Student 表的每个元组，测试元组在 Sno 列上的分量值是否在子查询的结果中，如满足，则输出这个元组，直至处理完 Student 表的所有元组。

例 3.52　查询选修"管理学"的学生的学号和姓名。

查询涉及学号、姓名和课程名 3 个列。学号和姓名在 Student 表，课程名在 Course 表，但 Student 表与 Course 表之间没有直接联系，必须通过 SC 表建立两者之间的联系。

```
SELECT Sno, Sname                    --从 Student 表
FROM Student                         --取出 Sno 和 Sname
WHERE Sno IN (
    SELECT Sno                       --从 SC 表找出
    FROM  SC                         --选修了 1137 号课程的学生的学号
    WHERE  Cno IN (
            SELECT Cno               --从 Course 表
            FROM Course              --找出"管理学"的课程号，结果为 1137
            WHERE Cname='管理学')) ;
```

该语句的执行结果为：

Sno	Sname
2000012	王林
2000256	顾芳
2000278	姜凡

本查询也可以利用连接运算实现。

```
SELECT Student.Sno, Sname
FROM   Student, SC, Course
WHERE Student.Sno = SC.Sno AND
      SC.Cno = Course.Cno AND
      Course.Cname= '管理学';
```

当查询涉及多个关系时，用嵌套查询逐步求解，层次清楚，易于构造，具有结构化程序设计的优点。一部分嵌套查询也可以用连接运算替代，到底采用哪种方法可根据自己的习惯决定。

（3）谓词 EXISTS

谓词 EXISTS 是一元运算符，运算数是一个集合，如果该集合不是空集，则运算结果为真，否则运算结果为假。利用谓词 EXISTS 能实现多种集合运算以及关系代数的除法运算。

例 3.53 查询所有选修了 1024 号课程的学生的姓名。

```
SELECT Sname
FROM   Student
WHERE Sno IN (SELECT Sno
              FROM SC
              WHERE Cno= '1024');
```

这是一个不相关嵌套查询，也可以使用谓词 EXISTS 实现。对 Student 表的任何一个元组 x，如果选修了 1024 号课程，则 SC 表存在 x 的选课记录，该记录在 Sno 列上的分量等于 x.Sno，在 Cno 列上的分量等于'1024'。因此，集合(SELECT * FROM SC WHERE Sno = x.Sno AND Cno='1024')一定为非空集，表达式 EXISTS (SELECT * FROM SC WHERE Sno = x.Sno AND Cno='1024')为真。如果 x 没有选修编号为 1024 的课程，则 EXISTS 表达式的值为假。

x 是元组变量，它代表 Student 表的元组，按照题意，对 Student 表的每个元组都要测试上述表达式的真值，这可以用下面的 SQL 语句完成。

```
SELECT x.Sname
FROM Student x
WHERE EXISTS (SELECT *
             FROM SC
             WHERE Sno = x.Sno AND Cno= '1024');
```

上述语句的执行过程如下。

① 执行父查询，顺序扫描 Student 表。

② 取 Student 表的一个元组赋予元组变量 x。

③ 执行父查询的 WHERE 子句。

    a．将第②步得到的 x 的值传送到子查询。

    b．执行子查询，得到一个集合。

    c．判断集合是否为非空集。

④ 如果条件为真，则输出 x.Sname。

⑤ 重复步骤②～④，继续处理 Student 表的下一个元组，直到处理完 Student 表的所有元组。

例 3.54　查询至少选修了学号为 2000014 的学生所选修的全部课程的学生的姓名及所在系。

这个查询如果用关系代数表达，则要用到除法运算（请参见 2.3 节），SQL 虽然没有对应的除法运算符，但是可以借助谓词 EXISTS 实现。

用 R 表示学号为 2000014 的学生所选修的全部课程的集合，S 表示学生 x 选修的全部课程的集合，如果 $R \subseteq S$ 成立，则 x 是要查找的学生。

3-11　例 3.54

```
SELECT x.Sname, x.Sdept
FROM Student x
WHERE x.Sno != '2000014' AND
        SELECT Cno              --集合 R
        FROM SC
        WHERE Sno = '2000014'
        ⊆
        SELECT Cno              --集合 S
        FROM SC
        WHERE Sno = x.Sno;
```

由于 SQL 不提供运算符 ⊆，因此需要进行逻辑变换。如果 $R \subseteq S$ 成立，则 $R - S$ 为空集，即表达式 NOT EXISTS(R - S)取真。

使用 EXCEPT 运算符和谓词 EXISTS 的 SQL 语句为：

```
SELECT x.Sname, x.Sdept
FROM Student x
WHERE x.Sno != '2000014' AND
   NOT EXISTS (SELECT Cno              --集合 R
              FROM SC
              WHERE Sno = '2000014'
              EXCEPT                  --集合的差运算
              SELECT Cno              --集合 S
              FROM SC
              WHERE Sno = x.Sno);
```

另外，根据集合论的知识，$R \subseteq S$ 的形式化定义为：

$$(\forall t)(t \in R \to t \in S) = (\forall t)(t \notin R \lor t \in S)$$
$$= \neg (\exists t)(t \in R \land t \notin S)$$

用语言描述为：由这样的元素 t 构成的集合为空，t 是集合 R 的元素，但 t 不是集合 S 的元素。

元素 t 是集合 S 的元素，在 SQL 中表示为 t IN S，元素 t 不是集合 S 的元素，表示为 t NOT IN S。因此，t 是 R 的元素，并且 t 不是 S 的元素，由这样的 t 构成的集合用 SQL 表示为：

```
SELECT t.Cno --集合 R
FROM SC t
```

```
WHERE Sno='2000014' AND t.Cno NOT IN(SELECT Cno    --集合 S
                                     FROM SC
                                     WHERE Sno=x.Sno);
```

这个集合为空则表示为:

```
NOT EXISTS (SELECT t.Cno --集合 R
            FROM SC t
            WHERE Sno='2000014' AND t.Cno NOT IN(SELECT Cno   --集合 S
                                                 FROM SC
                                                 WHERE Sno=x.Sno);
```

使用谓词 IN 和 EXISTS 的 SQL 语句为:

```
SELECT x.Sname, x.Sdept
FROM Student x
WHERE   x.Sno != '2000014' AND
        NOT EXISTS (SELECT t.Cno                          --集合 R
                    FROM SC t
                    WHERE Sno='2000014' AND t.Cno NOT IN(SELECT Cno   --集合 S
                                                         FROM SC
                                                         WHERE Sno=x.Sno));
```

t IN S 可以使用另外一种表达方式,即:

```
        EXISTS(SELECT Cno        --集合 S
               FROM SC
               WHERE Sno=x.Sno AND Cno=t.Cno);
```

t NOT IN S 即上面的集合为空。

```
        NOT EXISTS(SELECT Cno        --集合 S
                   FROM SC
                   WHERE Sno=x.Sno AND Cno=t.Cno);
```

只使用谓词 EXISTS 的 SQL 语句为:

```
SELECT Sname, Sdept
FROM Student x
WHERE   x.Sno != '2000014' AND
        NOT EXISTS (SELECT t.Cno                          --集合 R
                    FROM SC t
                    WHERE Sno='2000014' AND NOT EXISTS
                                            (SELECT Cno        --集合 S
                                             FROM SC
                                             WHERE Sno=x.Sno AND Cno=t.Cno));
```

语句的执行过程如下。

① 执行最外层查询,顺序扫描 Student 表。

② 取 Student 表的一个元组赋予元组变量 x。

③ 执行第 2 层子查询。

a. 取学号为 2000014 的学生的一条选课记录,赋予变量 t。

61

b．将 x 和 t 传递到第三层子查询，执行第三层查询，含义是查找 SC 的元组(x.Sno, t.Cno)。

c．判断第三层查询是否为空，如果为空，则意味着学生 x 没有选修学号为 2000014 的学生所选修的某一门课，这时将 t 添加到第 2 层查询的查询结果。

d．按照上面的步骤，重复 a～c，继续处理'2000014'的下一条选课记录，直到处理完学号为 2000014 的学生的所有选课记录。

④ 如果第 2 层查询的结果为空，则意味着学生 x 选修了学号为 2000014 的学生所选修的全部课程，将 x 添加到查询结果。

⑤ 按照上面的步骤，重复②～④，继续处理 Student 表的下一个元组，直到处理完 Student 表的所有元组。

由上面的分析可知，尽管 SQL 没有提供关系代数的除法运算，但是至少可以用 3 种方式实现除法运算：用 NOT EXISTS、EXCEPT；用 NOT EXISTS、NOT IN；用 NOT EXISTS、NOT EXISTS。

例 3.55 查询与学号为 2000014 的学生选修相同课程的学生的姓名。

用 R 表示学号为 2000014 的学生选修的所有课程的集合，用 S 表示学生 x 选修的课程，如果 $R=S$，则 x 是要查询的学生（$R=S$，等价于 $R \subseteq S$ 并且 $S \subseteq R$）。

```
SELECT Sname
FROM Student x
WHERE x.Sno != '2000014' AND
    NOT EXISTS (SELECT Cno              --集合 R⊆S
                FROM SC y
                WHERE Sno = '2000014' AND NOT EXISTS
                    (SELECT Cno
                     FROM SC
                     WHERE Sno = x.Sno AND Cno=y.Cno))
    AND
    NOT EXISTS (SELECT Cno              --集合 S⊆R
                FROM SC z
                WHERE Sno = x.Sno AND NOT EXISTS
                    (SELECT Cno
                     FROM SC
                     WHERE Sno='2000014' AND Cno=z.Cno));
```

针对示例数据库，上面语句的查询结果为空，说明没有一个学生和学号为 2000014 的学生选修了相同的课程。如果从 SC 表删除学号为 2000012、课程号为 1137 的元组，则查询结果为王林。

例 3.56 查询与学号为 2000014 的学生选修了至少同一门课程的学生的姓名。

用 R 表示学号为 2000014 的学生选修的所有课程的集合，用 S 表示学生 x 选修的所有课程，如果 $R \cap S$ 不为空集，则 x 是要查找的学生。

分别写出查询 R 和 S 的 SELECT 语句，然后使用集合的交运算和 EXISTS 运算就可以写出以下查询语句：

```
SELECT Sname
FROM Student x
WHERE Sno != '2000014' AND
    EXISTS(SELECT Cno --R
           FROM SC
```

```
WHERE Sno = '2000014'
INTERSECT --交运算
SELECT Cno --S
FROM SC
WHERE Sno = x.Sno);
```

集合 $R \cap S$ 由元素 t 组成，t 是 R 的元素，并且 t 也是 S 的元素，可以用嵌套的 SELECT 语句实现，题目要求的查询语句可以改写为：

```
SELECT Sname
FROM Student x
WHERE Sno != '2000014' AND
        EXISTS(SELECT Cno --R∩S
                FROM SC R
                WHERE Sno = '2000014' AND R.Cno IN (SELECT Cno
                                                    FROM SC
                                                    WHERE Sno = x.Sno));
```

参照例 3.53，用 EXISTS 改写 IN，得到如下查询语句：

```
SELECT Sname
FROM Student x
WHERE Sno != '2000014' AND
      EXISTS(SELECT Cno --R∩S
              FROM SC R
              WHERE Sno = '2000014' AND EXISTS(SELECT Cno
                                                FROM SC
                                                WHERE Sno = x.Sno AND Cno = R.Cno));
```

从上面的分析可知，R 是对 SC 表的查询结果，S 也是对 SC 表的查询结果，因此，$R \cap S$ 可以用 SC 表和 SC 表的连接运算表示。存在于 $R \cap S$ 的元组就是 SC 与 SC 笛卡儿积的元组，假设两个 SC 表的别名是 R 和 S，则这个元组对应的关系模式为(R.Sno, R.Cno, R.Grade, S.Sno, S.Cno, S.Grade)，这个元组一定满足条件 R.Sno = '2000014' AND S.Sno = x.Sno AND R.Cno = S.Cno，即元组的左半部分是学号为 2000014 的学生的一条选课记录，右半部分是学生 x 的一条选课记录，并且两人选了同一门课。

```
SELECT Sname
FROM Student x
WHERE Sno != '2000014' AND
        EXISTS(SELECT R.Cno --集合R∩S
                FROM SC R, SC S
                WHERE R.Sno = '2000014' AND S.Sno = x.Sno AND R.Cno = S.Cno);
```

如果理解了上面的分析，还可以写出下面的 SQL 语句：

```
SELECT DISTINCT Sname
FROM Student x, SC S, SC R
WHERE x.Sno != '2000014' AND R.Sno = '2000014' AND S.Sno = x.Sno AND R.Cno = S.Cno;
```

2. FROM 子句中的子查询

FROM 子句可指定查询要使用的表，一般情况下，这些表是数据库中实际存在的表，如示例数据库的 Student、Course 和 SC 表。子查询的结果是一个表，但只是一个中间结果，并没有存放在数据库。为了在 FROM 子句使用子查询，要给子查询生成的临时表命名，有时还要命名临时表的列。

3-12 FROM 子句

例 3.57 查询每门课程的名称和平均成绩。

首先可以很容易地写出查询每门课程的课程号和平均成绩的 SQL 语句。

```
SELECT Cno, AVG(Grade)
FROM SC
GROUP BY Cno;
```

其执行结果为：

Cno	AVG(Grade)
1024	84
1128	87
1136	84
1137	78
1156	87

为了得到课程的名称，将临时表和 Course 表连接即可。

```
SELECT Cname, Grade
FROM Course , (SELECT Cno, AVG(Grade)
               FROM SC
               GROUP BY Cno) AS tmp(Cno, Grade)  --命名临时表
WHERE Course.Cno = tmp.Cno;
```

也可以直接使用连接操作和分组操作实现。

```
SELECT Cname, AVG(Grade)
FROM Course , SC
WHERE Course.Cno = SC.Cno
GROUP BY Cname;
```

例 3.58 查询与学号为 2000278 的学生的年龄和性别都相同的学生的详细信息。

```
SELECT Student.*  --父查询
FROM Student,(SELECT Ssex, Sage
              FROM Student
              WHERE Sno = '2000278') AS A(Sex, Age)
WHERE Ssex = A.Sex AND Sage = A.Age AND Sno <> '2000278' ;
```

或者：

```
SELECT A.*
FROM Student A, Student B
WHERE A.Ssex = B.Ssex AND A.Sage = B.Sage AND B.Sno = '2000278' AND A.Sno <> '2000278';
```

3. 外连接

使用条件连接运算时，只有满足连接条件的元组才能作为查询结果。假设 A 表和 B 表做条件

连接，有时，A 表中会有某个元组 t，由于在 B 表中没有任何一个元组满足与 t 的连接条件，因此 t 不会出现在连接结果中。

例如，Course 表和 SC 表按照 Course.Cno=SC.Cno 做连接，因为 SC 表中尚未有选修物理的学生，所以连接结果中没有物理课程。SQL 语句如下。

```
SELECT *
FROM Course,SC
WHERE Course.Cno = SC.Cno;
```

其执行结果为：

Cno	Cname	Cpno	Ccredit	Sno	Cno	Grade
1024	数据库原理	1136	4	2000012	1024	80
1128	高等数学	NULL	6	2000012	1128	90
1136	离散数学	1128	4	2000012	1136	78
1137	管理学	NULL	4	2000012	1137	70
1156	英语	NULL	6	2000012	1156	80
1024	数据库原理	1136	4	2000014	1024	88
1128	高等数学	NULL	6	2000014	1128	85
1136	离散数学	1128	4	2000014	1136	90
1156	英语	NULL	6	2000014	1156	88
1156	英语	NULL	6	2000113	1156	89
1137	管理学	NULL	4	2000256	1137	77
1156	英语	NULL	6	2000256	1156	93
1137	管理学	NULL	4	2000278	1137	89

为了解决参与连接的表的某些元组没有出现在连接结果中的问题，需要使用**左外连接、右外连接和全外连接运算**，作为区分，前面介绍的连接叫作**内连接**。

（1）左外连接运算

A 表和 B 表做左外连接运算，其过程是先按照连接条件做连接运算，得到一个结果。如果 A 表的某个元组 t 不在结果中，则将 t 和 B 的一个"万能元组"做连接，这个"万能元组"在所有列上取空值，即(NULL, …, NULL)，形成一个新元组(t, NULL, …, NULL)，并加入最终结果。请注意，"万能元组"实际上不存在，只是为了叙述方便。

Course 表和 SC 表做左外连接运算的 SQL 语句和结果如下。

```
SELECT *
FROM Course,SC
WHERE Course.Cno *= SC.Cno;
```

这里的*=表示左外连接运算，这样的表示方法在早期的系统中可以运行，如 SQL Server 2000，但新版本不再支持这样的写法。SQL-92 标准采用了新的表达方式。

```
A {FULL | LEFT | RIGHT} OUTER JOIN B ON Condition
```

关键字 JOIN 的左、右是参与连接的表名，ON 是连接条件，OUTER 代表外连接运算。

下面是 Course 表和 SC 表做左外连接运算的语句，物理课出现在查询结果中。

```
SELECT *
FROM Course LEFT OUTER JOIN SC ON Course.Cno = SC.Cno;
```

Cno	Cname	Cpno	Ccredit	Sno	Cno	Grade
1024	数据库原理	1136	4	2000012	1024	80
1024	数据库原理	1136	4	2000014	1024	88
1030	物理	NULL	4	NULL	NULL	NULL
1128	高等数学	NULL	6	2000012	1128	90
1128	高等数学	NULL	6	2000014	1128	85
1136	离散数学	1128	4	2000012	1136	78
1136	离散数学	1128	4	2000014	1136	90
1137	管理学	NULL	4	2000012	1137	70
1137	管理学	NULL	4	2000256	1137	77
1137	管理学	NULL	4	2000278	1137	89
1156	英语	NULL	6	2000012	1156	80
1156	英语	NULL	6	2000014	1156	88
1156	英语	NULL	6	2000113	1156	89
1156	英语	NULL	6	2000256	1156	93

（2）右外连接运算

A 表和 B 表做右外连接运算，其过程是先按照连接条件做连接，得到一个结果。如果 B 表的元组 t 不在结果中，则将 A 的万能元组和 t 做连接，形成一个新元组（NULL, …, NULL, t），并加入最终结果。

Course 表和 SC 表做右外连接运算的 SQL 语句为：

```
SELECT *
FROM Course RIGHT OUTER JOIN SC ON Course.Cno = SC.Cno;
```

上述查询的结果与下面内连接（3 种表达形式）的查询结果一致，因为 SC 表的列 Cno 引用了 Course 表的列 Cno，即 SC 表上定义了引用完整性。

```
SELECT *
FROM Course JOIN SC ON Course.Cno = SC.Cno;
```

```
SELECT *
FROM Course INNER JOIN SC ON Course.Cno = SC.Cno;
```

```
SELECT *
FROM Course, SC
WHERE Course.Cno = SC.Cno;
```

（3）全外连接运算

全外连接是左外连接运算和右外连接运算的并。

例 3.59　查询每门课程的选修人数。

按照题意，因为查询结果需包含每门课程，所以要使用左外连接，然后对查询结果上分组、统计。

下面给出两种表达方式，SQL 语句和执行结果如下。

```
SELECT Cname,COUNT(*)
FROM Course LEFT OUTER JOIN SC ON Course.Cno = SC.Cno
GROUP BY Cname;
```

Cname	COUNT(*)
高等数学	2
管理学	3
离散数学	2
数据库原理	2
物理	1
英语	4

```
SELECT Cname,COUNT(Sno)
FROM Course LEFT OUTER JOIN SC ON Course.Cno = SC.Cno
GROUP BY Cname;
```

Cname	COUNT(Sno)
高等数学	2
管理学	3
离散数学	2
数据库原理	2
物理	0
英语	4

前面介绍过，函数 COUNT(*)用于统计分组中的元组数，但例 3.59 不能使用它，否则，会给出物理的选修人数等于 1 的答案。由于使用了左外连接，尽管目前还没有学生选修物理，它也在连接结果中，所以 COUNT(*)=1，但不是想要的结果。

使用 COUNT(Sno)得到了符合实际的结果。因为物理这一分组只有一个元组，该元组在 Sno 列的值是 NULL，COUNT 函数在计数时舍弃了 NULL 值，传递给 COUNT 的自变量的值集合为空集，因此，COUNT(Sno)=0。

例 3.60 查询学号为 2000012 的学生比学号为 2000014 的学生多选修的课程号。

除了用集合差运算构造查询外，还可以这样思考，R 和 S 的差集中的元组一定是 R 的元组，但不能是 S 的元组，所以，R 的元组 r 要成为差集中的元组，S 一定没有元组 s 使 r.Cno = s.Cno，那么，r 一定不在连接条件为 R.Cno = S.Cno 的连接运算结果中，但是在左外连接运算的结果中。

```
SELECT *
FROM (SELECT * -- 集合 R
     FROM SC
     WHERE Sno = '2000012') R
     LEFT OUTER JOIN
     (SELECT * --集合 S
     FROM SC
     WHERE Sno = '2000014') S
     ON R.Cno = S.Cno;
```

Sno	Cno	Grade	Sno	Cno	Grade
2000012	1024	80	2000014	1024	88
2000012	1028	90	2000014	1028	85
2000012	1136	78	2000014	1136	90
2000012	1137	70	NULL	NULL	NULL
2000012	1156	80	2000014	1156	88

观察上述 SQL 语句查询结果的第 4 个元组，它在 S 表所有列上取空值，在 R 表的 Cno 列上的值，恰是需要的结果。因此，完成题目要求的 SQL 语句为：

```
SELECT R.Cno
FROM (SELECT * -- 集合 R
      FROM SC
      WHERE Sno = '2000012') R
      LEFT OUTER JOIN
      (SELECT * --集合 S
      FROM SC
      WHERE Sno = '2000014') S
    ON R.Cno = S.Cno
WHERE S.Cno IS NULL;
```

但是下面的语句不能得到想要的查询结果。

```
SELECT R.Cno
FROM  SC R LEFT OUTER JOIN SC S
      ON R.Sno ='2000012' AND S.Sno = '2000014' AND  R.Cno = S.Cno
WHERE S.Cno IS NULL;
```

因为 R（SC）表的学号不为 200012 的选课记录都不满足 R.Sno='2000012'，因此，都不能参加连接操作，但左外连接最终会将这些元组和"万能元组"连接，如下面 SQL 语句的查询结果。

```
SELECT *
FROM  SC R LEFT OUTER JOIN SC S
      ON R.Sno ='2000012' AND S.Sno = '2000014' AND  R.Cno = S.Cno
```

Sno	Cno	Grade	Sno	Cno	Grade
2000012	1024	80	2000014	1024	88
2000012	1128	90	2000014	1128	85
2000012	1136	78	2000014	1136	90
2000012	1137	70	NULL	NULL	NULL
2000012	1156	80	2000014	1156	88
2000014	1024	88	NULL	NULL	NULL
2000014	1128	85	NULL	NULL	NULL
2000014	1136	90	NULL	NULL	NULL
2000014	1156	88	NULL	NULL	NULL
2000113	1156	89	NULL	NULL	NULL

续表

Sno	Cno	Grade	Sno	Cno	Grade
2000256	1137	77	NULL	NULL	NULL
2000256	1156	93	NULL	NULL	NULL
2000278	1137	89	NULL	NULL	NULL

因此，为了得到正确的结果，第二种查询形式为：

```
SELECT R.Cno
FROM   SC R LEFT OUTER JOIN SC S
       ON R.Sno ='2000012' AND S.Sno = '2000014' AND  R.Cno = S.Cno
WHERE S.Cno IS NULL AND R.Sno = '2000012';
```

除了外连接运算，SQL-92 还给出了笛卡儿积运算符 CROSS JOIN 和连接运算符 JOIN，这些运算符出现在 FROM 子句，使表达更清晰，但没有提高表达能力，因为完全可以用老版本的连接运算表达。

（1）交叉连接运算 A CROSS JOIN B

交叉连接运算就是笛卡儿积，表达式 Student CROSS JOIN SC 的结果是 Student 表和 SC 表的笛卡儿积。

（2）内连接运算 A [INNER] JOIN B ON Condition

表达式 Course JOIN SC ON Course.Cno = SC.Cno 的结果是 Course 表和 SC 表的在 Cno 列上的等值连接运算的结果，其关系模式由 Course 表和 SC 表的全部属性构成。

例 3.61　查询学生王林选修课程的课程号和成绩。

```
SELECT Cno, Grade
FROM Student JOIN SC ON Student.Sno = SC.Sno
WHERE Sname = '王林';
```

上述语句可以这样理解，Student JOIN SC ON Student.Sno = SC.Sno 是一个子查询，查询结果存放在一个临时表，临时表的元组是学生的选课记录，然后对临时表再进行过滤，得到王林的选课记录。

将 ON 后面的连接条件移到 WHERE 子句，就可以不使用 JOIN 运算符而使用早期连接运算的书写形式。

```
SELECT Cno, Grade
FROM Student, SC
WHERE Sname = '王林' AND Student.Sno = SC.Sno;
```

例 3.62　查询学生王林选修课程的课程名称和成绩。

Student JOIN SC ON Student.Sno = SC.Sno 子查询的关系模式是（Student.Sno，Student.Sname，Student.Ssex，Student.Sage，Student.Sdept，SC.Sno，SC.Cno，SC.Grade），没有课程名称，为了得到课程名称，需要和 Course 表做连接运算。

```
SELECT Cname, Grade
FROM (Student JOIN SC ON Student.Sno = SC.Sno) JOIN Course ON SC.Cno = Course.Cno
WHERE Sname = '王林';
```

上述语句的括号可以省略，因为 JOIN 运算按照从左往右的次序计算。

不使用 JOIN 运算符的表达形式如下。

```
SELECT Cname, Grade
FROM Student,SC, Course
WHERE Sname = '王林' AND Student.Sno = SC.Sno AND SC.Cno = Course.Cno;
```

例 3.63　查询学号为 2000012 的学生和学号为 2000014 的学生都选修的课程号。

查询学号为 2000012 的学生的选修课程的 SQL 语句如下。

```
SELECT Cno
FROM SC
WHERE Sno = '2000012';
```

查询学号为 2000014 的学生的选修课程的 SQL 语句如下。

```
SELECT Cno
FROM SC
WHERE Sno = '2000014';
```

该查询虽然可以使用集合运算 INTERSECT 实现（请读者写出相应的 SQL 语句），但这里给出使用连接运算实现的形式。图 3-3（a）、图 3-3（b）分别为这两个学生的选课记录，图 3-3（c）是图 3-3（a）、图 3-3（b）在 Cno 列上做等值连接的结果。

图 3-3（a）中除第 4 个元组外，其他 4 个元组全部出现在图 3-3（c）中，原因很简单，1024、1028、1136 和 1156 号课程在图 3-3（a）、图 3-3（b）中都有，而 1137 号课程只出现在图 3-3（a）中，它不能和图 3-3（b）中的任何一个元组连接。

Sno	Cno	Grade
2000012	1024	80
2000012	1128	90
2000012	1136	78
2000012	1137	70
2000012	1156	80

(a)

Sno	Cno	Grade
2000014	1024	88
2000014	1128	85
2000014	1136	90
2000014	1156	88

(b)

Sno	Cno	Grade	Sno	Cno	Grade
2000012	1024	80	2000014	1024	88
2000012	1128	90	2000014	1128	85
2000012	1136	78	2000014	1136	90
2000012	1156	80	2000014	1156	88

(c)

图 3-3　选课记录和等值连接

因此，本查询应该使用内连接运算，而不能使用外连接运算，完成查询的 SQL 语句为：

```
SELECT A.Cno
FROM (SELECT Cno
     FROM SC
     WHERE Sno = '2000012') A
     JOIN
     (SELECT Cno
```

```
    FROM SC
     WHERE Sno = '2000014') B
    ON A.Cno = B.Cno;
```

该查询还可以使用其他书写形式，其 SQL 语句为：

```
SELECT A.Cno
FROM SC A JOIN SC B ON A.Cno = B.Cno
WHERE A.Sno = '2000012' AND B.Sno = '2000014';
```

```
SELECT A.Cno
FROM SC A, SC B
WHERE A.Sno = '2000012' AND B.Sno = '2000014' AND A.Cno = B.Cno;
```

```
SELECT A.Cno
FROM SC A CROSS JOIN SC B
WHERE A.Sno = '2000012' AND B.Sno = '2000014' AND A.Cno = B.Cno;
```

3.4　数据更新

数据更新操作有 3 个：向表插入数据、修改表的数据和删除表的数据，SQL 也分别对应 3 个语句，本节介绍这 3 个语句的基本用法。

1.　插入操作

插入语句的一般格式是：

```
INSERT
INTO <表名> [(<列 1>[, <列 2>…])
VALUES (<常量 1> [, <常量 2>]…);
```

插入语句的功能是向表插入一个元组，元组在第 1 列的值为常量 1，第 2 列的值为常量 2，……，没有出现于 INTO 子句的列取空值。

查询不仅可以嵌套在 SELECT 语句，用于构造父查询的条件，也可以嵌套在 INSERT 语句，用于生成要插入的批量数据。

插入查询结果的 INSERT 语句的格式为：

```
INSERT
INTO <表名> [(<属性列 1> [, <属性列 2>…])
查询;
```

例 3.64　将学生王林的信息插入 Student 表。

```
INSERT
INTO Student(Sno,Sname,Ssex,Sdept,Sage)
VALUES ('2000012', '王林', '男', '计算机', 19);
```

INTO 子句指定 Student 表和要赋值的列，VALUES 子句对元组的各列赋值。

插入语句向表插入的数据不能违反表上定义的各种约束，否则 DBMS 拒绝执行语句。

例 3.65 将学生张大民的信息插入 Student 表。

```
INSERT
INTO Student
VALUES ('2000113', '张大民', '男', 18, '管理');
```

例 3.65 与例 3.64 的不同之处在于 INTO 子句只指定了表名，没有给出列名，这表示插入的元组在表的所有列上都指定值，列的次序与 CREATE TABLE 声明的次序相同。VALUES 子句对新元组的各列赋值，注意值与列要一一对应。

 当表的结构被修改了，如增加了新的列，则上述语句要出错，因为常数的数量少于列的数量。

例 3.66 向 Course 表插入离散数学课程的信息。

```
INSERT
INTO Course(Cno,Cname,Cpno,Ccredit)
VALUES ('1136', '离散数学', NULL, 4);
```

其中 NULL 的含义是赋予该列空值。

例 3.67 每一个学生都要选修高等数学（课程号为 1128）课程，将选课信息插入 SC 表。

```
INSERT
INTO SC(Sno, Cno)
SELECT  Sno, '1128'
FROM Student;
```

2. 修改操作

修改操作又称为**更新操作**，修改语句的一般格式是：

```
UPDATE  <表名>
SET <列名>=<表达式>[, <列名>=<表达式>]…
[WHERE <条件>];
```

该语句的功能是修改表中满足 WHERE 子句条件的元组。SET 子句指出修改元组的哪些列，表达式<列名>=<表达式>的含义是列的新值等于<表达式>的值。如果省略 WHERE 子句，则表示要修改表的所有元组。

表达式中可以出现常数、列名、系统支持的函数及运算符。最简单的情形是表达式为常数，即<列名>=常数。

例 3.68 将学号为 2000012 的学生的年龄改为 18 岁。

```
UPDATE Student
SET Sage=18
WHERE Sno='2000012';
```

例 3.69　将所有学生的年龄增加 1 岁。

```
UPDATE Student
SET Sage= Sage+1;
```

例 3.70　将计算机系全体学生的数据库原理（课程号为 1024）课程成绩修改为空值。

```
UPDATE SC
SET Grade = NULL
WHERE  Cno='1024' AND Sno IN (SELECT Sno
                              FROM  Student
                              WHERE  Sdept = '计算机');
```

3. 删除操作

删除操作语句的一般格式为：

```
DELETE
FROM <表名>
[WHERE <条件>];
```

该语句的功能是删除表中满足 WHERE 子句条件的元组。如果省略 WHERE 子句，则表示删除表的全部元组，但表的定义仍然存在于数据字典。也就是说，DELETE 语句删除的是表的数据，而不是表的定义。

例 3.71　删除学号为 2000012 的学生的记录。

```
DELETE
FROM Student
WHERE Sno='2000012';
```

例 3.72　删除所有学生的选课记录。

```
DELETE
FROM SC;
```

例 3.73　删除计算机系学生的选课记录。

```
DELETE
FROM SC
WHERE  Sno IN (SELECT Sno
              FROM Student
              WHERE Sdept='计算机');
```

3.5　视图

视图是从一个或多个表中导出的表，用户可以像对表一样对它进行查询，SELECT 语句可以出现表的地方都可以出现视图。视图是一个**虚表**，数据库管理系统只存储视图的定义（一个 SELECT 语句），而不存放视图的数据，这些数据仍存放在导出视图的表中，直到用户使用视图时，才执行视图的定义，求出数据。因为视图是一个虚表，所以更新操作受到一些限制。

1. 视图的作用

（1）简化用户的操作

视图机制使用户可以将注意力集中在所关心的数据上。如果这些数据不是直接来自表，则可以通过定义视图，使数据库看起来结构简单、清晰，并且可以简化用户的查询操作。例如，那些定义了若干个表连接的视图，就对用户隐藏了表与表之间的连接运算，即用户只需对一个虚表做简单查询，无须了解这个虚表的构成。

（2）减少冗余数据

定义表时，为了减少数据库的冗余数据，表只存放基本数据，一般不存储由基本数据经过各种计算派生出的数据。但由于视图的数据并不进行实际存储，所以定义视图时，可以根据应用的需要，设置一些派生属性列。

（3）为重构数据库提供了一定程度的逻辑独立性

数据的物理独立性是指应用程序不依赖于数据库的物理结构。数据的逻辑独立性是指当数据库重构时，如增加新的关系或对原有关系增加新的字段等，应用程序不会受影响。数据库的重构不可避免，最常见的数据库重构是将一个表"垂直"地分成多个表。例如，将学生关系拆分为 SX 和 SY 两个关系。

```
Student(Sno, Sname, Ssex, Sage, Sdept)
SX(Sno, Sname, Sage)
SY(Sno, Ssex, Sdept)
```

这时，Student 表为 SX 表和 SY 表自然连接运算的结果。如果建立一个视图 Student：

```
CREATE VIEW Student(Sno, Sname, Ssex, Sage, Sdept)
AS
SELECT SX.Sno, SX.Sname, SY.Ssex, SX.Sage, SY.Sdept
FROM SX, SY
WHERE SX.Sno = SY.Sno;
```

则尽管数据库的逻辑结构改变了，但应用程序并不必修改，因为新建立的视图定义了原来的关系，使外模式保持不变，应用程序通过视图仍然能够查找数据。

当然，视图只能在一定程度上提供数据的逻辑独立性，比如由于对视图的更新是有条件的，因此应用程序中修改数据的语句可能仍会因表结构的改变而需要改变。

（4）为机密数据提供安全保护

有了视图机制，就可以在设计数据库应用系统时，对不同的用户定义不同的视图，避免机密数据被无关的用户看到，这样视图机制就自动提供了对机密数据的安全保护功能。例如，Student 表涉及 3 个系的学生数据，可以在其上定义 3 个视图，每个视图只包含一个系的学生数据，并且只允许每个系的系主任查询本系的学生视图。

2. 建立视图

SQL 使用 CREATE VIEW 语句建立视图，其一般格式为：

```
CREATE  VIEW  <视图名>[(<列名>[, <列名>]…)]
AS <查询>
[WITH CHECK OPTION];
```

组成视图的列名可全部省略或者全部指定，没有第 3 种选择。如果组成视图的列名全部省略，则列与 SELECT 子句的列相同。但在下列 3 种情况下，必须明确指定组成视图的所有列名。

- 某个目标列不是单纯的列名，而是表达式。
- 多表连接时选出了几个同名列作为视图的列。
- 需要为某个列命名更合适的名称。

其中查询可以是任意复杂的 SELECT 语句，但通常不允许含有 ORDER BY 子句和 DISTINCT 关键字。

WITH CHECK OPTION 表示对视图进行 UPDATE 和 INSERT 操作时，要保证更新后的元组和新插入的元组满足定义视图的 WHERE 子句的条件表达式。

例 3.74 建立计算机系学生的视图。

```
CREATE VIEW Student_CS
AS
SELECT *
FROM Student
WHERE Sdept = '计算机';
```

例 3.74 在 Student 表上建立了视图 Student_CS，但是没有明确指出视图 Student_CS 的列名，构成视图的列与 SELECT 子句相同，即 Student_CS 有 Sno、Sname、Sex、Sage 和 Sdept 共 5 列，这 5 列分别对应 Student 表的 Sno、Sname、Ssex、Sage 和 Sdept 列。

CREATE VIEW 语句的执行结果是在 DBMS 的数据字典中保存视图名和 SELECT 语句。

例 3.75 建立英语课（课程号为 1156）成绩单的视图。

```
CREATE VIEW English_Grade(Sno, Sname, Grade)
AS
SELECT Student.Sno, Sname, Grade
FROM Student JOIN SC ON Student.Sno = SC.Sno AND SC.Cno = '1156';
```

例 3.75 在 Student 表和 SC 表上建立了视图 English_Grade。它有 3 列：Sno、Sname、Grade，分别对应 Student 表的 Sno 列、Sname 列和 SC 表的 Grade 列。因为 SELECT 子句包含了 Student 表与 SC 表的同名列 Sno，所以必须在视图名后明确说明视图的各个列名。

例 3.76 定义一个反映学生出生年份的视图。

```
CREATE VIEW BT_S(Sno, Sname, Sbirthday)
AS
SELECT Sno, Sname, datepart(year, getdate()) - Sage
FROM Student;
```

由于 Student 表的 Sage 列存放的是学生的年龄，而不是其出生年份，例 3.76 定义的视图由学号、学生姓名和学生出生年份 3 列组成。getdate 函数返回系统日期，datepart 函数求出日期中的年份。由于 SELECT 子句出现了表达式，所以必须指明视图的列名。

视图不仅可以建立在表上，还可以建立在视图上。

例 3.77 建立英语课程的成绩在 80 分以上的学生的视图。

```
CREATE VIEW English_Grade_80
AS
SELECT Sno, Sname, Grade
```

```
FROM English_Grade
WHERE Grade >= 80;
```

视图 English_Grade_80 建立在例 3.75 定义的视图 English_Grade 之上。

3. 删除视图

当不再需要一个视图时，可以删除它，语句格式为：

```
DROP VIEW <视图名>
```

例 3.78 删除视图 Student_CS。

```
DROP VIEW Student_CS;
```

执行 DROP VIEW 语句后，DBMS 从数据字典中删除视图 Student_CS 和定义它的 SELECT 语句。

4. 查询视图

定义视图以后，就可以像查询表一样查询视图。

例 3.79 查询计算机学院年龄小于 19 岁的学生的姓名。

视图 Student_CS 包含计算机学院全体学生的信息，可以直接查询视图。

```
SELECT Sname
FROM Student_CS
WHERE Sage < 19;
```

前面讲过，视图中没有存放任何数据，又被称为虚表。那么查询视图会返回数据吗？

查询视图时，DBMS 要进行**视图消解**工作，把对视图的查询转换为对表的查询，即把查询视图的 SQL 语句转换为查询表的 SQL 语句。视图消解的基本过程分为 4 个步骤。

（1）从数据字典取出定义视图的 SELECT 语句。

（2）用定义视图的 FROM 子句替换要执行的 SELECT 的 FROM 子句。

（3）根据定义视图时，视图的列和表的列的对应关系，将要执行的 SELECT 子句的列映射到表的列。

（4）将定义视图的 WHERE 子句的条件表达式合并到要执行的 SELECT 语句的 WHERE 子句，逻辑关系是与关系，如图 3-4 所示。

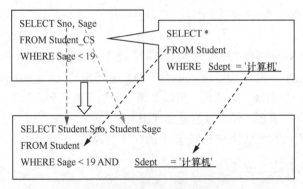

图 3-4 视图消解的基本过程

例 3.80　假设定义了一个求每个学生学号和平均成绩的视图。

```
CREATE VIEW S_G(Sno, Gavg)
AS
SELECT Sno, AVG(Grade)
FROM SC
GROUP BY Sno;
```

要查询平均成绩在 80 分以上的学生学号和平均成绩，SQL 语句为：

```
SELECT *
FROM S_G
WHERE Gavg >= 80;
```

这时，DBMS 无法得到一个等价的 SELECT 语句。DBMS 采用第二种视图消解方法。先执行定义视图 S_G 的 SELECT 语句，得到一个结果，再把它作为一个临时表，假设命名为 tmp_S_G，然后将上面的查询语句改写为：

```
SELECT *
FROM tmp_S_G
WHERE Gavg >= 80;
```

同样可以得到正确结果。因此，可以把视图当作表一样查询，而不必关心 DBMS 如何处理。

5. 更新视图

更新视图是指向视图插入（INSERT）、删除（DELETE）和修改（UPDATE）数据。像查询视图那样，对视图的更新操作也要通过视图消解转换为对表的更新操作。

在关系数据库中，并不是所有的视图都可以更新，因为有些视图的更新不能唯一、有意义地转换成对表的更新。

例如，例 3.80 定义的视图 S_G 是由"学号"和"平均成绩"两个属性列组成的，其中"平均成绩"列是对 SG 表的元组分组后计算平均值得来的。如果想把视图 S_G 中学号为 2000012 的学生的平均成绩改成 90 分，则 SQL 语句如下。

```
UPDATE S_G
SET Gavg = 90
WHERE Sno = '2000012';
```

但对视图的更新无法转换成对 SC 表的更新，因为系统无法修改各科成绩，以使平均成绩成为 90。所以 S_G 视图不可更新。

目前，多数 DBMS 保证行列子集视图可以更新。若一个视图是从单个表导出，并且只是去掉了表的某些行和某些列，但保留了主关键字，就称这类视图为**行列子集视图**。例 3.74 中定义的视图 Student_CS 就是一个行列子集视图。

除行列子集视图外，还存在一些理论上可以更新的视图，但它们的确切特征还是尚待研究的课题，还存在些从理论上证明是不可以更新的视图。

目前各个 DBMS 对视图的更新有较多的限制，由于各系统实现方法的差异，所以这些规定也不尽相同。

应该指出的是，不可更新的视图与不允许更新的视图是两个不同的概念。前者指理论上已证明其是不可更新的视图；后者指实际系统中不支持其更新，但它本身有可能是可更新的视图。

对于行列子集视图的更新，DBMS 也要进行视图消解，把对视图的更新转换为对表的更新，基本过程与对 SELECT 语句的转换过程相同。

例 3.81　将计算机系学生王林的姓名改为王琳。

```
UPDATE Student_CS
SET Sname = '王琳'
WHERE Sname = '王林';
```

DBMS 进行视图消解后，得到下面的语句。

```
UPDATE Student
SET Sname = '王琳'
WHERE Sname = '王林' AND Sdept = '计算机';
```

例 3.82　计算机系增加一名新生，学号为 2000015，姓名为赵明，年龄为 20 岁。

```
INSERT
INTO Student_CS(Sno, Sname, Sage)
VALUES('2000015', '赵明', 20);
```

转换后的更新语句为：

```
INSERT
INTO Student(Sno, Sname, Sage)
VALUES('2000015', '赵明', 20);
```

例 3.83　删除计算机系学号为 2000015 的学生。

```
DELETE
FROM Student_CS
WHERE Sno= '2000015';
```

转换为对表的删除操作。

```
DELETE
FROM Student
WHERE Sno= '2000015' AND Sdept = '计算机';
```

通过上面的 3 个例子可以发现，视图消解后得到的 UPDATE 和 DELETE 语句包含了视图定义时的过滤条件 Sdept = '计算机'。但 INSERT 语句没有将 Sdept 列的值设置为"计算机"。例 3.83 的 WHERE 子句指定了赵明的学号，但由于例 3.82 插入数据时赵明在 Sdept 列的值为空，不能满足条件 Sno= '2000015' AND Sdept = '计算机'，所以实际上并没有删除学生赵明。

如果要防止用户通过视图对数据库进行增、删、改时有意无意地对不属于视图范围内的数据进行操作，则在视图定义时要加上 WITH CHECK OPTION 子句。WITH CHECK OPTION 子句相当于在视图上施加了一个元组级约束，更新前后的元组必须满足定义视图的 WHERE 子句的条件表达。若操作的元组不满足条件，则拒绝执行该操作。

例 3.84　建立计算机系学生的视图，要求进行更新操作前后的元组保证满足定义视图时的条件表达式（即 Sdept 列上的值是"计算机"）。

```
CREATE VIEW Student_CS
AS
```

```
SELECT *
FROM  Student
WHERE  Sdept= '计算机'
WITH CHECK OPTION;
```

由于在定义 Student_CS 视图时加上了 WITH CHECK OPTION 子句，所以以后对该视图进行插入、修改时，DBMS 会自动检查插入的元组和修改后的元组在 Sdept 列的值是否等于"计算机"。例如，DBMS 拒绝执行下面的修改视图的 SQL 语句。

```
INSERT
INTO Student_CS(Sno, Sname, Sdept, Sage)
VALUES('2000015', '赵明', '管理', 20); --新插入的元组在 Sdept 列的值不等于"计算机"

UPDATE Student_CS
SET Sdept = '管理'          --试图将 Sdept 的值由"计算机"更改为"管理"
WHERE Sno = '2000012';
```

3.6　索引

SQL 是描述性的语言，只声明要做什么。如何完成一条 SQL 语句规定的任务，则是 DBMS 的职责。例如，要查询学号为 2000012 的学生的详细信息，只需要向 DBMS 提交下面的语句。

```
SELECT *
FROM Student
WHERE Sno = '2000012';
```

DBMS 怎样在成千上万的学生中找到这个学生，详细的过程取决于 DBMS 如何存储 Student 表的数据。我们在逻辑结构的层面上考虑这个问题，假设 DBMS 使用线性表存储数据，表的每个元组是线性表的一个数据元素。

上述 SQL 语句就是一个查找问题，如果线性表是无序的，则只能顺序查找。

（1）取出第一个元组 t，得到 t 在 Sno 列的分量 t.Sno。

（2）判断 t.Sno = '2000012'是否成立，如果成立，则输出 t。

（3）继续按上述步骤处理下一个元组，直至处理完所有元组。

如果线性表是有序的，则采用折半查找。还可以采用很多其他技术提高查找速度，如数据分区、Hash 方法等，其中，在表上建立索引是一种常用的方法。索引的概念大家并不陌生，如有的书后面有索引，可以找到一些关键词所在的页码，据此读者能很快找到这个关键词。在图书馆中面对众多的图书，我们要找到自己想要的书，必须先查找图书目录，图书目录就是书的索引。

索引不是关系模型的概念，它属于物理实现的范畴。在关系上是否建立索引、建立什么样的索引要慎重考虑，因为索引虽然加快了查询速度，但维护索引也要付出代价。索引一般由 DBA 建立。执行一个查询时，由 DBMS 的查询优化子系统决定是否使用索引、使用哪个索引，而用户无权干预。索引为查询的实现提供了更多的选择。

1．索引的概念

索引是一个独立的、物理的数据库结构，基于表的一列或多列建立，按照列值排序，提供了一个新的存取路径。

图 3-5 的左侧为在 Student 表的学号列上建立的索引，每一行称为一个**索引项**，索引项的第一部分存储 Student 表中某个元组在学号列上的值，第二部分是一个指针，指向 Student 表中对应的元组，索引项按照学号排序。

图 3-5　唯一性索引

图 3-5 以线性表的形式表示索引。实际上，数据库的索引往往被组织成一棵 B$^+$树。

索引有多种类型。按照索引列上的值是否唯一，索引分为唯一索引（UNIQUE）和非唯一索引（NOT UNIQUE）。建立 UNIQUE 索引后，插入新元组时，DBMS 会自动检查新元组在索引列上是否取了重复值，这相当于增加了一个 UNIQUE 约束。如图 3-5 所示，在 Sno 列上建立的索引就是唯一索引，因为 Sno 是关键字。在 Sdept 列上建立的索引是非唯一索引，如图 3-6 所示。

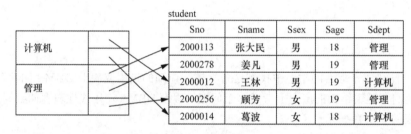

图 3-6　非唯一索引

按照索引的结构，索引分为两大类：聚簇索引（Clustered Index）和非聚簇索引（Nonclustered Index）。聚簇索引要求表中元组的存放次序和索引中索引项的存放次序相同，或者说表中的元组也是有序的，非聚簇索引则无此要求。

聚簇索引能提高某些类型的查询效率，如范围查询，Sno BETWEEN n AND m，利用聚簇索引首先定位学号等于 n 的元组，然后顺序访问表的元组，直到遇到学号大于 m 的元组。

由于表中的元组只能有一种物理存储顺序，因此一个表最多有一个聚簇索引。表的数据发生变化后，为了维护表的元组的有序性，要付出很大的代价。

2. 建立索引

SQL 使用 CREATE INDEX 语句建立索引，其一般格式为：

```
CREATE [ UNIQUE ] [ CLUSTERED | NONCLUSTERED] INDEX <索引名>
ON <表名>(<列名>[<次序>][, <列名>[<次序>] ]…);
```

其中，<表名>是要建立索引的表名称。索引可以建立在表的一列或多列上，各列之间用逗号分隔。每个<列名>后面还可以用<次序>指定索引值的排列次序，可选择 ASC（升序）或 DESC（降序），默认值为 ASC。

UNIQUE 表明建立唯一索引。CLUSTERED 表示要建立的索引是聚簇索引。NONCLUSTERED 意味着建立非聚簇索引，默认情况下是建立 NONCLUSTERED 索引。例如，执行下面的 CREATE INDEX 语句：

```
CREATE CLUSTERED INDEX Stusname ON Student(Sname);
```

将在 Student 表的 Sname 列上建立一个聚簇索引。

注意，如果在创建表时，同时声明了 PRIMARY KEY、UNIQUE 等约束，则有的 DBMS 会自动创建相应的索引。例如，例 3.1 创建了 Student 表，并声明 Sno 为 PRIMARY KEY，SQL Server 自动创建了一个聚簇并且唯一的索引，因此，上面创建 Stusname 索引的操作将失败，因为 Student 表上已经有了一个聚簇索引。

例 3.85 为学生-课程数据库中的 Student、Course、SC 3 个表建立索引。其中 Student 表按学号升序建立唯一索引，Course 表按课程号降序建立唯一索引，SC 表按学号升序和课程号降序建立唯一索引。

```
CREATE UNIQUE INDEX Stusno ON Student(Sno);
CREATE UNIQUE INDEX Coucno ON Course(Cno DESC);
CREATE UNIQUE INDEX SCno ON SC(Sno ASC, Cno DESC);
```

3. 删除索引

索引一经建立，就由系统使用和维护它，不需要用户干预。建立索引是为了减少查询操作的时间，但如果数据增、删、改操作频繁，系统会花费许多时间来维护索引。这时，可以删除一些不必要的索引。

SQL 使用 DROP INDEX 语句删除索引，其一般格式为：

```
DROP INDEX <表名.索引名>
```

例 3.86 删除例 3.85 建立的索引。

```
DROP INDEX Student.Stusno;
DROP INDEX Course.Coucno;
DROP INDEX SC.SCno;
```

删除索引时，数据库管理系统从数据字典删除索引的定义，回收索引占用的存储空间，但不会删除表的定义和表的数据。

3.7 存取控制

数据库存放了组织机构运营需要的全部数据，并提供给组织机构的所有职员使用，因此，必须严格控制对数据库的存取操作，否则会发生泄露机密数据的事件，这是绝对不允许的。

使用 UNIX 操作系统必须拥有一个账号，经过身份验证，登录系统后，才能使用系统提供的各种功能，并且在完成某项任务时，要拥有一定的权限，如读取一个文件的数据要有读权限。

使用 DBMS 的用户必须是系统的合法用户，用户连接到 DBMS 后，当对表和视图等数据库对象进行操作时，系统要检查是否拥有必要的权限。

对于表和视图而言，有 SELECT、INSERT、DELETE、UPDATE 等权限。对表和视图执行 SELECT、INSERT、DELETE 和 UPDATE 操作时，分别要拥有对表和视图的 SELECT、INSERT、DELETE 和 UPDATE 权限。

SQL 采用的安全性控制策略简单易行。从实现原理上讲，似乎数据库中有一个矩阵，矩阵的每列是数据库的一个操作对象，矩阵的每行是数据库的一个用户，矩阵的元素是一个权限集合，记录了用户对操作对象拥有的权限。当用户提交操作时，DBMS 根据该矩阵决定是否允许用户执行提交的操作。

例如，假设用户 U1 提交了下面的 SQL 语句。

```
INSERT
INTO SC(Sno, Cno)
        SELECT Sno, '1128'
        FROM Student;
```

U1 必须拥有对 SC 表的 INSERT 权限和 Student 表的 SELECT 权限，DBMS 才允许 U1 执行这条 SQL 语句。

操作对象的所有者拥有对操作对象的所有权限，一般情况下，所有者就是操作对象的创建者，也可以通过其他方式成为操作对象的所有者。操作对象的所有者可以把部分或全部操作权限授予其他用户，在必要时，还可以收回这些权限。

1. 授权

SQL 用 GRANT 语句向用户授予操作权限，GRANT 语句的一般格式为：

```
GRANT <权限>[, <权限>…]
        [ON <表名或视图名>]
        TO <用户>[, <用户>…]
        [WITH GRANT OPTION];
```

接受权限的用户可以是具体用户，也可以是 PUBLIC 用户。PUBLIC 用户是一个特殊的用户，它代表系统当前的所有用户以及将来新增的所有用户。

如果指定了 WITH GRANT OPTION 子句，则获得权限的用户还可以把权限再授予其他用户；如果没有指定 WITH GRANT OPTION 子句，则获得权限的用户只能使用该权限，但不能转授该权限。

例 3.87　把 Student 表的 SELECT 权限授予用户 U1。

```
GRANT SELECT
ON TABLE Student
TO U1;
```

例 3.88　把 Student 表和 Course 表的全部操作权限授予用户 U2 和 U3。

```
GRANT ALL PRIVILIGES
ON TABLE Student, Course
TO U2, U3;
```

ALL PRIVILIGES 表示对表的所有操作权限。

例 3.89　把 SC 表的 SELECT 权限授予所有用户。

```
GRANT SELECT
ON TABLE SC
TO PUBLIC;
```

例 3.90　把 Student 表的 SELECT 权限和 Sname 列的 UPDATE 权限授予用户 U4。

```
GRANT UPDATE(Sname), SELECT ON TABLE Student TO U4;
```

UPDATE 权限表示可以修改表的所有列，例 3.90 中对 UPDATE 权限进行了限制，用户 U4 只能修改 Sname 列，不能修改其他的列。

例 3.91　把 SC 表的 INSERT 权限授予用户 U5，并允许用户 U5 将此权限再授予其他用户。

```
GRANT INSERT ON TABLE SC TO U5 WITH GRANT OPTION;
```

用户 U5 不仅拥有对 SC 表的 INSERT 权限，还可以转授此权限。例如，U5 可以将此权限授予用户 U6。

```
GRANT INSERT ON TABLE SC TO U6 WITH GRANT OPTION;
```

同样，用户 U6 还可以将此权限授予用户 U7。

```
GRANT INSERT ON TABLE SC TO U7;
```

因为用户 U6 未给用户 U7 转授的权限，用户 U7 不能再转授此权限。

2. 收回权限

授予的权限可以使用 REVOKE 语句收回，REVOKE 语句的一般格式为：

```
REVOKE <权限>[,<权限>]…
    [ON <表名或视图名>]
    FROM <用户>[,<用户>];
```

例 3.92　把用户 U4 修改学生学号的权限收回。

```
REVOKE UPDATE(Sname) ON TABLE Student FROM U4;
```

例 3.93　收回所有用户对 SC 表的查询权限。

```
REVOKE SELECT ON TABLE SC FROM PUBLIC;
```

例 3.94　收回用户 U5 对 SC 表的 INSERT 权限。

```
REVOKE INSERT ON TABLE SC FROM U5;
```

在例 3.91 中，用户 U5 将对 SC 表的 INSERT 权限授予用户 U6，用户 U6 又将其授予用户 U7。执行例 3.94 的 REVOKE 语句后，DBMS 在收回用户 U5 对 SC 表的 INSERT 权限的同时，还会自动收回用户 U6 和用户 U7 对 SC 表的 INSERT 权限，即收回权限的操作会级联下去。但如果用户 U6 或用户 U7 还从其他用户获得了对 SC 表的 INSERT 权限，则它们仍具有此权限，系统只收回直接或间接从用户 U5 处获得的权限。

3. 角色

一般来说，组织机构的每个访问数据库的工作人员都是 DBMS 的一个用户。这样，对于大型组织机构，DBMS 的用户会成千上万。如何管理这些用户，正确分配各自的权限？当然可以像上面介绍的那样，系统中每增加一个用户，就用 GRANT/REVOKE 语句授予其操作对象适当的权限。但是，在大型系统中，用户、数据对象、操作权限三者之间的组合会非常多，上述工作方式劳动强度大，而且容易出错。

两个工作人员虽然在数据库中是两个不同的用户，但如果他们从事相同的工作，如都是售票员，则他们会操作同样的表，需要相同的权限。因此就有了按工作岗位分配权限的想法。

角色是 DBMS 用户的集合，集合中的用户要操作相同的数据库对象，需要拥有相同的权限。角色可以是组织中的一个部门，也可以是一个工作岗位。角色还可以按照 DBMS 管理的需要设置。

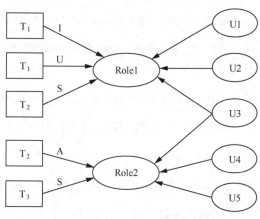

有了角色的概念后，权限的管理可以这样进行：首先根据工作需要建立各个角色，然后用 GRANT 语句授予角色权限；接着，创建用户，为用户分派角色，每个用户享有所扮演角色的全部权利。如图 3-7 所示，因为 Role1 拥有对表 T_1 的 INSERT 权限和 UPDATE 权限，以及对表 T_2 的 SELECT 权限，所以，用户 U1 也拥有对表 T_1 的 INSERT 权限和 UPDATE 权限，以及对表 T_2 的 SELECT 权限。用户 U3 既属于 Role1，又属于 Role2，用户 U3 同时拥有 Role1 和 Role2 的权限。

图 3-7　角色的作用

SQL:1999 标准使用 CREATE ROLE 建立角色，如建立 Clerk 角色。

```
CREATE ROLE Clerk;
```

角色可以分配给用户，也可以分配给其他的角色。

```
GRANT Clerk TO U1; --用户 U1 是角色 Clerk 的成员
GRANT Clerk TO Manager; --Manager 是另外一个角色，也是 Clerk 的成员
```

角色可以像用户一样被授予各种权限。

```
GRANT SELECT ON Student TO Clerk --角色 Clerk 对 Student 表有 SELECT 权限
```

有些 DBMS 使用不同的语法创建角色和分配成员。例如，SQL Server 使用系统存储过程完成上述任务。系统存储过程 sp_addrole 和 sp_droprole 分别用于建立和删除角色，系统存储过程 sp_addrolemember 和 sp_droprolemember 分别用于将用户指派给角色和从角色中删除一个用户。

例 3.95　在数据库中增加角色 Managers，并删除角色 Sales。

```
sp_addrole  'Managers'
GO
sp_droprole  'Sales'
GO
```

例 3.96 使数据库用户 John 成为角色 Sales 的成员，从数据库角色 Manager 中删除成员 Jeff。

```
sp_addrolemember 'Sales', 'John'
GO
sp_droprolemember 'Managers', 'Jeff'
GO
```

例 3.97 让角色 Managers 成为角色 Sales 的成员。

```
sp_addrolemember 'Sales', 'Managers'
GO
```

4. 其他的权限

除了对表和视图的权限外，在使用数据库时可能还需要以下权限。

- CREATE DATABASE：创建数据库。
- CREATE TABLE：创建表。
- CREATE VIEW：创建视图。
- CREATE FUNCTION：创建用户自定义函数。
- CREATE PROCEDURE：创建存储过程。
- CREATE INDEX：创建索引。
- CREATE TRIGGER：创建触发器。

在使用时请参照具体 DBMS 的说明书。

对于授权，SQL 尚存在一些缺陷。例如，想要每个学生只能看到他自己的选课记录，不能看到其他人的选课记录，授权就必须在单独的元组级进行，目前的 SQL 尚不支持。

3.8 空值的处理

空值是一种特殊的值，一般有 3 种含义：第 1 种是应该有一个值，但目前不知道它的具体值，例如，出生日期，因为不知道某个人的出生日期而没有填写；第 2 种是不应该有值，如缺考学生的成绩为空白，因为他没有参加考试；第 3 种是由于某种原因不便于填写，如一个人的电话号码不想让大家知道，就取空值。因此，空值含有不确定性，需要特殊处理。

1. 空值的产生

例 3.98 向 SC 表插入一个元组，学号是 2000012，课程号是 1128。

```
INSERT INTO SC(Sno,Cno)
VALUES('2000012', '1128');
```

在插入语句中，没有赋值的列，其值为空值。

例 3.99 将 Student 表中学号为 2000012 的学生所属的系改为空值。

```
UPDATE Student
SET Sdept = NULL
WHERE Sno='2000012';
```

另外，外连接运算也会产生空值。

2. 空值的判断

判断一个列的值是否为空值，不能写成"= NULL"的形式，而应该用 IS NULL。

例 3.100 查询缺考的学生的学号和课程号（假设缺考学生的成绩为空值）。

```
SELECT Sno,Cno
FROM SC
WHERE Grade IS NULL;
```

3. 取空值的约束条件

构成主码的列不能取空值，有 NOT NULL 限制的列不能取空值。

4. 空值的算术运算、比较运算和逻辑运算

空值与另一个值（包括另一个空值）的算术运算的结果为空值，空值与另一个值（包括另一个空值）的比较运算的结果为 UNKNOWN。有了 UNKNOWN 后，传统的二值（TRUE、FALSE）逻辑就变成了三值逻辑。

在查询语句中，只有使 WHERE 和 HAVING 子句的选择条件为 TRUE 的元组，才会被选出作为输出结果。

例 3.101 选出 1156 号课程不及格的学生。

```
SELECT Sno
FROM SC
WHERE Grade < 60  AND  Cno='1156';
```

这里选出的学生是参加了考试（Grade 列为非空值）但不及格的学生，不包括缺考的学生，因为前者使条件 Grade < 60 的值为 TRUE，后者使条件的值为 UNKNOWN。

例 3.102 查询 1156 号课程不及格的学生以及缺考的学生。

```
SELECT Sno
FROM SC
WHERE Grade < 60  AND  Cno='1156'
UNION
SELECT Sno
FROM SC
WHERE Grade IS NULL  AND  Cno='1156'
```

或者

```
SELECT Sno
FROM SC
WHERE  Cno='1156' AND (Grade < 60 OR Grade IS NULL);
```

在聚集函数中遇到空值时，除了 COUNT(*)外，都忽略空值。

小　结

本章重点介绍 SQL 的查询语句，包括查询的概念、单表查询、多表查询、集合运算和嵌套查询。读者应重点掌握单表查询的应用，理解连接运算的过程，熟练掌握内连接运算和外连接运算的概念和应用，理解查询结果是一个临时表，表是集合的概念，掌握简单嵌套查询的使用方法。

SQL 是关系数据库的标准语言，它从功能上可以划分为 DDL（CREATE 和 DROP）、DML（INSERT、UPDATE、DELETE、SELECT）、DCL（GRANT 和 REVOKE）。

SQL 从 1974 年被提出以来，有若干个标准化版本，如 SQL-86、SQL-89、SQL-92、SQL:1999、SQL:2003 等，目前最新的版本是 SQL:2019。不同 DBMS 支持的版本会有所不同，在使用时要注意阅读随机文档。

SELECT 语句是 SQL 中最重要、最活跃的语句。它由 SELECT、FROM、WHERE、GROUP BY、HAVING 和 ORDER BY 子句构成。SELECT 和 FROM 子句在每个 SQL 语句中都必须出现，其他子句可以根据实际情况选用。

SELECT 语句的基本功能是从一个或多个表构造出一个新表，这个新表是查询的结果，是一个临时表。

聚集函数的自变量的值不是单值，而是一个集合。SQL 提供的聚集函数有 COUNT、MAX、MIN、SUM、AVG。需要特别注意的是，除了 COUNT(*)函数，其他的聚集函数对空值忽略不计。

分组是将在分组列上有相同值的元组分配到同一分组。分组是聚集函数的作用对象，可以把同一分组的所有元组或者每元组在某一列上的值作为聚集函数自变量的值。

连接运算是一个二元运算符，它将两个表的元组首尾相连，形成新表的一个元组。连接运算有交叉连接运算、条件连接运算和外连接运算 3 类。掌握连接运算的关键是正确理解其执行过程。

SQL 提供了集合的并、交、差运算。交和差运算也可以使用其他运算实现，如用条件连接运算实现交运算，外连接运算实现差运算。

SELECT 语句的子句中又出现 SELECT 语句的查询叫作嵌套查询。它分为不相关嵌套查询和相关嵌套查询两类。

SELECT 语句的查询结果作为一个集合可以出现于 WHERE 子句、谓词 IN 和 EXISTS，修饰符 SOME 和 ALL 的运算对象都是集合。IN 用于判断成员关系，SOME 和 ALL 用于修饰比较运算符，EXISTS 用于测试集合是否为空集。利用连接运算和谓词 EXISTS，可以判断两个集合的包含关系和相等关系。

子查询还可以出现于 INSERT、UPDATE 和 DELETE 语句。

习　题

1．试述 SQL 的特点。
2．试述 SQL 的定义功能。
3．使用 SQL 语句建立第 2 章习题 7 中的 4 个表。
4．针对习题 3 中建立的 4 个表，使用 SQL 完成第 2 章习题 7 中的查询。
5．针对习题 3 中建立的 4 个表，使用 SQL 完成以下操作。
（1）查询所有供应商的姓名和所在城市。

（2）查询所有零件的名称、颜色、重量。

（3）查询使用供应商 S1 供应零件的工程项目代码。

（4）查询工程项目 J2 使用的各种零件的名称及其数量。

（5）查询上海厂商供应的所有零件的零件代码。

（6）查询使用上海生产的零件的工程名称。

（7）查询没有使用天津生产的零件的工程项目代码。

（8）把全部红色零件的颜色改成蓝色。

（9）将由 S5 供给 J4 的零件 P6 改为由 S3 供应。

（10）从供应商表删除 S2 的记录，并从供应情况表删除相应的记录。

（11）将(S2, J6, P4, 200)插入供应情况表。

6．什么是表？什么是视图？两者的区别和联系是什么？

7．试述视图的优点。

8．视图是否都可以更新？为什么？

9．哪类视图是可以更新的？哪类视图是不可更新的？各举一例说明。

10．试述某个你熟悉的实际系统对视图更新的规定。

11．为习题 3 的工程项目建立一个供应情况的视图，包括供应商代码（SNO）、零件代码（PNO）、供应数量（QTY）。针对该视图完成下列查询。

（1）查询三建工程项目使用的所有零件的零件代码及其数量。

（2）查询供应商 S1 的供应情况。

12．针对习题 3 建立的表，用 SQL 完成以下操作。

（1）把对 S 表的 INSERT 权限授予用户张勇，并允许他再将此权限授予其他用户。

（2）把查询 SPJ 表和修改 QTY 属性的权限授予用户李天明。

13．向 SC 表插入几个选修了英语课但无成绩（grade 的值为空值）的学生。

（1）查询选修了英语课但无成绩的学生姓名。

（2）查询选修英语课的学生的平均成绩。

（3）查询选修英语课的学生按成绩升序的排名。

14．有以下两个关系模式。

职工(职工号, 姓名, 年龄, 职务, 工资, 部门号)

部门(部门号, 名称, 经理名, 地址, 电话号)

使用 SQL 的 GRANT 和 REVOKE 语句（加上视图机制）完成以下授权定义或存取控制功能。

（1）用户王明对两个表具有 SELECT 权限。

（2）用户李勇对两个表具有 INSERT 和 DELETE 权限。

（3）每个职工只对自己的记录具有 SELECT 权限。

（4）用户刘星对职工表具有 SELECT 权限，对工资字段具有更新权限。

（5）用户张新具有修改两个表模式的权限。

（6）用户周平具有对两个表的所有权限（读取、插入、修改、删除数据）以及给其他用户授权的权限。

第4章 查询处理及优化

SQL 是一种描述性的语言，这种逻辑层面的查询语言把程序员从细节问题中解放出来，提高了工作效率。

用户提交的 SQL 语句由 DBMS 的查询处理子系统经过一系列的分析和优化工作后生成查询执行计划，再经过存储子系统读写数据库中的数据，完成 SQL 语句规定的功能。**查询处理**（Query Processing）和**查询优化**（Query Optimization）是 DBMS 的主要任务之一，也是 DBMS 的核心技术。

4-1 本章导读

本章简单介绍一些实现关系代数运算的算法以及使用 DBMS 实现查询优化的技术，了解这些知识对更好地理解和编写 SQL 语句有一定的帮助。

4.1 查询处理的步骤

DBMS 接收到 SQL 查询后，它的查询处理子系统要将查询转换为操作代码，具体步骤如下：

（1）查询分析。通过对查询语句进行词法分析和语法分析，检查用户提交的 SQL 语句是否符合 SQL 语法。

（2）查询检查。根据数据字典中的元数据，检查语句引用的数据库对象，如表、列、存储过程、函数等是否存在和有效。还要检查用户是否拥有执行 SQL 语句的权限。检查完毕后，把 SQL 查询转换成等价的关系代数表达式，一般采用查询树的形式表示关系代数表达式。

（3）查询优化。从多个可供选择的执行策略和算法中选择一个执行效率高的作为查询执行计划。查询优化有逻辑优化和物理优化两个层次。逻辑优化是指根据关系代数运算的性质进行等价变换，使执行更高效。物理优化是指选择存取路径和实现关系代数运算的具体算法，一般采用基于代价的方法进行选择。

（4）查询执行。根据查询优化的结果生成代码并执行。

4.2 实现关系运算的算法

关系的逻辑存储结构是二维表，表的元素是元组。不同 DBMS 使用不同的物理存储结构存放关系。DBMS 一般向操作系统申请若干个文件，把这些文件占用的磁盘空间作为一个整体进行段

89

页式管理，一个页面又叫作一块（Block），块是 DBMS 的 I/O 单位，块用于存储元组。

为了便于描述和讨论，这里引入一些记号。使用 $B(R)$ 表示关系 R 占用的块数，使用 $T(R)$ 表示关系 R 的元组的数目，使用 $V(R, A)$ 表示关系 R 在属性 A 上不同值的数量。

查询处理需要内存和磁盘操作，由于磁盘 I/O 操作涉及机械动作，需要的时间与内存操作相比要高几个数量级。因此，在评估查询处理算法时，一般用算法读写的 I/O 块数作为衡量单位。

4.2.1 外部排序

排序是数据库系统最基本的操作之一。DISTINCT、GROUP BY 和 ORDER BY 子句等都要使用排序操作。排序操作涉及海量数据，如对一个有几千万个元组的关系进行排序，因此，数据库系统使用外部排序算法。

一个典型的外部排序算法分为内部排序阶段和归并阶段。其核心思想是根据内存的大小，将存放在磁盘上待排序的关系从逻辑上分为若干个段（Run），一个段的大小以可使用的内存大小为上限。在内部排序阶段，从磁盘上把一个段的全部元组读入内存，使用我们熟悉的内部排序算法，如快速排序，将这些元组排序，然后把它们写到磁盘临时存放。处理完所有的段后，进入多路归并阶段。经过 1 趟或 2 趟归并排序后，就完成了对关系的排序。

图 4-1 所示是内部排序示意图，学号是排序属性，假设可用内存大小为 4 个元组，则 10 个元组将分 3 次读入内存，排序后在磁盘上有 3 个有序的段。图 4-2 是 3 路归并示意图，选择算法从输入缓冲区选择最小的学号，把该学号所在的元组放到输出缓冲区，待输出缓冲区满后，将输出缓冲区的元组输出到磁盘，为了节省空间，图 4-2 只给出了每个元组的学号属性。一个输入缓冲区和输出缓冲区是一个或多个块，选择算法一般使用败者树。

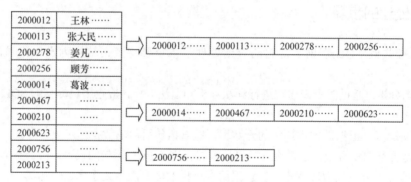

图 4-1　对 Student 关系的内部排序阶段

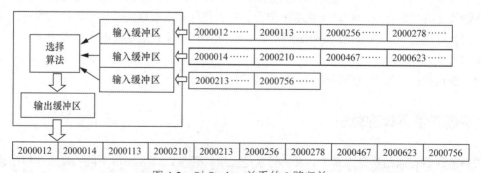

图 4-2　对 Student 关系的 3 路归并

如果可用内存为 M 块，则外部排序的 I/O 次数大约为：

$$2B(R)\log_{(M-1)}B(R)$$

DBMS 对外部排序算法进行了优化，实验结果表明，对于多数应用而言，多路归并阶段只需要一趟归并即可。

4.2.2 集合运算算法

SQL 的集合有两种语义，即传统的集合语义和包语义，两者的差别在于是否允许出现重复的元素。

首先给出包语义的并、交和差运算的定义。为了叙述方便，使用记号 t^m 表示元组 t 在集合中出现的次数，$m>0$ 表示 t 重复出现了 m 次，$m=0$ 表示 t 没有出现。

1. 包并

两个集合 R 和 S 包并的结果包含 R 和 S 的所有元组，用公式表示为：

$$R\cup_{B}S = \{\, t^{m+n}|t^m \in R \wedge t^n \in S \,\}$$

图 4-3 的关系 R 和 S 都有元组 (a_2, b_2, c_1)，这个元组在结果中重复出现了 2 次。

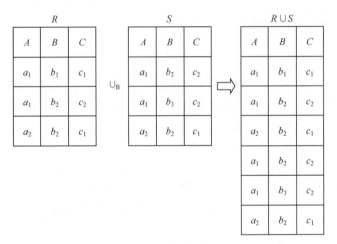

图 4-3　包并运算

2. 包交

包允许元组重复出现，包交的定义如下。

$$R\cap_{B}S = \{\, t^{k}|t^m \in R \wedge t^n \in S, k=\min(m, n) \,\}$$

图 4-4 的 (a_1, b_2, c_2) 在 R 和 S 各出现了 1 次，所以在结果中也出现了 1 次。(a_2, b_2, c_1) 在 R 中出现了 3 次，在 S 中出现了 2 次，取两者之间的最小值，即该元组在结果中出现了 2 次。(a_1, b_1, c_1) 在 R 中出现 1 次，在 S 中未出现，或者说在 S 中出现 0 次，两者取最小值后，这个元组没有出现在结果中。同样，(a_1, b_3, c_2) 也不在结果中。

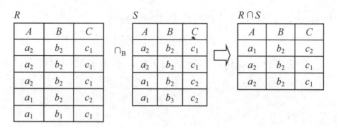

图 4-4 包交运算

3. 包差

差运算类似于并运算，包差的定义为：

$$R -_B S = \{\, t^k \mid t^m \in R \wedge t^n \in S,\ k = \max(0,\ m-n)\}$$

如图 4-5 所示，元组 (a_1, b_1, c_1) 在 R 中出现 2 次，在 S 中出现 0 次，在结果中出现 2 次。因为元组 (a_1, b_2, c_2) 和 (a_2, b_2, c_1) 在 R 和 S 各出现 1 次，所以未出现在结果中。

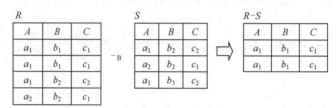

图 4-5 包差运算

采用的语义不同，实现集合运算的算法也不同。下面给出不同语义下集合并、交和差运算的算法。假设可用的内存为 M 块，参与运算的两个关系是 R 和 S，并且 S 为两个关系中占用存储空间较小的关系。

4. 一趟算法

如果满足 $B(S) \leq M-1$ 的条件，则集合运算只需要读关系 R 和 S 各 1 次，写结果关系 1 次，总的读操作 I/O 次数等于 $2(B(R)+B(S))$，我们把这样的算法叫作**一趟算法**。

（1）集合并

① 读 S 到内存的 $M-1$ 个缓冲区。

② 建立一个查找结构，如二叉查找树。

③ 读 R 的一个块到第 M 个缓冲区，对于这个缓冲区的每个元组 t，在查找结构中查找是否有与 t 相同的元组，如果没有，则输出 t，否则不输出。

④ 重复第③步直至处理完 R 的全部块。

⑤ 输出 S 的所有元组。

（2）集合交

集合交的算法和集合并的算法的不同之处在于，对于 R 的一个元组 t，如果能在查找结构中找到它，则输出 t，否则不输出它。另外，不需要第⑤步。

（3）集合差

集合差是一种不可交换的操作，$R-S$ 不同于 $S-R$。假设 R 为元组数较多的关系。在以下两种情况下，读 S 到 $M-1$ 个缓冲区，建立查找结构。

- 对于 R-S，每次读 R 的一个块，检查块中的每个元组 t。若 t 在 S 中，则忽略 t，否则输出 t。
- 对于 S-R，每次读 R 的一个块，检查块中的每个元组 t。若 t 在 S 中，从 S 中删除 t，否则不做任何处理。扫描完 R 的所有元组后，将 S 中剩余的元组复制到输出。

包语义下的运算不需要去除重复元组，实现起来相对简单。

（4）包并

包并的结果是 R 和 S 的所有元组，因此，只要分别读入 R 和 S 的元组并将它们输出到运算结果中即可。

（5）包交

读 S 到 M−1 个缓冲区，对于任意的元组 t，只存储它的一个副本，并为它设置一个计数器，计数器的值等于 t 在 S 中出现的次数。

读 R 的每一块，对于块中的每一个元组 t，如果 t 在 S 中，并且 t 的计数器的值为正值，则输出 t，并将计数器的值减 1；如果 t 在 S 中，并且计数器的值为 0，则不输出 t；如果 t 不在 S 中，也不输出 t。

（6）包差

由于 S−R ≠ R−S，所以需要分别给出处理它们的算法。

- 对于 S-R，读 S 到 M−1 个缓冲区，对于任意的元组 t，只存储它的一个副本，并为它设置一个计数器，计数器的值等于 t 在 S 中出现的次数；然后，读 R 的每一块到第 M 个缓冲区，对于块中的每一个元组 t，如果 t 出现在 S 中，则将 t 的计数器的值减 1；如果 t 不在 S 中，则放弃它。处理完 R 的所有元组后，输出内存中 S 的元组。对于 S 的任意一个元组 t，如果计数器的值为正值，则重复输出 t，重复次数等于它的计数器的值；如果计数器的值小于等于 0，则不输出 t。
- 对于 R-S，同样处理 S 的元组；然后，读 R 的每一块，对于块中的每一个元组 t，如果 t 不出现在 S 中，则输出 t；如果 t 出现在 S 中，并且 t 的计数器的值等于 0，则输出 t，否则，不输出 t，但是将其计数器的值减 1。

5. 二趟算法

如果 B(S)>M−1，则需要采用二趟算法，通过排序（也可以采用散列的方法）消除重复元组。使用排序方法实现集合并的伪代码如下。

① 重复地将 R 的 M 块读入内存排序，在磁盘上产生一组有序的段。

② 对 S 做相同的工作，在磁盘上产生 S 的一组有序段。

③ 为 R 和 S 的每个段分配一个内存缓冲区，将每个段的第一块读入缓冲区。

④ 重复地在所有的缓冲区查找关键字最小的元组 t，输出 t，并从缓冲区删除 t 的所有副本。如果某个缓冲区空，则读入段中的下一块。

实现集合其他运算的算法和集合并相似，不再赘述。

4.2.3　选择运算算法

选择运算只涉及一个关系，一般采用全表扫描或者基于索引的算法。

1. 全表扫描运算算法

全表扫描算法非常简单，假设可以使用的内存为 M 块，全表扫描的伪代码如下。

① 按照物理次序将 R 的 M 块读入内存。

② 检查内存的每个元组 t，如果 t 满足选择条件，则输出 t。

③ 如果 R 还有其他的块未处理，则重复上面的操作。

全表扫描算法只需要很少的内存（最少为 1 块）就可以运行，而且控制简单，I/O 次数为 $B(R)$，如果 $B(R)$ 很大，则运算时间较长。

2. 基于索引的算法

前面介绍过，为了改善查询响应时间，可以在关系上建立若干个索引。如果选择条件是 A=c 的形式，并且在列 A 上有索引，则可以采用效率更高的基于索引的选择算法，算法。例如，在 Student 表的 Sno 列上建立索引，而选择条件是 Sno='2000012'。

索引一般使用 B$^+$树，查找一个关键字时，从根节点开始逐层往下查找，最终到达一个叶子节点。在查找过程中，对从根节点到叶子节点路径上的每个节点都要执行一次 I/O 操作，因此，I/O 次数至少是树的深度。基于索引的伪代码如下。

① 在 B$^+$树中查找满足条件的元组所在的块 B_1、B_2、$\cdots$、B_m。

② 逐一将 B_1、B_2、$\cdots$、B_m 读入内存，在块中找到满足条件的元组后，做进一步的处理（如投影）并输出。

一般情况下，$m \ll B(R)$，因此，基于索引的选择算法要优于全表扫描算法。但在某些特殊情况下，要查找的元组均匀地分布在 R 中，即 $m=B(R)$，这时，基于索引的选择算法的性能不如全表扫描算法。

实现选择运算的算法也可以采用基于散列的技术，请参见参考文献[3]。

4.2.4 连接运算算法

连接运算是经常用到也最耗费时间的运算。下面简单介绍嵌套循环连接算法和排序归并连接算法，其他算法请参见参考文献[3]。

1. 嵌套循环连接算法

嵌套循环算法的思想非常简单：对于 S 的任意一个元组 t_S，找出 R 中所有满足连接条件的元组 t_R，输出 t_S 和 t_R 的连接结果。该算法可以用一个二重循环实现，因此得名。

如果采用全表扫描的方法在 R 中查找所有满足条件的元组，并使用块的形式，则伪代码如下。

```
FOR B_S∈S DO
    FOR B_R∈R DO
        {对任意的 t_S∈B_S, t_R∈B_R, 如果 t_S 和 t_R 满足连接条件，则输出两者的连接结果}
```

算法的含义是每读 S 的一个块到内存，就依次读 R 的所有块到内存，然后在两个内存块中查找满足条件的元组进行连接。因此，算法的 I/O 次数为 $B(S) + B(S) \times B(R)$。为了减少 I/O 次数，外循环应该是元组数较小的关系。

如果在连接属性上建立了索引，则使用索引能加快在 R 中查找满足连接条件的元组。例如，考虑自然连接 $S(X, Y)$ 和 $R(Y, Z)$，假设 R 在属性 Y 上有一个索引，则借助索引在 R 中找到可以和 S 中的元组 t_S 做连接的所有元组，平均 I/O 次数要远小于 $B(R)$，一般情况下，总 I/O 次数要远小于 $B(S)+B(S) \times B(R)$，因此，基于索引的连接算法要优于简单嵌套循环算法。

2. 排序归并连接算法

排序归并连接算法的思想是先将关系 R 和 S 按照连接属性排序，然后使用归并两个有序线性表的归并算法实现两个关系的连接操作。假设有关系 $R(X, Y)$ 和 $S(Y, Z)$，有 M 块内存作为缓冲区，实现自然连接的排序归并连接算法的伪代码如下。

（1）排序

① 用 Y 作为关键字，使用 4.2.1 节介绍的排序算法对 R 排序。

② 同样也对 S 进行排序。

（2）归并

使用两个缓冲区，分别存放 S 和 R 的一个块，归并已经排序过的 S 和 R。设置两个指针 p_S 和 p_R，初始时分别指向 S 和 R 在缓冲区的第一个元组，重复下面的操作步骤。

① 取出 p_S 指向的元组 t_S 和 p_R 指向的元组 t_R。

② 如果 $t_S.Y=t_R.Y$，则输出 t_S 和 t_R 连接的结果，如果 R 的缓冲区有未处理的元组，则使 p_R 指向下一个元组，否则读入 R 的下一块，令 p_R 指向第一个元组；如果 R 的所有块已经处理完，则算法结束，否则转向第②步。对 p_S 和 S 的缓冲区做同样的处理。

③ 如果 $t_S.Y>t_R.Y$，如果 R 的缓冲区有未处理的元组，则将 p_R 指向下一个元组，否则读入 R 的下一块，令 p_R 指向第一个元组，如果 R 的所有块已经处理完，则算法结束，否则转向第②步。

④ 如果 $t_S.Y<t_R.Y$，如果 S 的缓冲区有未处理的元组，则将 p_S 指向下一个元组，否则读入 S 的下一块，令 p_S 指向第一个元组，如果 S 的所有块已经处理完，则算法结束，否则转向第②步。

以上算法假设 R 和 S 在属性 Y 上没有重复值，如果有重复值，则需做修改。

4.3 查询优化

查询优化在关系数据库管理系统（Relational Database Management System，RDBMS）中有非常重要的地位，RDBMS 取得巨大成功的关键是得益于查询优化技术的发展。查询优化是影响 RDBMS 性能的关键因素。

优化对 RDBMS 来说既是挑战又是机遇。挑战是指 RDBMS 为了达到用户可接受的性能必须进行查询优化。关系代数表达式的语义级别很高，使 RDBMS 可以从关系代数表达式中分析查询语义，提供了执行查询优化的可能性。这就为 RDBMS 在性能上接近甚至超过非关系数据库管理系统提供了机遇。

4.3.1 查询优化概述

RDBMS 的查询优化既是 RDBMS 实现的关键技术，又是 RDBMS 的优点所在。它减轻了用户选择存取路径的负担。用户只要提出"做什么"，不必指出"怎么做"。使用非关系数据库管理系统时，用户使用过程化的语言表达查询要求，执行何种记录级的操作、操作的次序由用户而不是由系统决定。因此用户必须了解存取路径，系统要提供用户选择存取路径的方法，查询效率由用户的存取策略决定。如果用户做了不好的选择，系统就不能对此加以改进。这就要求用户有较高的数据库技术和程序设计水平。

查询优化不仅使用户不必考虑如何最好地表达查询以获得较高的效率，而且比用户的"优化"

做得更好。原因有以下几点。

（1）优化器可以从数据字典获取很多统计信息，如关系的元组数、关系的每个属性值的分布情况等。优化器可以根据这些信息选择有效的执行计划，而用户难以获得这些信息。

（2）如果数据库的物理统计信息改变了，则系统可以自动重新优化查询，以选择相适应的执行计划。在非关系系统中必须重写程序，而重写程序在实际应用中往往不现实。

（3）优化器可以考虑很多的不同的执行计划，而用户一般只能考虑有限的几种可能性。

（4）优化器包括很多复杂的优化技术，这些优化技术往往只有高级程序员才能掌握。系统的自动优化相当于使所有人都拥有这些优化技术。

查询优化的总目标是：选择有效的策略，求得给定关系代数表达式的值。实际系统对查询优化的具体实现不尽相同，但一般可以归纳为以下 4 个步骤。

（1）将查询转换成某种内部表示，通常是语法树。

（2）根据一定的等价变换规则把语法树转换成标准（优化）形式。

（3）选择低层的操作算法。语法树中的每一个操作都需要根据存取路径、数据的存储分布、存储数据的聚簇等信息选择具体的执行算法。

（4）生成查询计划。查询计划也称查询执行方案，由一系列内部操作组成。这些内部操作按一定的次序构成查询的一个查询计划。通常这样的查询计划有多个，需要计算每个查询计划的代价，从中选择代价最小的一个。在集中式关系数据库中，计算代价时主要考虑磁盘读写的 I/O 次数，也有一些系统还考虑了 CPU 的处理时间。

步骤（3）和步骤（4）实际上没有清晰的界限，有些系统是作为一个步骤处理。对于一个查询可能会有很多候选的查询计划，因此应采取适当的启发式技术来缩减查询计划的搜索空间。另外，统计信息的不准确、中间结果大小估算的不准确等原因使得难以精确估计代价。

目前的 RDBMS 大都采用基于代价的优化算法。这种方法要求优化器充分考虑各种参数（如缓冲区大小、表的大小、数据的分布、存取路径等），通过某种代价模型计算出各个查询计划的代价，然后选取代价最小的查询计划。在集中式数据库中，查询的执行开销主要包括：

$$总代价 = I/O 代价 + CPU 代价$$

在多用户环境下，内存在多个用户间的分配情况会明显影响这些用户查询的总体性能。例如，如果系统分配给某个用户大量的内存用于其查询处理，虽然会使该用户的查询加速，但是可能使系统内的其他用户得不到足够的内存而影响其查询处理速度。因此，多用户数据库还应考虑查询的内存开销，即

$$总代价 = I/O 代价 + CPU 代价 + 内存代价$$

4.3.2 查询优化实例

首先来看一个简单的例子，说明为什么要进行查询优化。

例 4.1 查询选修了 1024 号课程的学生的姓名。使用 SQL 表达如下。

```
SELECT   Sname
FROM     Student,SC
WHERE    Student.Sno=SC.Sno AND SC.Cno='1024';
```

假定示例数据库有 1000 个学生记录和 10000 个选课记录，其中选修 1024 号课程的选课记录有 50 个。可以用多种等价的关系代数表达式来完成这一查询，以下是 3 种关系代数表达式。

$$Q_1 = \pi_{Sname}(\sigma_{SC.Sno = Student.Sno \wedge SC.Cno='1024'}(Student \times SC))$$

$$Q_2 = \pi_{Sname}(\sigma_{SC.Cno='1024'}(Student \bowtie SC))$$

$$Q_3 = \pi_{Sname}(Student \bowtie \sigma_{SC.Cno='1024'}(SC))$$

还可以写出其他的等价的关系代数表达式，但分析以上 3 种就足以说明问题。后面将看到由于查询执行的策略不同，查询时间相差很大。

1. 第 1 种情况

（1）计算笛卡儿积

把 Student 表和 SC 表的每个元组连接起来。一般连接的做法是：用 1 个内存块存放 SC 表的元组，用其他内存块存放 Student 表的元组。首先将 Student 表的若干块读入内存，然后将 SC 表的一块读入内存，将内存中 SC 表的每个元组和内存中 Student 表的每个元组连接，连接后的元组装满 1 块后写到中间文件，处理完内存中 SC 表的所有元组后，再从 SC 表中读入 1 块，继续与内存中 Student 表的元组连接，直到 SC 表处理完。这时再次读入 Student 表的若干块，重复上述处理过程，直到把 Student 表处理完。

假设一块能容纳 Student 表的 10 个元组或 SC 表的 100 个元组，分配给 Student 表 5 块内存。SC 表 1 块内存则读取总块数为：

$$\frac{1000}{10} + \frac{1000}{10 \times 5} \times \frac{10000}{100} = 100 + 20 \times 100 = 2100$$

其中读 Student 表一次，共 100 块，读 SC 表 20 次，每次读 100 块。若每秒读写 20 块，则用时 105s。

连接后的元组数为 $10^3 \times 10^4 = 10^7$。设每块能容纳 10 个元组，则写出这些块要用时 $10^7 \div 10 \div 20 = 5 \times 10^4 s$。

（2）作选择操作

依次读入连接后的元组，按照选择条件选取满足要求的记录。假定内存处理时间忽略。读取中间文件需要 $5 \times 10^4 s$。满足条件的元组有 50 个，均可放在内存。

（3）作投影

把第（2）步的结果在 Sname 上投影输出，得到最终结果。

因此在第 1 种情况下，执行查询的总时间 $\approx 105 + 2 \times 5 \times 10^4 \approx 10^5 s$。这里，所有内存处理时间均忽略不计。

2. 第 2 种情况

（1）计算自然连接。

为了执行自然连接，读取 Student 表和 SC 表的策略不变，读取总块数仍为 2100，用时 105s。但自然连接的结果比第 1 种情况大大减少，为 SC 表的 10^4 个元组。因此写出这些元组的时间为 $10^4 \div 10 \div 20 = 50s$，仅为第 1 种情况的千分之一。

（2）读取中间文件，执行选择运算，花费时间也为 50 s。

（3）把第（2）步的结果投影输出。

第 2 种情况的总执行时间 $\approx 105 + 50 + 50 \approx 205$ s。

3. 第 3 种情况

（1）先对 SC 表做选择运算，只需读一次 SC 表，存取 100 块花费时间 5s，因为满足条件的元组仅 50 个，所以不必使用中间文件。

（2）读取 Student 表，把读入的 Student 表的元组和内存中 SC 表的元组连接。也只需读一次 Student 表，共 100 块，花费 5 s。

（3）把连接结果投影输出。

第 3 种情况的总执行时间≈5+5≈10 s。

假如 SC 表的 Cno 字段上有索引，第（1）步就不必读取所有的 SC 表的元组，而只需读取 Cno='1024'的那些元组（50 个）。存取的索引块和 SC 表中满足条件的数据块大约为 3～4 块。若 Student 表在 Sno 列上也有索引，则第（2）步也不必读取 Student 表的所有元组，因为满足条件的 SC 表的记录仅 50 个，涉及最多 Student 表的 50 个记录，因此读取 Student 表的块数也可大大减少，总存取时间将进一步减少。

这个简单的例子说明了查询优化的必要性，同时给出了查询优化方法的一些初步概念。例如，当有选择和连接操作时，应先做选择操作，这样可以减少参加连接的元组。下面给出优化的一般策略。

4.3.3 查询优化的一般策略

下面的优化策略一般能提高查询效率，但不一定是所有策略中最优的。其实"优化"一词并不确切，也许"改进"或"改善"更恰当些。

（1）先做选择运算。这是最重要、最基本的一条优化策略。它常常可使执行时间节约几个数量级，因为选择运算一般会减少中间结果。

（2）在执行连接运算前，对关系适当预处理。预处理方法主要有两种，在连接属性上建立索引或对关系排序，然后执行连接运算。

（3）同时进行投影和选择运算。如有若干投影和选择运算，并且它们都对同一个关系操作，则可以在扫描此关系的同时，完成所有这些运算以避免重复扫描关系。

（4）把投影与其前或其后的双目运算结合起来，没有必要为了去掉某些字段而扫描一遍关系。

（5）把某些选择与在它前面要执行的笛卡儿积结合起来成为一个连接运算，连接特别是等值连接运算要比同样关系上的笛卡儿积节省很多时间。

（6）找出公共子表达式。如果重复出现的子表达式的运算结果占用较小的空间，并且从外存中读入这个运算结果比计算该子表达式的时间少，则先计算一次公共子表达式并把运算结果写入中间文件。例如，查询视图时，定义视图的表达式可能就是公共子表达式。

4.3.4 关系代数等价变换规则

上面的优化策略大部分都涉及关系代数表达式的等价变换，这些等价变换是查询优化的基础。两个关系代数表达式等价是指对任何的关系实例，两个表达式有相同的运算结果。

两个关系代数表达式 E_1 和 E_2 是等价的，记为 $E_1 \equiv E_2$。常用的等价变换规则如下。

规则 1 连接、笛卡儿积交换律

设 E_1 和 E_2 是关系代数表达式，C 是连接运算的条件，则有

$$E_1 \times E_2 \equiv E_2 \times E_1$$

$$E_1 \bowtie E_2 \equiv E_2 \bowtie E_1$$

$$E_1 \underset{C}{\bowtie} E_2 \equiv E_2 \underset{C}{\bowtie} E_1$$

规则 2　连接、笛卡儿积的结合律

设 E_1、E_2、E_3 是关系代数表达式，C_1 和 C_2 是连接运算的条件，则有

$$(E_1 \times E_2) \times E_3 \equiv E_1 \times (E_2 \times E_3)$$

$$(E_1 \bowtie E_2) \bowtie E_3 \equiv E_1 \bowtie (E_2 \bowtie E_3)$$

$$(E_1 \underset{C_1}{\bowtie} E_2) \underset{C_2}{\bowtie} E_3 \equiv E_1 \underset{C_1}{\bowtie} (E_2 \underset{C_2}{\bowtie} E_3)$$

规则 3　投影的串接定律

$$\pi_{A_1, A_2, \cdots, A_n} (\pi_{B_1, B_2, \cdots, B_m} (E)) \equiv \pi_{A_1, A_2, \cdots, A_n} (E)$$

其中，E 是关系代数表达式，$A_i(i=1, 2, \cdots, n)$，$B_j(j=1, 2, \cdots, m)$ 是属性名，且 $\{A_1, A_2, \cdots, A_n\}$ 是 $\{B_1, B_2, \cdots, B_m\}$ 的子集。

规则 4　选择的串接定律

$$\sigma_{C_1} (\sigma_{C_2} (E)) \equiv \sigma_{C_1 \wedge C_2} (E)$$

其中，E 是关系代数表达式，C_1、C_2 是选择运算的条件。选择的串接定律说明选择运算的条件可以合并。这样一次可以检查全部条件。

规则 5　选择与投影的交换律

$$\sigma_C (\pi_{A_1, A_2, \cdots, A_n} (E)) \equiv \pi_{A_1, A_2, \cdots, A_n} (\sigma_C (E))$$

其中，选择运算的条件 C 只涉及属性 $A_1, \cdots, A_n$。若 C 有不属于 $A_1, \cdots, A_n$ 的属性 $B_1, \cdots, B_m$，则有更一般的规则：

$$\pi_{A_1, A_2, \cdots, A_n} (\sigma_C (E)) \equiv \pi_{A_1, A_2, \cdots, A_n} (\sigma_C (\pi_{A_1, A_2, \cdots, A_n, B_1, B_2, \cdots, B_m} (E)))$$

规则 6　选择与笛卡儿积的交换律

如果选择运算条件 C 涉及的属性都是 E_1 中的属性，则

$$\sigma_C(E_1 \times E_2) \equiv \sigma_C(E_1) \times E_2$$

如果 $C = C_1 \wedge C_2$，并且 C_1 只涉及 E_1 的属性，C_2 只涉及 E_2 的属性，则

$$\sigma_C(E_1 \times E_2) \equiv \sigma_{C_1} (E_1) \times \sigma_{C_2} (E_2)$$

若 C_1 只涉及 E_1 的属性，C_2 涉及 E_1 和 E_2 两者的属性，则仍有

$$\sigma_C(E_1 \times E_2) \equiv \sigma_{C_2} (\sigma_{C_1} (E_1) \times E_2)$$

它使部分选择运算先于笛卡儿积运算。

规则 7　选择与并的交换

设 $E = E_1 \cup E_2$，E_1，E_2 有相同的属性名，则

$$\sigma_C(E_1 \cup E_2) \equiv \sigma_C(E_1) \cup \sigma_C(E_2)$$

规则 8　选择与差运算的交换

若 E_1 与 E_2 有相同的属性名，则

$$\sigma_C(E_1 - E_2) \equiv \sigma_C(E_1) - \sigma_C(E_2)$$

规则 9　投影与笛卡儿积的交换

设 E_1 和 E_2 是两个关系表达式，$A_1, \cdots, A_n$ 是 E_1 的属性，$B_1, \cdots, B_m$ 是 E_2 的属性，则

$$\pi_{A_1, A_2, \cdots, A_n, B_1, B_2, \cdots, B_m} (E_1 \times E_2) \equiv \pi_{A_1, A_2, \cdots, A_n} (E_1) \times \pi_{B_1, B_2, \cdots, B_m} (E_2)$$

规则 10　投影与并的交换

设 E_1 和 E_2 有相同的属性名，则

$$\pi_{A_1, A_2, \cdots, A_n} (E_1 \cup E_2) \equiv \pi_{A_1, A_2, \cdots, A_n} (E_1) \cup \pi_{A_1, A_2, \cdots, A_n} (E_2)$$

4.3.5 关系代数表达式的优化算法

应用 4.3.4 节的变换法则优化关系代数表达式，使优化后的表达式能遵循 4.3.3 节中的一般策略。例如，尽早进行选择和投影运算。下面给出关系代数表达式的优化算法。

算法：关系代数表达式的优化。

输入：一个关系表达式的语法树。

输出：计算该表达式的程序。

方法：

（1）利用规则 4 把 $\sigma_{C_1 \wedge C_2 \wedge \cdots \wedge C_n}(E)$ 变换为

$$\sigma_{C_1}(\sigma_{C_2}(\cdots(\sigma_{C_n}(E))\cdots))$$

（2）对于每一个选择，利用规则 4～规则 8 尽可能把它移到语法树的叶子结点。

（3）对于每一个投影，利用规则 3、规则 5、规则 9、规则 10 的一般形式尽可能把它移向语法树的叶子结点。

规则 3 使一些投影消失，而一般形式的规则 5 把一个投影分裂为两个，其中一个有可能被移向语法树的叶子结点。

（4）利用规则 3～规则 5 把多个选择和投影的合并成单个选择、单个投影或一个选择后跟一个投影。使多个选择或投影能同时执行，或在一次扫描中全部完成，尽管这种变换似乎违背"投影尽可能早做"的原则，但这样做效率更高。

（5）把上述得到的语法树的内结点分组。每一个双目运算（×、⋈、∪、−）和它所有的直接祖先为一组（这些直接祖先是 σ、π 运算）。如果其后代直到叶子结点全是单目运算，则也将它们并入该组，但当双目运算是笛卡儿积（×），而且其后的选择不能与它结合为等值连接时除外。把这些单目运算单独分为一组。

（6）生成一个程序，每组结点的计算是程序中的一步。各步的顺序可以是任意的，只要保证任何一组的计算不会在它的后代组之前计算即可。

4.3.6 查询优化的一般步骤

各 RDBMS 的优化算法不尽相同，但大致的步骤可以归纳如下。

1. 把查询转换成语法树

例如，4.3.2 节中的例 4.1 初始语法树如图 4-6 所示。

2. 变换语法树

各个 RDBMS 的优化算法不尽相同，这里使用前面讨论的关系代数表达式的优化规则对初始的语法树进行优化。

利用规则 4 和规则 6 将选择运算 $\sigma_{SC.Cno='1024'}$ 移到叶子结点，如图 4-7 所示，将笛卡儿积和选择运算转换为自然连接，如图 4-8 所示，图 4-8 是 4.3.2 节的查询 Q_3，Q_3 的查询效率比 Q_1 和 Q_2 高。

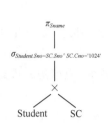
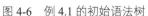

图 4-6 例 4.1 的初始语法树

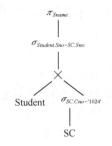

图 4-7 例 4.1 的第 2 棵语法树

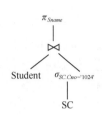

图 4-8 例 4.1 的第 3 棵语法树

3. 选择低层的存取路径

计算关系代数表达式的值时，要使用索引、数据的存储分布等信息，利用它们进一步改善查询效率。这就要求优化器查找数据字典，获得当前数据库状态的信息。例如，选择字段是否有索引，连接的两个表是否有序，连接字段是否有索引等，然后根据一定的优化规则选择存取路径。例如，如果 SC 表在 Cno 列有索引，则利用索引获取数据，而不顺序扫描 SC 表。

4. 生成查询计划

查询计划由一组内部过程组成，这组内部过程按选定的存取路径计算关系代数表达式的值。一般有多个查询计划可供选择，如在做连接运算时，若两个表（设为 R1、R2）均无序，连接属性也没有索引，则可以有下面几种查询计划。

- 将两个表排序。
- 建立 R1 在连接属性上的索引。
- 建立 R2 在连接属性上的索引。
- 在 R1、R2 的连接属性上均建立索引。

计算不同查询计划的代价，RDBMS 选择代价最小的一个，在计算代价时主要考虑磁盘的 I/O 次数。

对某一查询可以有许多不同的查询计划，但不可能生成所有的查询计划。因为估计这些查询计划的代价本身要花费一定的代价，可能会得不偿失。生成查询计划的方法和技术这里不细述，感兴趣的读者可阅读 SYSTEM R 和 INGRES 优化技术的有关文献。

小　结

本章介绍了实现外部排序、集合运算、选择和连接运算的算法，这些算法是实现 SQL 查询的基础，然后通过一个实例简单介绍了查询优化的步骤和方法。了解这些算法和查询优化的原理可以帮助我们更好地理解 SQL 语句的执行过程，编写出更好的 SQL 语句。

DBMS 以块作为 I/O 单位，将磁盘上的块有机地组织成一个整体，一个关系被存储在若干块中。一般以 I/O 次数衡量算法的性能。

外部排序是实现其他数据库操作的基础，多采用两阶段多路归并排序，DBMS 对其进行了充分的优化。

由于集合不能有相同的元素，消除重复元素需要排序或散列，代价较高，而投影等运算可能产生重复元素，因此，SQL 多采用包语义。

连接运算是关系模型的十分重要的运算，研究工作者对此进行了深入的研究。嵌套循环连接算法是最简单实用的算法，对于理解连接运算很有帮助。DBMS 对连接运算做了充分的优化。

通过了解索引在选择运算和连接运算中的应用，理解建立索引的重要性。现代的关系数据库一般都提供了自动选择索引的实用工具，减少了建立索引的盲目性。

查询优化有逻辑优化和物理优化两个层面。逻辑优化通过代数式的等价变换实现，读者可以体会到理论研究对实际应用的促进作用。

习　题

1．试述查询优化在 RDBMS 中的重要性和可能性。
2．对学生-课程数据库有如下查询。

```
SELECT  Cname
FROM   Student,Course,SC
WHERE   Student.Sno=SC.Sno  AND
        SC.Cno=Course.Cno  AND
        Student.Sdept ='计算机';
```

此查询用于查询计算机系学生选修的所有课程名称。试画出用关系代数表示的语法树，并用关系代数表达式优化算法对初始的语法树进行优化处理，画出优化后的语法树。

3．试述查询优化的一般策略。
4．试述查询优化的一般步骤。

第 5 章 事务及事务管理

事务管理是数据库管理系统的一个重要功能，事务处理能力是衡量数据库管理系统的一个重要性能指标。本章介绍事务的概念和特性，以及实现事务的关键技术，使读者了解事务对数据库应用开发的影响。

5.1 事务

5-1 事务

事务是一个十分重要的概念，事务由 SQL 语句组成，DBMS 将 SQL 语句转换为内部操作。这些操作是一个整体，不能分割，即要么所有的操作都顺利完成，要么一个操作也不做，绝不能只完成了部分操作、而还有一些操作没有完成。DBMS 的事务管理子系统负责事务的处理。

5.1.1 事务的特性

1. 原子性（Atomicity）

事务的所有操作是一个逻辑上不可分割的单位。从效果上看，这些操作要么全部执行，要么一个也不做，就像原子一样，这就是事务的原子性。

DBMS 的恢复子系统采用日志和备份技术保证事务的原子性。

2. 一致性（Consistency）

数据库处于一致性状态是指数据库的数据满足各种完整性。数据库初始时处于一致性状态，而数据库又不断地处理事务，这就要求一个事务执行完毕，数据库仍然处于一致性状态。事务具有一致性就是事务不能破坏数据库的各种完整性。

数据库的完整性有显式和隐式之分，前者用 DBMS 提供的各类约束规则表示，后者存在于应用程序的设计文档或程序员心中。

如果事务有一条 SQL 语句违反了实体完整性、破坏了参照完整性，或者没有满足用户自定义的完整性，则 DBMS 拒绝执行引发错误的 SQL 语句，并返回一个错误码。执行每一条 SQL 语句后，要捕获其返回码，判断语句是否正常执行，如果出现问题，就必须使用 ROLLBACK 语句撤销事务，否则会破坏数据库的一致性。

数据库基础与应用（微课版 第3版）

对于如借贷记账法的借与贷科目必须平衡之类的要求，很难用 DBMS 提供的语句表达，事务是否违反了这一类约束，DBMS 无能为力，只能由程序员在编写程序时加以留意。

一致性需要数据库管理系统和程序员共同保证。

3. 隔离性（Isolation）

单位时间内完成的事务数叫作**事务吞吐率**。为了提高事务吞吐率，大多数 DBMS 允许同时执行多个事务，就像分时操作系统为了充分利用系统资源，同时执行多个进程一样。由于数据库的数据由多个事务共享，所以多个事务同时执行可能会出现事务之间相互干扰的情况，导致出现错误的结果。

隔离性是指无论同时有多少个事务在执行，DBMS 均保证事务之间互不干扰，同一时刻就像只有一个事务在运行一样。

DBMS 的并发控制子系统采用共享锁/排他锁等各种技术来满足事务的隔离性。

4. 持久性（Durability）

事务一旦结束，即执行了 ROLLBACK 或 COMMIT 语句，无论出现什么情况，即使突然掉电或者操作系统崩溃，DBMS 也确保完成指定的任务，即 ROLLBACK 保证撤销事务对数据库所做的全部操作，COMMIT 保证把全部的操作结果保存到数据库。

DBMS 的恢复子系统采用日志和备份技术保证事务的持久性。

事务的这 4 个特性一般简称为事务的 ACID 特性。其中，一致性是核心，因为只有事务具有一致性，才能保证数据库从一个一致性状态到另一个一致性状态，这是对事务最基本的要求。如果软件或硬件故障造成事务运行中途停止，数据库可能处于不一致性状态，所以又要求事务具有原子性；为了追求数据库系统的性能，经常利用内存缓存事务的操作结果，如果出现了掉电等故障，造成内存中的数据没能最终写入数据库，数据库的一致性状态也不能保证，因此要求事务具有持久性；同样，为了提高数据库系统的吞吐率，往往同时运行多个事务，如果不加以控制，多个事务同时运行会互相干扰，造成数据库处于不一致性状态，必然要求事务具有隔离性。因此，原子性、隔离性和持久性都是为了应对各种异常状况，为一致性保驾护航。

5.1.2 定义事务的 SQL 语句

SQL:1999 标准规定了启动事务语句 START TRANSACTION、提交事务语句 COMMIT WORK、回滚事务语句 ROLLBACK WORK、设置保存点语句 SAVEPOINT、撤销保存点语句 RELEASE SAVEPOINT，以及设置事务特性和限制的 SET TRANSACTION 和 SET CONSTRAINTS 语句。部分 DBMS 没有遵从 SQL 标准，如 SQL Server 没有遵从 SQL:1999 标准的语法，但是提供了与 SQL:1999 标准相对应的语句：

（1）启动事务语句 BEGIN TRANSACTION

开始一个事务，这条语句后的其他 SQL DML 语句构成了一个事务，直到遇到 COMMIT 或 ROLLBACK 语句。

（2）提交事务语句 COMMIT TRANSACTION

表示一个事务正常结束，语句执行后，DBMS 将事务对数据库的操作结果保存到数据库。

（3）回滚事务语句 ROLLBACK TRANSACTION

表示一个事务非正常结束，语句执行后，DBMS 将撤销事务对数据库的所有操作结果，把数据库恢复到事务执行前的状态。

（4）设置保存点语句 SAVE TRANSACTION 标识符

表示事务执行过程中的一个阶段。

（5）部分回滚语句 ROLLBACK TRANSACTION 标识符

将从数据库中撤销 SAVE TRANSACTION 标识符和 ROLLBACK TRANSACTION 标识符之间的 SQL 语句的操作结果。

例 5.1　假设为 Course 表增加一个 Limit 列，用于存储允许选修这门课程的最大人数。当有一个学生报名选修这门课程时，将 Limit 列的值减 1。如果课程的 Limit 列的值等于 0，就不允许任何学生再选修这门课程。

图 5-1 为学生报名选修课程的事务，该事务由 3 条 SQL 语句组成。事务开始后，先把一条选课信息插入 SC 表，然后读出所选课程的 Limit 列的值进行判断，如果其值等于 0，就表明这门课程已经满员，由于这时已经把选课信息加入 SC 表，所以要执行事务回滚语句，把插入的元组从 SC 表删除。如果 Limit 的值不等于 0，就表明还允许学生选修，将课程的 Limit 减 1，然后执行提交事务语句，把 INSERT 和 UPDATE 语句的结果永久地反映到数据库。

```
SET IMPLICIT_TRANSACTIONS OFF;
DECLARE @num smallint--声明变量
BEGIN TRANSACTION--开始事务
INSERT INTO SC VALUES('2000113','1024',NULL);
SELECT @num = Limit--取出选课人数限制
FROM Course
WHERE Cno = '1024';
IF @num= 0--选课人数已满
    ROLLBACK TRANSACTION--回滚事务
ELSE
  BEGIN
    UPDATE Course
    SET Limit =@num-1
    WHERE Cno = '1024';
    COMMIT TRANSACTION--提交事务
  END
```

图 5-1　定义事务的 SQL 语句

在例 5.1 中，因为实际应用要求 SC 表中选修该门课程的元组数小于等于 Limit 列的值，INSERT 和 UPDATE 语句必须封装在一个事务，利用事务的原子性，保证这条规则被贯彻执行。

事务是类似于具有一个入口、两个出口的一种控制结构。COMMIT 是一个出口，表示事务正常结束，通知 DBMS 将事务完成的所有操作的结果反映到数据库；ROLLBACK 是另一个出口，表示事务的执行过程出现了问题，通知 DBMS 撤销事务已经做的所有操作。

5.2 日志、备份和恢复技术

从前面的讨论可知，DBMS 不断地执行事务，对数据库进行查询和更新，将数据库从一个一致性状态带到另一个一致性状态。但是存在多种原因会破坏数据库的一致性，DBMS 必须采用技术手段保证数据库的一致性。

DBMS 的恢复子系统通过保存冗余数据，在必要时撤销（UNDO）或重做（REDO）一个或多个事务，使数据库始终处于一致性状态。

5.2.1 故障种类

在系统运行期间，DBMS 在内存开辟了系统缓冲区，用于临时存放从数据库读出的数据和要写回数据库的数据，并给每个事务在内存中建立各自的工作区。

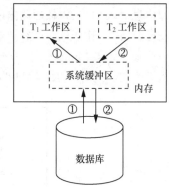

事务使用数据库的数据时，首先查看数据是否在系统缓冲区，如果在系统缓冲区，则将数据从系统缓冲区复制到事务工作区；否则 DBMS 发出读磁盘指令，将数据从数据库复制到系统缓冲区，再从系统缓冲区复制到事务工作区。

事务要将数据存放到数据库时，首先将数据从工作区复制到系统缓冲区，再由 DBMS 根据一定的调度算法，在适当的时候，将数据从系统缓冲区复制到数据库，如图 5-2 所示。图 5-2 中标号为①和②的流程分别是读操作和写操作的数据流动过程。

了解了 DBMS 中数据的流动过程后，下面分析 DBMS 运行过程中可能出现的故障及其危害。

图 5-2　数据的流动过程

1. 事务故障

事务在运行过程中，出现运算溢出、违反了某些完整性、某些应用程序发生错误，使事务不能继续执行下去的情况称为**事务故障**。出现事务故障会造成事务的一部分操作已经完成，并且操作结果也保存到了数据库，违反了事务的原子性要求，使数据库处于不一致性状态。

2. 系统故障

系统故障是指系统在运行过程中，由于某种原因，如操作系统或 DBMS 代码错误、操作员操作失误、特定类型的硬件错误、突然停电等造成系统停止运行，丢失了系统缓冲区的数据，而存储在磁盘的数据未受到影响。

系统故障使一些正在运行的事务中断，这些事务只完成了部分操作，从前面的分析可知，这会破坏数据库数据的正确性。

系统故障还可能使在故障发生前已经完成的事务（已经提交了 COMMIT）的操作结果没有写入磁盘，因为从数据的流动过程看，已经完成的事务可能只是把操作结果复制到了系统缓冲区，还没有写入磁盘。这同样会使数据库处于不一致性状态（已完成事务的一部分操作写到了数据库，另外一部分没有写到数据库）。

3. 介质故障

系统在运行过程中，由于某种硬件故障，如磁盘损坏、磁头碰撞或由于操作系统的某种潜在错误、瞬时强磁场干扰，使存储在外存的数据部分损失或全部损失的故障，称为**介质故障**。这类故障比前两类故障的可能性小得多，但破坏性更大，所有正在运行的事务都被中止，系统缓冲区的数据无法写入磁盘，存储在磁盘的数据全部丢失。

5.2.2　应对措施

不同类型的故障需要采取不同的恢复操作，这些操作从原理上讲都是利用存储在其他地方的冗余数据来重建数据库中已经被破坏或已经不正确的那部分数据。这个原理虽然简单，但实现技术相当复杂。

下面介绍如何建立数据冗余，在 5.2.3 节将介绍如何利用这些冗余数据进行恢复操作。

1. 日志文件

事务由一系列对数据库的读写操作组成，按照操作执行的先后次序，记录事务执行的所有对数据库的写操作（更新操作），就构成了事务的日志文件。

（1）日志文件的格式和内容

日志文件从逻辑上来看由若干条记录构成，这些记录叫作日志记录，同一个事务的日志记录被组织成一个链表。

图 5-1 所示的事务有两条执行路径：一条是向 SC 表插入一个元组后，发现选课人数已满而中止事务的执行，日志文件如图 5-3（a）所示；另一条是顺利完成选课任务，向 SC 表插入一个选课记录，同时把 Course 表允许选课人数从 80 改为 79，日志文件如图 5-3（b）所示。

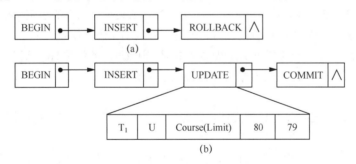

图 5-3　事务日志文件示意图

从图 5-3 可见，事务日志文件由若干记录组成，记录有 3 种类型。一是记录事务的开始，图 5-3 用 BEGIN 表示，主要记录事务的内部标识和开始时间。二是记录事务的结束，图 5-3 用 ROLLBACK 和 COMMIT 表示，主要记录事务的内部标识和结束时间。三是记录事务的更新操作，图 5-3 用 INSERT 和 UPDATE 表示，对于更新操作要记录以下的信息。

- 事务标识（标明是哪个事务）。
- 操作的类型（插入、删除或修改）。
- 操作对象（记录内部标识）。
- 更新前数据的旧值（对于插入操作而言，此项为空值）。
- 更新后数据的新值（对于删除操作而言，此项为空值）。

图 5-3（b）所示为 UPDATE 记录的内部结构，T_1 表示发出操作的是事务 T_1，U 表示操作类型是修改（Update），Course（Limit）表示修改的数据对象是 Course 表的 Limit 列，修改前的值是 80，修改后的值是 79。

（2）登记日志文件

日志文件为数据库的数据建立了副本（冗余），为了保证数据库数据的可恢复性，必须坚持先写日志、后写数据的原则。事务更新了某个数据后，把数据由工作区复制到系统缓冲区，同时形成了一条日志记录，该日志记录也被存放到系统缓冲区。DBMS 保证把更新后的数据由系统缓冲区复制到数据库之前，首先把相应的日志记录写入日志文件，这叫作**先写日志规则**。图 5-4 解释了该规则的含义：第一步，事务把更新后的数据和形成的日志记录写入系统缓冲区；第二步，将日志记录写入日志文件；第三步，把更新后的数据写入数据库。

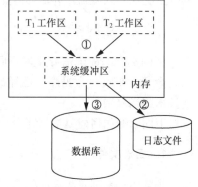

图 5-4　先写日志规则

先写日志规则十分重要，因为写数据到数据库和写日志记录到日志文件是两个不同的操作，在这两个操作之间可能发生故障，使得只完成了某一个操作，而无法完成恢复操作。

例如，事务修改了 Course 表的 Limit 列，修改前的值是 80，修改后的值是 79，发生故障后，需要撤销事务所做的修改操作，而故障可能发生在以下的时间点。

- 如果没有先写日志，修改完数据库之后发生了系统故障，磁盘保存的值是 79，这时由于不知道修改前的值是多少，就无法恢复正确的值 80。
- 如果没有先写日志，修改完数据库之前发生了系统故障，则磁盘保存的值是 80，但这时无法确认这个值是不是修改前的值。
- 如果先写了日志，修改数据库之后发生了故障，则此时数据库的值是 79，可以从日志文件中获得修改前的值 80，然后把它写入磁盘，做到了正确的恢复。
- 如果先写了日志，修改数据库之前发生了故障，则数据库的值是 80，从日志文件中获得 Limit 列的原值 80，然后把它写入磁盘，也得到了正确的结果，只不过多做了一次写磁盘操作而已。

所以为了安全，一定要先写日志文件，即先把日志记录写入日志文件，然后对数据库的数据进行修改。

日志文件的长度是有限制的，当日志文件被写满以后，要将它备份，然后清空。

2. 数据库备份

为了处理介质故障，需要由数据库管理员定期将数据库和日志文件复制到磁带或磁盘，并将这些备份的数据文本妥善保存起来，当数据库遭到破坏时，可以将后备副本重新装入，恢复数据库。

请注意，数据库和日志文件备份要使用 DBMS 提供的实用程序完成，而不能使用操作系统的 copy 命令。因为从前面的分析可知，在任意时刻，数据库的数据可能包含了尚未完成事务的操作结果，已经完成的事务的操作结果也可能还没有反映到数据库，这样得到的数据库备份会处于不一致性状态。

制作备份的过程称为**转储**。要注意的是，转储十分耗费时间和资源，不能频繁进行。数据库管理员应根据应用情况确定适当的转储时间和周期。

转储可以分为海量转储和增量转储。海量转储是指每次转储全部数据库，增量转储是指每次转储上次转储后修改过的数据。如果数据库很大，增量转储方法的效果就很好。此外，还可以将两种方式结合，如每天进行增量转储，每周进行海量转储，这种方法也很实用。

转储还可分为静态转储和动态转储。静态转储是指系统停止对外服务，不允许用户运行事务，只进行转储操作。静态转储实现简单，但转储必须等待正在运行的用户事务结束才能进行，同样，新的事务必须等待转储结束才能开始，显然，这会降低数据库系统的可用性。动态转储是指转储期间允许用户对数据库进行存取操作，即转储和用户事务可以并发执行。动态转储克服了静态转储的缺点，它不用等待正在运行的用户事务结束，也不会影响新事务的运行。这对于需要提供 7×24 小时不间断服务的系统是必需的，但是实现技术复杂。

普通用户无权进行转储操作，转储操作必须由数据库管理员完成。当然，数据库管理员也可以授权给其他用户，由他代为转储。目前，许多商用系统可以在数据库管理员指定的时间自动完成转储操作，减轻了 DBA 的负担。

5.2.3 恢复过程

我们已经了解了建立日志文件和数据库备份的内容，下面讨论如何根据日志文件进行故障恢复。DBMS 可自动恢复事务故障和系统故障，不需要人工干预。恢复介质故障要利用 DBMS 提供的工具手工完成。

1. 事务故障恢复

事务故障是指事务未运行至正常终止点前被 DBMS 或用户撤销，这时恢复子系统对此事务做 UNDO（撤销）处理。具体做法是：反向阅读日志文件，找出该事务的所有更新操作，对每一个更新操作做它的逆操作，即若日志记录是插入操作，则做删除操作；若日志记录是删除操作，则做插入操作；若是修改操作，则用修改前的值代替修改后的值，……，如此处理直至读到此事务的 BEGIN 日志记录，事务故障恢复完成。

2. 系统故障恢复

系统故障发生时，造成数据库处于不一致性状态的原因有两个，一是一些未完成事务对数据库的更新已写入数据库，二是一些已提交事务对数据库的更新还留在系统缓冲区，没来得及写入数据库。

系统重新启动后，自动进行故障恢复。基本的恢复算法分为两步。

（1）根据日志文件建立重做队列和撤销队列。

从头扫描日志文件（系统启动时会在日志文件中写入一个特殊记录），找出在故障发生前已经提交的事务（这些事务有 BEGIN 日志记录，也有 COMMIT 日志记录或 ROLLBACK 日志记录），将其事务标识记入重做（REDO）队列。同时还要找出故障发生时尚未完成的事务（这些事务有 BEGIN 日志记录，但无 COMMIT 日志记录或 ROLLBACK 日志记录），将其事务标识记入撤销（UNDO）队列。

（2）对 UNDO 队列的事务进行 UNDO 处理，对 REDO 队列的事务进行 REDO 处理。

进行 UNDO 处理的方法是：从 UNDO 队列取出一个事务，反向扫描日志文件，对该事务的更新操作执行逆操作，直至处理完 UNDO 队列的所有事务。

进行 REDO 处理的方法是：从 REDO 队列取出一个事务，正向扫描日志文件，重新执行对该事务的更新操作，直至处理完 REDO 队列的所有事务。

3. 介质故障恢复

发生介质故障时，物理数据库被破坏，因此，需要重装最后一次备份的数据库备份，但重装副本只能将数据库恢复到转储时的状态。以后的所有更新事务必须重新运行才能恢复到故障时的状态。如图 5-5 所示，系统在 t_1 时刻停止运行事务，进行数据库转储，在 t_2 时刻转储完毕，得到 t_2 时刻的数据库的一致性副本。系统运行到 t_n 时刻发生故障，系统重新启动后，恢复程序装入数据库后备副本，将数据库恢复至 t_2

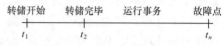

图 5-5　介质故障恢复过程

时刻的状态。要想将数据库恢复到故障发生前某一时刻的一致性状态，必须重新运行 t_2 时刻至 t_n 时刻的所有更新事务，或通过日志文件将这些事务对数据库的更新重新写入数据库。

因此，发生介质故障时，恢复操作可分为 3 步进行。

（1）装入转储的数据库副本，使数据库恢复到转储时的一致状态。

（2）装入转储后备份的第一个日志文件。

　①　读日志文件，找出已提交的事务，按提交次序的先后将其记入 REDO 队列。

　②　重做 REDO 队列的每个事务的所有更新操作。

（3）装入下一个日志文件重复步骤（2），直至处理完所有的日志文件，这时数据库恢复至故障前一时刻的一致性状态。

5.3　并发控制技术

DBMS 为了有效利用计算机的硬件资源和数据库中的数据，允许多个事务并发执行，但事务的并发执行可能出现诸如丢失修改、读脏数据、不可重复读等问题，使数据库处于不一致性状态。为了防止并发执行产生的问题，DBMS 需要具备并发控制功能。并发控制常用的方法有封锁法、时间印法和乐观法，商用的 DBMS 一般都采用封锁法。并发控制由 DBMS 的调度器、事务管理器以及存储子系统协同实现，如图 5-6 所示。

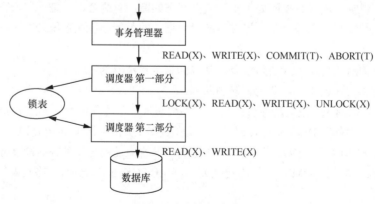

图 5-6　并发控制的组件

用户通过 SELECT、INSERT、UPDATE、DELETE 语句对数据库进行操作，这些语句经过 DBMS 的语言翻译处理层转换成一些内部操作。事务管理器将这些操作组织成事务并将读写操作传递给调度器，调度器根据操作的类型（读、写）对要读写的数据加锁，并将加锁信息保存于锁表，通过加锁操作的读写操作被送给 DBMS 的存取操作层去完成具体的读写操作，没有通过加锁的读写操作处于等待状态，被延迟执行。调度的含义就是重新安排到达调度器的读写操作的执行次序，而不是"先来先服务"。

本节将用更低层的读操作和写操作来描述对数据库的操作，用 R(x)表示对数据 x 的读操作，用 W(x)表示对数据 x 的写操作，一个事务由若干读操作和写操作组成。SQL 中的 SELECT 语句可以用一串读操作表示，INSERT、UPDATE 和 DELETE 语句可以用一串读写操作表示。

5.3.1 并发引发的异常

如果调度器按照"先来先服务"的策略来调度（即不加任何限制），会出现异常现象。

例 5.2 假设有两个学生同时运行图 5-1 所示的两个事务，这两个事务分别用 T_1 和 T_2 表示。图 5-1 所示的事务用底层操作可以表示为：

$$W(A)R(B)W(B)$$

5-2 事务并发引起的异常

W(A)表示向 SC 表插入一个元组，R(B)和 W(B)表示读、写 Course 表的 Limit 列，因为 UPDATE 语句要首先读出 Limit 的值，然后才能做加 1 运算，所以，UPDATE 语句要使用两个底层操作。

（1）并发执行 1。在 t_1、t_2 和 t_3 时刻，学生甲的事务的 3 个操作被送到 DBMS 的存取层，并立刻获得执行，在 t_4、t_5 和 t_6 时刻，执行学生乙的 3 个操作，执行的结果和我们预期的结果完全相同，如图 5-7（a）所示。两个事务的执行实际上是**串行执行**，即先执行完 T_1，再执行 T_2。

（2）并发执行 2。执行过程如图 5-7（b）所示，T_1 和 T_2 的操作交叉执行，结果是 T_1 的修改操作没有起到应有的作用，这种异常现象称为**丢失修改**。

（3）并发执行 3。执行过程如图 5-7（c）所示。与图 5-1 的事务略有不同，假设 T_1 执行了两次 SELECT 语句，即读了两次 Limit，这时 T_1 的操作序列为 W(A)R(B)R(B)W(B)，第 2 次读 Limit 时发现 Limit 的值和上次读取的结果不一样而进行了 ROLLBACK 操作。原因是在两个读操作中间执行了另外的事务 T_2，这种异常现象叫作**不可重复读**。

（4）并发执行 4。学生甲执行事务 T_1，但是在确认是否真正选修课程时，他放弃了选修，事务被回滚。具体的执行过程如图 5-7（d）所示，学生乙的选课操作也没有获得成功，原因是在 T_1 没有结束时就读了 Limit，这种异常现象叫作**读脏数据**。

例 5.3 事务 T_1 和 T_2 如下。

事务 T_1	事务 T_2
SELECT COUNT(*) FROM Student	INSERT
WHRER Sage BETWEEN 18 AND 20;	INTO Student(Sno, Sname,Ssex,Sdept,Sage)
SELECT COUNT(*) FROM Student	VALUES('2000018', '姜幻影', '男', '计算机', 19);
WHRER Sage BETWEEN 18 AND 20;	

如果事务 T_2 的插入操作在事务 T_1 的两个查询语句之间执行，事务 T_1 的第 1 个查询语句返回的满足条件的学生人数将不同于第 2 条语句返回的学生人数，这种异常现象叫作**幻影**（Phantom）。幻影是指满足一个谓词条件的集合发生了变化，即这个集合增加了新的成员或失去了原有的成员。例如，例 5.3 谓词 Sage BETWEEN 18 AND 20 定义的集合增加了新的成员，造成事务 T_1 的两次查询结果的元组数不一致。

开始时Limit=80		
时刻	T_1	T_2
t_1	W(A)	
t_2	R(Limit=80)	
t_3	W(Limit=79)	
t_4		W(A)
t_5		R(Limit=79)
t_6		W(Limit=78)
结束时Limit=78		

(a) 串行执行

开始时Limit=80		
时刻	T_1	T_2
t_1	W(A)	
t_2	R(Limit=80)	
t_3		W(A)
t_4		R(Limit=80)
t_5		W(Limit=79)
t_6	W(Limit=79)	
结束时Limit=79		

(b) 丢失修改

开始时Limit=1		
时刻	T_1	T_2
t_1	W(A)	
t_2	R(Limit=1)	
t_3		W(A)
t_4		R(Limit=1)
t_5		W(Limit=0)
t_6	R(Limit=0)	
t_7	RollBack	
结束时Limit=0		

(c) 不可重复读

开始时Limit=1		
时刻	T_1	T_2
t_1	W(A)	
t_2	R(Limit=1)	
t_3	W(Limit=0)	
t_4		W(A)
t_5		R(Limit=0)
t_6	RollBack	
t_7		RollBack
结束时Limit=1		

(d) 读脏数据

图 5-7　事务的并发执行过程

通过例 5.2 和例 5.3 可以看出，不施加任何限制的调度会使数据库处于不一致性状态，因此必须对用户的操作实行某种限制，使系统既能处理更多的事务，又保证数据库处于一致性状态。那么什么样的调度是正确的呢？那就是能保证数据库处于一致性状态。显然，串行调度是正确的，执行结果等价于串行调度的调度也是正确的，这样的调度叫作**可串行化调度**。

开始时Limit=80		
时刻	T_1	T_2
t_1	W(A)	
t_2	R(Limit=80)	
t_3		W(A)
t_4	W(Limit=79)	
t_5		R(Limit=79)
t_6		W(Limit=78)
结束时Limit=78		

例 5.4　如果把图 5-7（b）的提交给 DBMS 的部分操作的次序稍作调整，如图 5-8 所示，T_1 和 T_2 交叉执行，虽然不是串行调度，但结果与串行执行事务的结果相同，因此，这是一个可串行化调度，是正确的调度。

图 5-8　可串行化调度

5.3.2　封锁技术

从 5.3.1 节的分析可以看出，如果调度器收到了一个事务的操作请求马上就执行的话，可能会造成错误的结果，因此，调度器只有在满足一定条件时，才执行事务请求的操作，否则，就让其处于等待状态，直到条件满足再执行它。下面介绍封锁技术的基本概念，时间印并发控制方法、乐观并发控制方法以及多版本并发控制方法请阅读参考文献[1]和[3]的相关内容。

5-3　事务的
并发控制

1. 冲突操作

理论研究表明，引起例 5.2 和例 5.3 的异常现象是因为涉及一些冲突操作。冲突操作是指两个不同的事务操作同一个数据对象（或同一个谓词定义的数据对象集合），并且其中有写操作。例如，

图 5-7（a）的 T_1 的 W(A)和 T_2 的 W(A)、T_1 的 R(Limit)和 T_2 的 W(Limit)就是冲突操作。如果使用 $R_1(A)$ 和 $W_1(A)$ 表示事务 T_1 的读和写操作，$R_2(A)$ 和 $W_2(A)$ 表示事务 T_2 的读和写操作，则共有 4 种类型的冲突操作。

（1）$W_1(A)$ 和 $W_2(A)$。

（2）$W_2(A)$ 和 $W_1(A)$。

（3）$W_1(A)$ 和 $R_2(A)$。

（4）$R_1(A)$ 和 $W_2(A)$。

这 4 种类型的冲突操作又可以归为写-写冲突和读-写冲突两大类。

2. S 锁和 X 锁

封锁技术使用锁控制冲突操作的执行次序。S 锁和 X 锁是最常用的两种锁，S 锁即共享锁（Share Locks），X 锁即排他锁（Exclusive Locks）。

共享锁又称为读锁。若事务 T 对数据对象 A 加上 S 锁，则事务 T 可以读 A 但不能修改 A，其他事务只能对 A 加 S 锁，而不能加 X 锁，直到 T 释放 A 上的 S 锁。这就保证了其他事务可以读 A，但在 T 释放 A 上的 S 锁之前，不能对 A 做任何修改。

排他锁又称为写锁。若事务 T 对数据对象 A 加上 X 锁，则只允许 T 读取和修改 A，其他事务不能对 A 加任何类型的锁，直到 T 释放 A 上的锁。这就保证了其他事务在 T 释放 A 上的锁之前，不能读取和修改 A。

排他锁与共享锁的控制方式可以用表 5-1 所示的相容矩阵表示。

表 5-1 所示的相容矩阵的最左边一列表示事务 T_1 已经获得的数据对象上锁的类型，其中–表示没有加任何锁。最上面一行表示另一事务 T_2 对同一数据对象发出的封锁请求。T_2 的封锁请求能否被满足用矩阵中的 Y 和 N 表示，其中 Y 表示事务 T_2 的封锁要求与 T_1 已持有的锁相容，封锁请求可以满足。N 表示 T_2 的封锁请求与 T_1 已持有的锁冲突，T_2 的请求被拒绝。

表 5-1　　　　　　　　　　　封锁类型的相容矩阵

T_1 ＼ T_2	X	S
X	N	N
S	N	Y
–	Y	Y

3. 两阶段封锁协议

在运用 X 锁和 S 锁对数据对象加锁时，还需要约定一些规则，如何时申请 X 锁或 S 锁、何时释放 X 锁或 S 锁，这些规则形成了封锁协议。商用 DBMS 一般采用两阶段封锁协议，协议要求事务必须对需要读写的数据对象加锁后，才能读写数据对象，事务可以随时释放持有的锁，但一旦释放一个锁之后，事务不能再加任何锁，即协议分为加锁和解锁两个阶段。

一种叫作严格的两阶段封锁协议在特定时刻（ABORT 或 COMMIT 时）集中释放锁，它由以下 3 条规则组成。

（1）调度器收到事务 T 的 R(A)操作后，先对 A 加 S 锁，如果加锁成功，则执行操作 R(A)，否则，将 R(A)加入 A 的等待队列。

（2）调度器收到事务 T 的 W(A)操作后，先对 A 加 X 锁，如果加锁成功，则执行操作 W(A)，否则，将 W(A)加入 A 的等待队列。

（3）调度器收到事务 T 的 ABORT 或 COMMIT 请求后，释放事务 T 持有的全部锁。在释放事务 T 在数据 A 上的锁时，如果数据 A 的等待队列不空，即有其他事务等待对 A 进行操作，则按照某种策略从队列中取出一个操作，完成加锁，然后执行该操作。

例 5.5　假设事务 T_1 和事务 T_2 的操作次序如图 5-7（b）所示，采用两阶段封锁协议后，事务各操作的实际次序如表 5-2 所示。在 t_1 时刻，事务 T_1 的 W(A)操作到达调度器，加 X 锁成功，同时完成 W(A)操作。在 t_2 时刻，事务 T_1 的 R(Limit)操作到达调度器，加 S 锁成功，完成读操作，得到 Limit=80。在 t_3 时刻，事务 T_2 的 W(A)操作到达调度器，加 X 锁未成功，因为在操作对象上已经有一个 X 锁，因此，事务 T_2 被挂起。在 t_6 时刻，事务 T_1 的 W(Limit=79)操作到达调度器，加 X 锁成功，立刻执行该操作。在 t_7 时刻，调度器接收到了事务 T_1 的 COMMIT 请求，释放 T_1 获取的所有锁。这时，T_2 的对 A 的加锁操作 XLOCK(A)成功，事务 T_2 的其他操作被依次执行。

表 5-2　　　　　　　　　　两阶段封锁

时　　刻	事务 T_1	事务 T_2
t_1	XLOCK(A) W(A)	
t_2	SLOCK(Limit) R(Limit=80)	
t_3		XLOCK(A)
t_4		等待
t_5		等待
t_6	XLOCK(Limit) W(Limit=79)	等待 等待
t_7	COMMIT	
t_8		W(A)
t_9		SLOCK(Limit) R(Limit=79)
t_{10}		XLOCK(Limit)
t_{11}		W(Limit=78) COMMIT

很明显，调度器改变了事务操作的执行次序，得到了一个串行化调度。

理论工作者证明，如果调度器按照两阶段封锁协议来调度的话，则产生的调度一定是可串行化调度，因为这样的调度是通过协调冲突操作得到，所以又叫作冲突可串行化调度。冲突可串行化调度是可串行化调度的子集，如图 5-8 所示的调度是可串行化调度，但不能通过两阶段封锁协议而产生。

4. 谓词锁

前面介绍的 S 锁和 X 锁的封锁对象是数据库已有的数据对象，采用这样的两阶段封锁协议不能排除幻影异常。因为引起幻影的原因是所要操作的数据集合发生了变化，如数据集合增加了新成员，而新成员是数据库没有的数据对象，不能通过 S 锁和 X 锁锁定。如果使 S 锁和 X 锁不仅能锁定具体的数据对象，还能锁定一个谓词定义的集合，就能排除幻影异常，这样的锁叫作谓词锁。

5. 封锁粒度和意向锁

表 5-1 没有指出具体的需要封锁的数据对象，数据对象的大小称为**封锁粒度**。数据库管理系统的数据对象可以是逻辑单位，这时的粒度可以是数据库、表、元组、属性；数据对象也可以是物理单位，这时的粒度可以是数据块、物理记录。不同的粒度会影响事务的并发度。例如，考虑例 5.1 的选课事务，由于选课事务要改变报名人数，报名人数保存于 Course 表，由于事务要改变报名人数，所以要加排他锁。如果封锁 Course 表，则一次只能处理一个事务，也就是说，一次只允许一名学生选修一门课。如果对物理数据块加排他锁，则除了其报名人数被系统放在同一个数据块的课程外，其他课程可以同时报名。可见粒度越小，并发度越高，但封锁表会很大，用于加锁、解锁的开销也会增大。所以要在封锁粒度和系统性能之间找到平衡点。

如果这些数据对象之间具有层次关系（构成了一棵树）或数据对象之间构成了一个有向无环图，还可以增加意向锁，如意向读锁 IS 锁、意向写锁 IX 锁、读意向写锁 SIX 锁，增加这些意向锁可以减少加锁的数量和并发控制系统的开销。详细内容请见参考文献[3]。

6. 死锁问题

调度器按照两阶段封锁协议进行调度，可以得到一个冲突可串行化调度，保证了事务的隔离性。由于采用加锁手段进行调度，所以会产生死锁现象。图 5-9 是只涉及两个事务的死锁状态图，事务 T_1 已经获得了对数据对象 A 的锁，又申请对数据对象 B 加锁，但没有获得批准，处于 B 的等待队列。事务 T_2 已经获得了对数据对象 B 的锁，又申请对数据对象 A 加锁，但没有获得批准，处于 A 的等待队列。两个事务都处于无限等待中，不能继续执行下去，称为死锁问题。

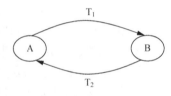

图 5-9　死锁状态图

一般来说，可能有多个事务因为互相等待其他事务持有的锁而陷入死锁状态，此时，DBMS会根据一定的策略选择一个或多个事务，强行中断其执行，回滚它或它们的所有操作，以便打破死锁状态，让其他事务继续执行下去。

5.3.3　隔离级别

DBMS 的并发控制子系统保证了事务的隔离性，尽管同时有很多事务在使用系统，但是它们互不干扰，就像独自使用系统一样，不会出现丢失修改、读脏数据、不可重复读、幻影问题。由于强制每个事务执行期间都需要加锁、解锁操作，所以会增加系统的开销，而且事务有时会处于等待状态，延缓了事务的执行。如果能根据不同的应用场景，采用弹性机制，将会加快事务的执行。为此，SQL-92 标准提供了隔离级别设置语句来满足这个要求。

```
SET TRANSACTION ISOLATION LEVEL
     {READ UNCOMMITTED
      | READ COMMITTED
      | REPEATABLE READ
      | SERIALIZABLE
     }
```

- READ UNCOMMITTED：允许事务读取尚未完成的事务的写操作结果。
- READ COMMITTED：事务只能读取已经提交的事务的写操作结果，不会出现读脏数据异常现象。
- REPEATABLE READ：事务多次读取同一个数据对象得到的结果一定相同，不会出现不可重复读异常现象。
- SERIALIZABLE：事务执行过程中不会出现幻影异常现象。

SQL-92 只是规定了 DBMS 必须提供隔离级别，没有规定 DBMS 采用何种技术实现。商用DBMS 一般采用封锁协议实现不同的隔离级别。

- READ UNCOMMITTED：事务在修改数据之前必须先对其加 X 锁，持有到事务结束才释放。事务结束包括正常结束（COMMIT）和非正常结束（ROLLBACK）。该协议控制写操作而不控制读操作，因此，可防止丢失修改，并保证事务是可恢复的，但它不能保证可重复读和不读脏数据，这是对事务最低的要求。
- READ COMMITTED：事务在修改数据之前必须先对其加 X 锁，持有到事务结束才释放，事务在读取数据之前必须先对其加 S 锁（S 谓词锁），读完后即可释放 S 锁（S 谓词锁）。该协议控制写操作并且部分控制读操作，因此，除了防止丢失修改，还可进一步防止读脏数据，由于读完数据后即可释放 S 锁（S 谓词锁），所以它不能保证可重复读。
- REPEATABLE READ：事务在修改数据之前必须先对其加 X 锁，持有到事务结束才释放，事务在读取数据之前必须先对其加 S 锁（S 谓词锁），读完后即可释放 S 谓词锁，但必须持有 S 锁到事务结束才释放。该协议除了防止丢失修改和不读脏数据外，还进一步防止了不可重复读。但是该协议不要求事务将 S 谓词锁持有到事务结束，所以可能出现幻影现象。
- SERIALIZABLE：事务在修改数据之前必须先对其加 X 锁，持有到事务结束才释放，事务在读取数据之前必须先对其加 S 锁（S 谓词锁），持有 S 锁（S 谓词锁）到事务结束才释放。该协议实际上是严格的两阶段封锁协议，产生冲突可串行化调度，保证事务是可恢复的，防止出现丢失修改、读脏数据、不可重复读和幻影异常现象。如果可以忍受读脏数据、不可重复读等问题，**只读事务**（只由 SELECT 语句构成的事务）可以设置为较低的隔离级别，这样既加快了只读事务的执行，又不会破坏数据库的一致性。

小　结

本章着重介绍了事务的概念、事务的 ACID 特性，以及 DBMS 为了实现事务特性而采取的相关技术与事务处理对程序员的影响和要求。读者应重点掌握定义事务的 SQL 语句、设置隔离性的 SQL 语句和死锁对事务的影响。

事务由 SQL 语句组成，包含 UPDATE、DELETE 和 INSERT 语句的叫作更新事务，只包含 SELECT 语句的叫作只读事务。在任何情况下，构成事务的语句要么全部执行成功，要么一个也不能执行，这是事务的原子性，是最基本的要求。

程序员要根据项目的具体要求决定把哪些 SQL 语句定义成一个事务。每个事务的最后一个 SQL 语句是 ABORT 或 COMMIT，ABORT 表示撤销在此之前执行的所有操作的结果，COMMIT 表示事务的所有操作已经完成，要把这些操作的结果写入数据库。

恢复技术采用日志文件和数据库副本来保证事务的原子性和持久性。DBMS 把事务对数据库的每个操作形成一个日志记录，日志记录包含了被更新数据对象的原值和新值，按照执行的先后次序形成了事务的日志文件。数据库管理员定期备份数据库。在出现事务故障、系统故障和介质故障时，由数据库副本和日志文件可以把数据库恢复到最近的一个一致性状态。

事务的隔离性由并发控制子系统实现。一般的商用 DBMS 采用两阶段封锁协议实现并发控制，执行读和写操作之前要分别对数据对象加 S 锁和 X 锁，并持有到事务结束再统一解锁。

对于只读事务，可以根据情况，通过设置合理的隔离级别来加快其执行速度。

SQL 语句可能由于违反系统定义的完整性而被拒绝执行，也可能由于事务陷入了死锁而被系统撤销，程序员要对每个 SQL 语句的执行状态进行监控，根据不同的情况采取合理的补救措施。

习　　题

一、填空题

1. _____是由一个或多个 SQL 语句构成的，是 DBMS 的处理单位。

2. 事务的 ACID 特性是指_____、_____、_____和_____。

3. 事务并发控制的方法有_____、_____和_____。

4. 事务的一致性隔离级别有_____、_____、_____和_____。

5. 数据库恢复的基本原理就是利用_____和_____来重建数据库。

二、选择题

1. SQL 的 ROLLBACK 语句的主要作用是_____。
   A. 终止程序　　　B. 保存数据　　　C. 事务提交　　　D. 事务回滚

2. 日志的用途是_____。
   A. 数据转储　　　B. 一致性控制　　　C. 安全性控制　　　D. 故障恢复

3. SQL 的 COMMIT 语句的主要作用是_____。
   A. 终止程序　　　B. 保存数据　　　C. 事务提交　　　D. 事务回滚

4. 后备副本的用途是_____。
   A. 数据转储　　　B. 一致性控制　　　C. 安全性控制　　　D. 故障恢复

5. 并发控制带来的数据不一致性不包括下列哪一类？_____
   A. 读脏数据　　　　　　　　　B. 不可重复读
   C. 破坏数据库安全性　　　　　D. 丢失修改

6. 数据库的并发操作有可能带来的 3 个问题中包括_____。
   A. 数据独立性降低　　　　　　B. 无法读出数据
   C. 权限控制　　　　　　　　　D. 丢失修改

7. 若事务 T 对数据对象 A 加上 X 锁，则_____。
   A. 只允许 T 修改 A，其他任何事务都不能再对 A 加任何类型的锁
   B. 只允许 T 读取和修改 A，其他任何事务都不能再对 A 加任何类型的锁
   C. 只允许 T 修改 A，其他任何事务都不能再对 A 加 X 锁
   D. 只允许 T 读取 A，其他任何事务都不能再对 A 加任何类型的锁

8. 在系统运行过程中，由于事务没有达到预期的终点而发生的故障称为_____，这类故障

比其他故障的可能性_____。

    A．事务故障   B．系统故障   C．介质故障   D．大，但破坏性小

    E．小，破坏性也小 F．大，破坏性也大 G．小，但破坏性大

三、简答题

1．试述事务的概念及事务的 4 个特性。

2．为什么事务非正常结束时会影响数据库数据的正确性？请举例说明。

3．数据库运行中可能产生的故障有哪几类？

4．数据库为什么要有恢复子系统？它的功能是什么？

5．什么是日志文件？为什么要设立日志文件？

6．登记日志文件时为什么必须先写日志文件，后写数据库？

7．数据库为什么要进行并发控制？

8．并发操作可能会产生哪几类数据不一致？

9．简述两阶段封锁协议。

10．你所使用的 DBMS 如何进行数据库备份和日志文件备份？

第6章 客户机/服务器环境

开发一个数据库应用系统首先要确定系统的总体架构。目前，一般采用客户机/服务器（Client/Server，C/S）软件体系架构，数据库管理系统作为服务器，应用系统作为客户机。应用系统提供人机交互界面，处理用户的应用逻辑，当需要存取数据时，向数据库管理系统发送请求（一系列 SQL 语句），数据库管理系统执行请求后，把得到的数据传送给应用系统。

6-1　本章导读

6.1　客户机/服务器的一般概念

如果从技术角度看，客户机/服务器架构本身是一个非常简单的概念。它将一个大的应用系统分解成多个子系统，由多台计算机协同完成。

客户机接收用户的数据和处理要求，执行应用程序，向服务器提出对某种信息或数据的服务请求，服务器将处理结果作为服务响应返回客户机。

在这一过程中，子系统之间存在"服务请求/服务响应"关系。因此客户机/服务器不应理解为一种硬件结构，而是一种计算（处理）模式。

1．主要技术特征

客户机/服务器架构的主要技术特征可归纳为以下几方面。

- 服务：客户机/服务器是从服务的概念出发，提出了对服务功能的明确划分。一个服务器可同时为多个客户机提供服务，服务器具有对多个客户机使用共享资源的协调能力。
- 位置透明性：客户机和服务器之间存在多对一或多对多的关系，客户机/服务器架构应向客户机提供服务器位置透明性服务。也就是说，客户机的应用请求不必考虑也不必知道服务器的位置，由哪个服务器提供服务对客户机是透明的。
- 可扩展性：客户机/服务器架构可进行横向扩展与纵向扩展，如增加服务器数量，提高硬件配置等，以扩大系统服务规模，增加服务器软件功能，增加新的服务项目与提高服务性能等。

2．基本构成

基本的客户机/服务器架构由 3 部分组成：客户机平台、服务器平台、连接支持。

119

（1）客户机平台

客户机平台原则上可以是任何一种计算机，一般选用微型计算机。客户机平台运行应用程序，提供开发应用系统的工具，同时还可以通过网络获得服务器的服务，使用服务器上的资源。

（2）服务器平台

服务器平台必须是多用户计算机系统，可以是 PC 服务器、工作站、支持对称多处理器的超级服务器，也可以是小型、中型和大型计算机。

（3）连接支持

这一部分处于客户机与服务器之间，负责透明地连接客户机与服务器，完成数据通信功能。

6.2 两层与多层客户机/服务器架构

采用客户机/服务器架构的数据库应用系统就是把原来主机环境下的 DBMS 功能和应用系统功能在客户机/服务器这种新的计算模式下进行合理分布，在客户机和服务器之间适当配置。

1. 两层架构

一个数据库应用系统可以划分为以下几个逻辑功能，如图 6-1 所示。

- 用户界面（User Interface）。
- 应用逻辑（Application Logic）。
- 事务逻辑（Transaction Logic）。
- 数据存取（Data Access）。

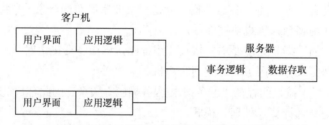

图 6-1 客户机/服务器架构的数据库系统的逻辑功能划分

客户机/服务器架构的数据库应用系统通常把用户界面、应用逻辑放在客户机，把事务逻辑、数据存取放在服务器。

事务逻辑是指事务管理，包括事务定义、完整性定义、安全保密定义、完整性检查、安全性控制、事务并发控制和故障恢复等。数据存取则包括数据存储、组织、存取方法、存取路径的实现和维护。事务逻辑和数据存取是 DBMS 核心层的主要功能。

采用客户机/服务器架构的数据库软件产品把网络环境中的软件划分为 3 个部分：客户机软件、服务器软件和接口软件。

2. 两层架构的优点

（1）客户机/服务器架构的数据库应用系统充分发挥了客户机的功能和处理能力。特别是 CPU 密集型应用能够充分利用客户机的处理能力及客户机的自治性来减少服务器的负载，把应用逻辑从数据库服务器分离出来，减轻了服务器的负担，扩大了服务器的数据规模和事务处理能力。这是客户机/服务器架构的优点之一。

（2）客户机/服务器架构的数据库应用系统容易扩充、灵活性和可扩展性好。当应用需求改变时，可以修改相应客户机上的应用程序。例如，某学校的研究生院要加强对研究生培养全过程的动态管理，因此要在原来研究生院的信息系统中增加每个学期研究生选课情况的管理、统计和查询，增加研究生发表论文情况的管理、统计和查询。由于采用了客户机/服务器架构，开发人员首先修改服务器的数据库模式，增加了"研究生选课"表和"发表论文"表，然后对客户机的"研究生学籍学位管理系统"进行扩充和修改，增加了新的功能、新的查询界面等。当应用系统的规模扩大时（如研究生人数继续增加，需求越来越多），可以通过增加客户机数、提高服务器和客户机的软硬件配置等方式，使整个系统升级。这样灵活性和可扩展性好，也保护了硬件和软件上原有的投资。

3. 两层架构的局限性

客户机/服务器架构是一个简单的两层架构。其最大的优点在于开发和运行的环境都很简单。但这种架构也有局限性。

（1）服务器的负担问题

由于客户机和服务器直接连接，服务器将消耗部分系统资源用于处理与客户机的连接工作。当存在大量客户机连接请求时，服务器有限的系统资源将被用于频繁地与客户机之间的连接，从而降低了对数据库请求的处理效率。

（2）客户机的负担问题

由于企业级信息系统应用逻辑十分复杂，将应用逻辑放在客户机，要求客户机具有完成这些计算任务的强大能力，客户机的性能成为制约系统性能的因素，只有提高客户机的性能才能满足业务要求。当系统规模较大，相同的应用程序要重复安装在多台客户机上，从总体来看，大大浪费了系统资源。

（3）系统安装和维护的工作量大

当系统规模达到数百、数千台客户机时，在系统开发完成后，要为每一个客户机安装应用程序和相应的工具模块，以及与数据库的连接程序，并完成大量的系统配置工作，整个系统的安装繁杂，并且它们的硬件配置、操作系统又常常不同，因此系统安装和维护的任务很繁重。由于需要安装、运行很多软件，这样的客户机又叫作胖客户（Fatclient）。

为了适应用户不断变化的应用需求，客户机的应用程序需要不断更新，升级的工作量大，相应的版本控制也很困难。

（4）系统的安全性差

在两层架构下，大部分应用逻辑以代码的形式分散安装在部门的各个用户所在地（客户机），企业的业务机密很容易泄露，而且每台客户机都可以对服务器上的数据进行直接操作，容易产生安全隐患。

以上这些问题是两层架构本身的局限性导致的，仅仅依靠在两层架构的基础上修补细枝末节，无法彻底解决问题。

4. 三层和多层架构

从上面的分析可以看到，随着应用系统的不断扩充和新应用的不断增加，基于两层客户机/服务器架构在系统拓展性、维护成本、安全性等方面存在的问题，催生了三层计算体系架构。三层架构是传统客户机/服务器架构的发展，多层架构和三层架构的含义类似，只是细节有所不同。

三层架构将数据处理过程分为三部分：第一层是用户界面层，提供用户与系统的访问界面；第二层是应用逻辑层，负责应用逻辑的实现，也是界面层和数据层的桥梁，它响应界面层的用户请求，从数据层抓取数据，执行业务流程，并将必要的数据传送给界面层以展示给用户；第三层是数据（库）层，负责数据的存储、存取、查询优化、事务管理、数据完整性和安全性控制、故障恢复等。

由于应用逻辑被提取到应用服务器，大大降低了客户机的负担，因此也称为"瘦客户"（Thin Client）。三层架构的数据库系统的逻辑功能划分如图 6-2 所示。

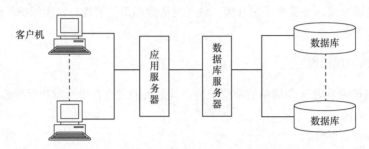

图 6-2　三层架构的数据库系统的逻辑功能划分

三层架构增加了应用逻辑层，单独处理应用逻辑，使用户界面层与应用逻辑层分离，两者之间的通信协议可由系统自行定义。通过这样的设计，应用逻辑被所有用户共享，这是两层架构与三层架构系统最大的区别。

5. 三层架构的优点

三层架构具有如下优越性。

（1）降低了信息系统开发和维护的成本

由于三层架构将应用界面和应用逻辑部分相分离，客户机和应用服务器、应用服务器和数据库服务器之间的通信、异构平台之间的数据交换等都可以通过中间件或者相关程序来实现。当应用逻辑改变或扩展时，只需专注于改进中间层的设计，客户机并不随之改变，反之亦然。这样极大地提高了系统模块的复用性，缩短了开发周期，降低了成本。

（2）安全性强

三层架构的系统可以把企业的关键应用逻辑放在应用服务器进行集中管理，而不是放在每台客户机。对企业敏感数据的访问也是通过应用服务器来进行，而不是由客户机直接存取，这就增强了系统的安全性。

（3）扩展性好

由于客户机已经"减肥"，以及系统模块程度提高，所以系统的扩展性好。也就是说，增加客户机数量一般就可以满足用户规模扩大的要求；将少数的应用服务器或数据库管理系统升级为更高档次的平台，或更新应用服务器上的部分软件模块就可以增强系统的功能，提高系统的可用性。

（4）前瞻性好

三层架构实际上也是目前 Web 应用采用的体系架构，即把全部的应用逻辑放在应用服务器上，支持纯粹的"瘦客户"机，因此采用三层架构的系统可以较为方便地向 Web 应用方向拓展。

将三层架构的中间层继续细分就可以成为多层架构。例如，客户机—Web 服务器—应用服务器—数据库服务器就是一个多层架构，如图 6-3 所示。

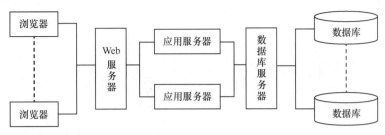

图 6-3　多层架构示意图

随着 Internet 技术的发展，出现了浏览器/服务器（Browser/Server，B/S）架构。客户机进一步变小。在浏览器后面可以有多层多种服务器，如 Web 服务器、应用服务器、数据库服务器等。

浏览器/服务器架构是客户机/服务器架构的继承和发展。浏览器/服务器架构广泛用于 Internet、Intranet 环境下，显示出如下优点。

- 客户机只要安装了浏览器，就可以访问应用程序。浏览器的界面是统一的，用户容易掌握，从而减少了培训时间与费用。
- 客户机的硬件与操作系统具有更长的使用寿命，因为它们只要支持浏览器软件即可，而浏览器软件相比原来的用户界面和应用模块要小得多。
- 由于应用系统的维护与升级工作都在服务器端进行，所以不必安装、维护和升级客户机应用代码，减少了系统开发和维护代价。这种架构能够支持更多的用户。

小　　结

本章介绍了基于客户机/服务器架构的数据库应用系统，包括客户机/服务器的一般概念和客户机/服务器架构的数据库应用系统的逻辑功能划分，还讨论比较了两层、三（多）层客户机/服务器架构的优点和局限性。读者应重点掌握客户机/服务器的概念。

习　　题

1．什么是两层客户机/服务器架构？这种架构的优点是什么？有什么局限性？
2．什么是三层客户机/服务器架构？这种架构的优点是什么？
3．什么是 B/S 架构？这种架构的优点是什么？

第7章 SQL 程序设计

SQL 是标准的数据库查询语言，用户通过数据库厂商提供的特制程序，例如 SQL Server 的 isql，Oracle 的 sqlplus，向 DBMS 提交 SQL 语句，这种使用方式叫作**直接 SQL**（Direct SQL）。开发应用程序时，采用程序设计的方法，在客户机端使用嵌入式 SQL 或调用级接口编写应用程序，在服务器端编写存储过程或函数供客户机调用，客户机端的代码和服务器端的代码构成了一个完整的数据库应用程序。下面介绍相关内容。

7-1　本章导读

（1）嵌入式 SQL（Embedded SQL）

SQL 被嵌入某种高级语言，如 COBOL 语言、C 语言、Java 语言，利用高级语言的过程性结构来弥补 SQL 在实现复杂应用方面的不足，这种高级语言被称为**宿主语言**（Host Language）。

（2）持久存储模块（Persistent Stored Modules，PSM）

PSM 使用一种简单通用的程序设计语言编写存储过程和函数。存储过程和函数可以在 SQL 语句中调用，其代码由 DBMS 解释执行。

（3）调用级接口（Call-Level Interface，CLI）

调用级接口 CLI 提供一个函数库供用户连接数据库，向数据库提交 SQL 语句，完成对数据库的操作。

7.1　嵌入式 SQL

在高级程序设计语言中使用 SQL 语句操作数据库需要解决两个问题：采用某种语法形式使编译程序能区分 SQL 语句和宿主语言的语句，提供一种机制在 SQL 和宿主语言之间交换数据和执行状态。

7.1.1　嵌入式 SQL 的一般形式

为了能够区分 SQL 语句与宿主语言语句，嵌入式 SQL 的所有 SQL 语句都必须加上前缀 EXEC SQL。例如：

```
EXEC SQL DROP TABLE SC;
EXEC SQL SELECT * FROM Student;
EXEC SQL GRANT UPDATE ON Student TO User1;
```

为了不修改宿主语言的编译器，DBMS 提供了一个预编译器，预编译器可识别嵌入式 SQL

语句，将它们转换成 SQL 函数库的函数调用，将最初的宿主语言和嵌入式 SQL 的混合体转换成宿主语言的代码，然后由宿主语言的编译器进行通常的编译和连接操作，最终生成可执行代码，完成过程控制和数据库操作，具体过程如图 7-1 所示。

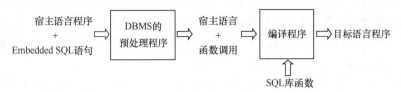

图 7-1　嵌入式 SQL 的处理过程

7.1.2　嵌入式 SQL 语句与宿主语言之间的通信

将 SQL 嵌入高级语言中混合编程，SQL 语句负责操作数据库，宿主语言语句负责控制程序流程。这时程序中含有两种不同计算模型的语句，一种是描述性的面向集合的 SQL 语句，一种是过程性的宿主语言语句，SQL 标准主要使用宿主变量在数据库和宿主语言之间交换数据，进行通信。

宿主变量使用**声明节**（declare section）定义，其格式如下。

```
EXEC SQL BEGIN DECLARE SECTION
    按照宿主语言的语法定义的变量
EXEC SQL END DECLARE SECTION
```

例如，下面声明了 7 个变量，前 5 个用于在宿主语言和 SQL 之间交换 Student 表的学生的信息，在具体使用时要注意两个不同系统之间数据类型的兼容性。SQL 支持 smallint 数据类型，而 C 语言无此数据类型，所以采用 short 数据类型。SQL 使用 char[8]表示存储 8 个字符，而 C 语言需要多一个字符存储结尾的 NULL。SQLSTATE 是一个特殊的变量，用来向宿主语言传递 SQL 语句的执行状态，每个 SQL 语句执行完毕后，把执行状态的代码写入这个变量，SQL 标准规定执行状态代码是一个长度为 5 的字符串，对每个字符串的含义也做了具体规定，如 00000 表示 SQL 语句成功执行，02000 表示一个查询结果中的元组都已经处理完毕。gradenullflag 变量用于指示其他变量的值是否为 NULL。

```
EXEC SQL BEGIN DECLARE SECTION
    char        Sno[8];
    char        Sname[9];
    char        Ssex[3];
    short       Sage;
    char        Sdept[21];
    char        SQLSTATE[6];
    short       gradenullflag
EXEC SQL END DECLARE SECTION
```

7.1.3　查询结果为一条记录的 SELECT 语句

在嵌入式 SQL 中，查询结果为一条记录的 SELECT 语句使用 INTO 子句把查询结果传送到宿主变量，供宿主语言继续处理。该语句的一般格式为：

```
EXEC SQL SELECT  [ALL|DISTINCT] <目标列表达式>[, <目标列表达式>]…
            INTO <宿主变量>[<指示变量>][, <宿主变量>[<指示变量>]]…
            FROM <表名或视图名>[, <表名或视图名>]…
```

```
[WHERE <条件表达式>]
[GROUP BY <列名> [HAVING <条件表达式>]]
[ORDER BY <列名> [ASC|DESC]];
```

该语句对 SELECT 语句的扩充就是多了一个 INTO 子句，将符合条件的记录放到 INTO 子句指定的宿主变量，其他子句的含义不变。使用该语句需要注意以下几点。

- INTO 子句、WHERE 子句的条件表达式、HAVING 短语的条件表达式均可以使用宿主变量，起到宿主语言与 SQL 交换数据的作用。
- 查询结果的记录的某些列可能为空值。如果 INTO 子句的宿主变量后面跟有指示变量，则当查询得出的某个数据项为空值时，系统会自动将相应宿主变量后面的指示变量置为负值，不再向宿主变量赋值。所以当指示变量值为负值时，不管宿主变量为何值，均应认为宿主变量值为 NULL。指示变量只能用于 INTO 子句。
- 如果查询结果实际上并不是一条记录，而是多条记录，则程序出错，DBMS 将 SQLSTATE 的值设置为 21000。

例 7.1　查询某个学生的信息，这个学生的学号已存放于宿主变量 Sno，将查询得到的学生信息存放到 7.12 节定义的宿主变量，宿主变量前要加:号。

```
EXEC SQL SELECT Sname, Ssex, Sage, Sdept
         INTO  :Sname, :Ssex, :Sage, :Sdept
         FROM  Student
         WHERE Sno= :Sno;
```

例 7.2　查询某个学生选修课程号为 1024 的成绩。

```
EXEC SQL SELECT Grade
         INTO :grade :gradenullflag
         FROM SC
         WHERE Sno=:Sno AND Cno='1024';
```

由于学生的成绩可能是空值，所以这里使用了指示变量 gradenullflag，如果 gradenullflag=-1，则查询返回的 grade 值为 NULL。

7.1.4　游标

SQL 与宿主语言相比有不同的数据处理方式。SQL 面向集合，SQL 语句将产生或处理多条记录。宿主语言面向记录，一组宿主变量一次只能存放一条记录。所以仅使用宿主变量并不能完全满足 SQL 语句向应用程序输出数据的要求，为此，SQL 引入了游标的概念，游标用于协调这两种不同的处理方式。

游标（Cursor）是系统开设的一个数据缓冲区，存放 SQL 语句的执行结果。游标有一个名称，可以通过游标逐一获取记录，并赋予宿主语言的宿主变量，由宿主语言做进一步的处理，如图 7-2 所示。

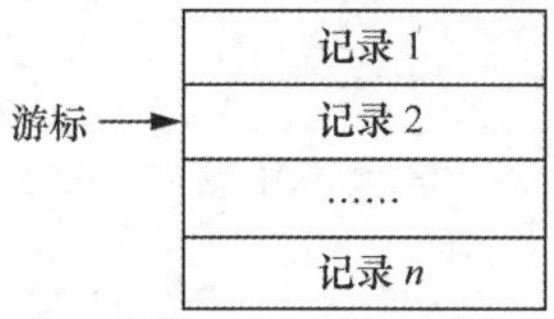

游标包括以下两个部分。

图 7-2　游标示意图

- 游标结果集（cursor result set）：由定义游标的 SELECT 语句返回的记录的集合。
- 游标的位置（cursor position）：指向这个集合中某一条记录的指针。

1. 使用游标读取数据

使用游标处理数据的流程如图 7-3 所示。

（1）声明游标

格式：

```
EXEC SQL DECLARE cursor-name [INSENSITIVE] [SCROLL] CURSOR
        FOR SELECT statement
        [FOR READ ONLY]
```

其中：

① SELECT 语句定义了游标结果集。

② 前面介绍过，提交给 DBMS 的 SQL 语句被组织成事务，事务在 DBMS 所在的服务器上运行，一般情况下，事务的执行时间都很短，DBMS 并发地执行事务以获得很高的事务吞吐率。使用游标处理数据一般要花费较长的时间，因为要在 DBMS 和宿主语言之间移动数据，而且由于并发事务的存在，所以很可能在处理游标结果集中的数据期间，其他事务修改了游标结果集对应的数据，使游标结果集不能得到最新的数据。为了避免出现

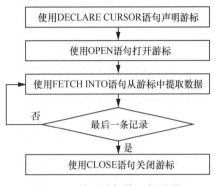

图 7-3　使用游标的一般过程

这种情况，使用 INSENSITIVE 通知 DBMS 在游标存续期间，不允许其他事务修改游标结果集中的数据。显而易见，这样的游标有可能延迟其他事务的执行。

③ 如果游标不修改数据库中的数据，使用 FOR READ ONLY 子句告知 DBMS，DBMS 将允许这样的游标和 INSENSITIVE 类型的游标并发执行。

④ 默认情况下，游标采用顺序处理的方式，依次处理结果集中的记录。根据需要，也可以将游标定义为滚动（SCROLL）游标。对于滚动游标，SQL 提供了若干命令将游标移动到希望的位置。

- next：把游标移动到当前游标指向的下一条记录。
- prior：把游标移动到当前游标指向的上一条记录。
- first：把游标移动到第一条记录。
- last：把游标移动到最后一条记录。
- absolute *n*：如果 *n* 是一个正整数，则把游标移动到正数第 *n* 个记录；如果 *n* 是一个负整数，则把游标移动到倒数第 *n* 条记录。absolute 1 等价于 first，absolute −1 等价于 last。
- relative *n*：如果 *n* 是一个正整数，则把游标移动到相对于当前游标所指记录之后的第 *n* 条记录；如果 *n* 是一个负整数，则把游标移动到相对于当前游标所指记录之前的第 *n* 条记录；relative 1 等价于 next，relative −1 等价于 prior。

例 7.3　声明存取计算机系全体学生信息的游标。

```
EXEC SQL DECLARE dept_computer  CURSOR FOR
        SELECT *
        FROM Student
        WHERE Sdept= '计算机'
        FOR READ ONLY;
```

（2）打开游标

格式：

```
EXEC SQL OPEN <游标名>;
```

打开游标后，DBMS 执行与游标相关联的 SELECT 语句，获取查询结果，游标指向第 1 条记录。例如，下面的语句得到了如图 7-4 所示的结果集。

```
EXEC SQL OPEN dept_computer;
```

游标 ——→ | '2000012',' 王林','男',19,'计算机' |
| '2000014',' 葛波','女',18,'计算机' |

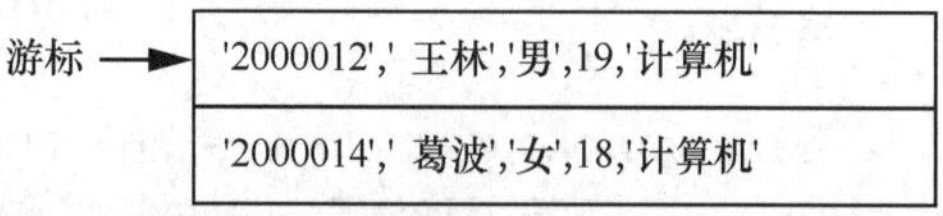

图 7-4　游标 dept_computer 的内容

（3）存取游标

如果游标不是滚动游标，则使用 FETCH 语句将当前游标指向的记录读取到宿主变量，然后，游标自动移向下一条记录：

```
EXEC SQL FETCH [FROM] cursor_name INTO variable-list;
```

如果游标是滚动游标，则先将游标移动到指定的记录，然后将游标指向的记录存放到宿主变量。

```
EXEC SQL FETCH {NEXT | PRIOR|FIRST|LAST|ABSOLUTE n|RELATIVE n}
        FROM cursor_name
        INTO variable-list;
```

当游标指向结果集最后一条记录之后时，SQLSTATE 的值被设置为 02000。

（4）关闭游标

游标使用完毕后，要释放其占用的系统资源。

```
EXEC SQL CLOSE cursor_name;
```

例 7.4　通过游标 dept_computer 读取每个学生的信息并显示。

```
EXEC SQL BEGIN DECLARE SECTION
    char        Sno[8];
    char        Sname[9];
    char        Ssex[3];
    short       Sage;
    char        Sdept[21];
    char        SQLSTATE[6];
EXEC SQL END DECLARE SECTION
--声明游标
EXEC SQL DECLARE dept_computer CURSOR FOR
    SELECT *
    FROM Student
    WHERE Sdept= '计算机'
    FOR READ ONLY;
--打开游标
EXEC SQL OPEN dept_computer;
--读取第 1 条记录
EXEC SQL FETCH dept_computer
    INTO :Sno, :Sname,:Ssex,:Sage,:Sdept;
while(strcmp(SQLSTATE, '02000') != 0)
{
    --输出语句，略
    EXEC SQL FETCH dept_computer
            INTO :Sno, :Sname,:Ssex,:Sage,:Sdept;
};
--关闭游标
EXEC SQL CLOSE dept_computer;
```

2. 使用游标修改数据

上面介绍了通过游标把数据库的数据传送到宿主变量做进一步处理的步骤。游标的另一个作用是修改数据库的数据。使用游标修改数据要注意以下两点。

● 声明游标时，没有添加 FOR READ ONLY 关键字。

● 一般不要修改基于多表的游标。

为了配合游标的使用，下面介绍 UPDATE 和 DELETE 语句的新格式。

（1）UPDATE 语句

格式：

```
UPDATE table-name SET column-name = expression
WHERE CURRENT OF cursor_name
```

功能：修改与当前游标指向的记录对应的数据库的元组的列值。

（2）DELETE 语句

```
DELETE FROM table-name
WHERE CURRENT OF cursor_name
```

功能：删除与当前游标指向的记录对应的数据库的元组。

例 7.5　通过游标 dept_computer 将每个学生的年龄加 1。

```
EXEC SQL BEGIN DECLARE SECTION
    char        SQLSTATE[6];
EXEC SQL END DECLARE SECTION
--声明游标
EXEC SQL DECLARE dept_computer CURSOR FOR
    SELECT *
    FROM Student
    WHERE Sdept= '计算机'
    FOR UPDATE OF Sage --只允许修改 Sage 列的值
--打开游标
EXEC SQL OPEN dept_computer;
--读取第 1 条记录
EXEC SQL FETCH dept_computer;
while(strcmp(SQLSTATE, '02000') != 0)
{
    EXEC SQL UPDATE Student SET Sage = Sage + 1
            WHERE CURRENT OF dept_computer;
    FETCH dept_computer;--读取下一条记录
};
--关闭游标
EXEC SQL CLOSE dept_computer;
```

由于只需要将每个学生的年龄在现在年龄的基础上加 1，所以没有必要取出每条记录的各个字段值，FETCH 语句没有出现 INTO 子句。

7.1.5　动态 SQL 简介

前面介绍的 SQL 叫作静态 SQL，完整的 SQL 语句在编译时就已确定。在某些应用中，在编译时只能知道 SQL 语句的一部分，还有一些细节有待在人机交互时或根据某些条件才能构造出来。

例如，对于 SC 表，任课教师要查询每个学生的学号及其成绩；班主任想查询某个学生选修课程的课程号及相应成绩；学生想查询自己某门课程的成绩。也就是说，查询条件、要查询的列待定，无法用一条静态 SQL 语句实现查询。

如果在预编译时下列信息不能确定，就必须使用动态 SQL 技术。例如：

- SQL 语句的正文。
- 宿主变量的数量。
- 宿主变量的数据类型。
- SQL 语句引用的数据库对象（如列、索引、基本表、视图等）。

动态 SQL 允许在程序运行过程中临时"组装"SQL 语句，主要有以下 3 种形式。

- 语句可变：允许用户在程序运行时输入完整的 SQL 语句。
- 条件可变：对于非查询语句，条件子句有一定的可变性。例如，删除学生选课记录，既可以是因为某门课临时取消，需要删除有关该课程的所有选课记录，也可以是因为某个学生退学，需要删除该学生的所有选课记录；对于查询语句，SELECT 子句是确定的，即语句的输出是确定的，其他部分（如 WHERE 子句、HAVING 短语）有一定的可变性。再例如，查询学生人数，可以是查询某个系的学生总数，查询某个性别的学生人数，查询某个年龄段的学生人数，查询某个系某个年龄段的学生人数等，这时 SELECT 子句的目标列表达式已定（COUNT（*）），但 WHERE 子句的条件未知。
- 数据库对象、查询条件均可变：对于查询语句，SELECT 子句的列名、FROM 子句的表名或视图名、WHERE 子句和 HAVING 短语的条件等均可由用户临时构造，即语句的输入和输出可能都不确定。例如，前面查询学生选课表 SC 的例子。对于非查询语句，涉及的数据库对象及条件也可能待定。

为了处理上述情况，SQL 提供了在宿主语言中构造、准备和执行 SQL 语句的指令，如 EXECUTE IMMEDIATE、PREPARE、EXECUTE、DESCRIBE 等。这些指令被称为**动态 SQL**。静态 SQL 和动态 SQL 使用相同的语法将它们和宿主语言区分开，因此它们可以被同一个预编译器处理。

构造好的 SQL 语句作为宿主语言的一个字符型变量的值出现在程序中，在程序执行时提交给 DBMS，作为动态 SQL 语句的参数。一旦准备好，就可执行语句。

1. PREPARE

PREPARE 指令把存放在宿主变量的一个字符串"准备"为一个 SQL 语句，所谓"准备"，就是通过与 DBMS 的通信，分析 SQL 语句和生成执行计划。其具体格式为：

```
PREPARE stmt_name FROM :host-variable
```

其中，*stmt_name* 为待准备的 SQL 语句命名，供其他动态 SQL 命令引用，*stmt_name* 在一个程序模块中必须唯一，不同的 SQL 语句要有不同的 *stmt_name*。*:host-variable* 是存放字符串的宿主变量，其内容不能出现某些特定的 SQL 语句，如 SELECT INTO 等，也不能出现注释和宿主变量，需要使用宿主变量作为参数的地方可以用"?"代替，在执行语句时，由 USING 为参数赋值。

如果 PREPARE 准备的 SQL 语句没有返回结果，则用 EXECUTE 命令执行之；如果有多个返回结果，则要使用游标。

2. EXECUTE

EXECUTE 指令用来执行由 PREPARE 准备的 SQL 语句。

```
EXECUTE prepared_stmt_name [USING : host-variable [,...]];
```

其中，*prepared_stmt_name* 是由某个 PREPARE 准备的 SQL 语句，USING 后面的宿主变量用于替换 SQL 语句的"？"参数，有几个"?"参数，就必须有几个宿主变量，数据类型必须兼容，并且按照位置对应的原则进行替换。

例 7.6 生成一个向 SC 表插入任意元组的 SQL 语句。

```
EXEC SQL BEGIN DECLARE SECTION;
    char    prep[] = "INSERT INTO sc VALUES(?,?,?)";
    char    sno[8];
    char    cno[5];
    short   grade;
EXEC SQL END DECLARE SECTION;

EXEC SQL PREPARE prep_stat FROM :prep;

while (strcmp(SQLSTATE, "00000") == 0)
{
    scanf("%s ", sno);
    if  strcmp(Sno,'0000000')==0)break;
    scanf("%s ", cno);
    scanf("%d ", grade);
    EXEC SQL EXECUTE prep_stat USING :sno, :cno, :grade;
}
```

3. EXECUTE IMMEDIATE

EXECUTE IMMEDIATE 语句结合了 PREPARE 和 EXECUTE 指令的功能，准备一个 SQL 语句并立即执行它。因为准备一个 SQL 语句需要与 DBMS 通信，开销比较大，所以，PREPARE 和 EXECUTE 方式适合于准备的语句要多次执行的情形，而 EXECUTE IMMEDIATE 方式适用于只执行一次的情形。其语句格式为：

```
EXECUTE IMMEDIATE :host-variable
```

7.1.6 实例

为了加深理解和掌握嵌入式 SQL 的编程方法，这里给出一个完整的 C 程序代码。程序首先声明要使用的变量，连接到 SQL Server 服务器，然后通过游标读出 Student 表中每个学生的信息并显示，最后插入一个学生的信息并删除。

在 Windows 环境中，使用文本编辑器（如记事本）输入程序代码并保存在 test.c 中，在执行之前要经过预编译、编译和连接 3 个独立的步骤，各命令参数的具体含义参考 SQL Server 联机帮助和 C 语言编译器的相关说明。也可以将预编译器产生的 C 语言代码复制到 Visual C++ 6.0 集成环境中进行编译、连接和执行。

```
nsqlprep test /NOACCESS
cl /c /W3 /D"_X86_" /D"NDEBUG" test.c
```

```
link /NOD /subsystem:console test.obj kernel32.lib libcmt.lib sqlakw32.lib
caw32.lib ntwdblib.lib
```

注意

安装 SQL Server 时必须安装开发环境，如果选用典型安装，则不安装预编译器和库函数，无法使用嵌入式 SQL。另外，使用 Visual C++ 6.0，首先要将 SQL Server 开发环境所在目录下的 LIB 和 INCLUDE 子目录（一般在 C:\Program Files\Microsoft SQL Server\80\TOOLS\DevTools\Include 和 C:\Program Files\Microsoft SQL Server\80\ TOOLS\DevTools\Lib）加到 Visual C++ 6.0 的搜索目录中，否则，在编译和连接过程中，找不到必要的头文件以及目标代码。在生成项目时，选择生成 Win32 Console Application，并选择 empty project，然后按照上面的编译和连接命令的参数配置项目的 C/C++和 Link 属性。

```c
#include <stdio.h>
#include <string.h>
int main ()
{
    //声明变量
    EXEC SQL BEGIN DECLARE SECTION;
    //存储学生信息
        char no[8];
        char name[9];
        char gender[3];
        int  age;
        char deptname[21];
        //SQL 返回的状态码
    char SQLSTATE[6];
    EXEC SQL END DECLARE SECTION;
    //连接到数据库，lsnmobile 是 SQL Server 服务器的名称，S_C_SC 是数据库名
    EXEC SQL CONNECT TO lsnmobile.S_C_SC USER sa;
    if (strcmp(SQLSTATE,"00000") == 0)
        printf("Connection to SQL Server established\n");
    else
    {
        printf("ERROR: Connection to SQL Server failed\n");
        return (1);
    }
    //定义游标，读取所有学生信息
    EXEC SQL DECLARE providerCursor CURSOR FOR
        SELECT sno,sname,ssex,sage,sdept
        FROM student;
    EXEC SQL OPEN providerCursor ;
    for(; ;)
    {
     //推进游标
     EXEC SQL FETCH providerCursor INTO :no,:name,:gender,:age,:deptname;
     //如果处理完毕，则退出循环
     if (strcmp(SQLSTATE,"02000")==0)
            break;
     //输出学生信息
     printf ("Sno=%s Sname=%s Ssex=%s Sage=%d Sdept%s\n",no,name,gender,age,deptname);
    }
```

```
// 关闭游标
EXEC SQL CLOSE providerCursor;
//插入一个学生的信息
EXEC SQL Insert into student values('2000004','王芳','女',18,'计算机');
if (strcmp(SQLSTATE,"00000") == 0)
    printf("插入数据成功!\n");
else
    printf("插入数据失败!\n");
//删除一个学生的信息
EXEC SQL delete from student where sno='2000004';
if (strcmp(SQLSTATE,"00000")  == 0)
    printf("删除数据成功!\n");
else
  printf("删除数据失败!\n");
//断开连接
EXEC SQL DISCONNECT ALL;
return 0;
}
```

7.2 存储过程和 SQL/PSM

存储过程是由 SQL 语句和控制流语句编写的过程。经编译和优化后，存储于数据库服务器，由应用程序调用执行。存储过程包含流程控制以及对数据库的查询和更新操作，可接受输入参数、输出参数、返回单条或多条记录及执行状态，而且允许定义变量、条件执行、循环等编程功能。

存储过程有以下特点。

- 确保数据访问和操作的一致性，提高了应用程序的可维护性。
- 提高了系统的执行效率。
- 提供一种安全机制。
- 减少了网络的流量负载。
- 要改变业务规则或策略，只需改变存储过程和参数，不必修改应用程序。

编写存储过程及后面介绍的触发器需要一种通用的程序设计语言。SQL/PSM（Persistent Stored Modules）标准制定了一种程序设计语言，这种语言可以被 DBMS 解释执行。

SQL/PSM 提供了通用程序设计语言的定义变量、流程控制和存储过程定义及调用语句。在 PSM 标准出现之前，一些 DBMS 厂商就提供了自己的编程语言，如 Oracle 的 PL/SQL 和 Microsoft 的 Transact-SQL。这些语言与 PSM 标准有很多类似之处，也有各自的特色。

1. 存储过程和函数的定义与调用

SQL/PSM 中的存储过程和函数的语法比较复杂，下面给出一个简化版本。

```
CREATE PROCEDURE <name>([IN | OUT] <variable-name>  <datatype>,…)
routine-body;
CREATE FUCTION <name>(variable-name datatype,…) RETURN datatype
routine-body;
```

在定义存储过程和函数时，首先要为其赋予在数据库范围内唯一的名称，然后给出参数。对于存储过程，要进一步指出每个参数是输入参数还是输出参数；对于函数，在函数体内要使用 RETURN <*expression*>语句返回一个值。例程体使用 SQL/PSM 提供的过程控制语句和 SQL 语句编写。

SQL/PSM 定义的函数可以出现在 SQL 语句中可以出现常数的地方。存储过程要使用 CALL 语句调用。在例程体内直接使用 CALL <*name*>(*argument list*)，在嵌入式 SQL 中要在 CALL 语句之前加上 EXEC SQL。例如，下面的过程完成一个学生的转系任务，学生的学号和要转到的系名称作为过程的输入参数。

```
CREATE PROCEDURE transform-dept(IN vsno char(7), IN vdept char(20))
   UPDATE student
   SET Sdept = vdept
   WHERE Sno = vsno;
```

2. 变量的声明和赋值

DECLARE 语句为一个变量指定变量名称和数据类型，并分配存储空间。变量的作用范围是存储过程，DECLARE 语句应该出现在其他可执行语句之前。

```
DECLARE  <variable-name>  <datatype>;
```

SET 语句为变量赋值，先计算出等号右边表达式的值，然后把得到的值赋予变量，表达式的构成与其他程序设计语言相同。

```
SET  <variable-name> =  <expression>;
```

例如，声明一个变量 average，用于存放课程编号为 1156 的课程的平均成绩。

```
DECALARE average Float;
SET average = (SELECT avg(grade) FROM SC WHERE Cno = '1156');
```

SQL/PSM 允许像嵌入式 SQL 那样在 SELECT 语句使用 INTO 子句为变量赋值。例如：

```
SELECT avg(grade)
INTO average
FROM SC
WHERE Cno= '1156';
```

3. 分支语句

SQL/PSM 的分支语句的功能与 C 语言这样的高级程序设计语言相同，但在语法和逻辑条件的构成上略有不同。

```
IF <condition> THEN
    <statement-list>
ELSEIF <condition> THEN
    <statement-list>
ELSIF
......
ELSE
    <statement-list>
END IF
```

其中，逻辑表达式 *condition* 同 WHERE 子句允许出现的表达式。*statement-list* 是若干条语句，每条语句以分号（;）结尾。ELSEIF 和 ELSE 是可选项。

4．循环语句

SQL/PSM 的循环语句多用于处理游标，有多种形式，最基本的语句格式为：

```
LOOP
    <statement list>
END LOOP;
```

一般在 LOOP 前加上一个语句标号，语句标号的形式是一个名称后面紧跟一个冒号（:），一般在循环体中要对循环条件进行测试，当条件满足时，使用下面的语句结束循环，开始执行 END LOOP 后面的语句。

```
LEAVE <loop label>;
```

例 7.7　输出某门课程成绩最好的学生的姓名和所在系，如果有多个这样的学生，则任意输出一个。

```
CREATE PROCEDURE course_list(
IN   vcno     char(4),
OUT  vsname   char(8),
OUT  vsdept   char(2)
)
DECLARE max_grade    int;
DECLARE vgrade       int;
DECLARE vsno         char(7);
DECLARE cur_sc CURSOR FOR SELECT Sno, Grade FROM SC WHERE Cno = vcno;
BEGIN
    SELECT MAX(grade) INTO max_grade FROM SC WHERE Cno = vcno;
    OPEN cur_sc
    cur_loop: LOOP
                FETCH cur_sc INTO vsno, vgrade;
                IF vgrade = max_grade THEN
                    SELECT Sname, Sdept INTO vsname, vsdept
                    FROM Student WHERE Sno = vsno;
                    LEAVE cur_loop;
                END IF;
    END LOOP;
    CLOSE cur_sc;
END;
```

SQL/PSM 提供的其他循环语句有 WHILE、REPEAT 和 FOR，前两个语句的功能与 C 语言的相应语句相同，FOR 语句只用于处理游标，FOR 语句每循环一次，游标就向后移动一次。

WHILE 语句的格式为：

```
WHILE <condition> DO
    <statement list>
END WHILE;
```

REPEAT 语句的格式为：

```
REPEAT
    <statement list>
UNTILL <condition>
END REPEAT
```

FOR 语句的格式为：

```
FOR <loop name> AS <cursor name> CURSOR FOR
            <query>
DO
    <statement list>
END FOR;
```

例 7.8　使用 FOR 语句改写例 7.7。

```
CREATE PROCEDURE course_list(
IN      vcno    char(4),
OUT     vsname  char(8),
OUT     vsdept  char(20)
)
DECLARE max_grade    int;
DECLARE vgrade       int;
DECLARE vsno         char(7);
BEGIN
    SELECT MAX(grade) INTO max_grade FROM SC WHERE Cno = vcno;
    FOR cur_loop AS cur_sc CURSOR FOR
                SELECT Sno, Grade FROM SC WHERE Cno = vcno
    DO
        SET vsno = Sno;
        SET vgrade = Grade;
        IF vgrade = max_grade THEN
            SELECT Sname, Sdept INTO vsname, vsdept
            FROM Student WHERE Sno = vsno;
            LEAVE cur_loop;
        END IF;
    END FOR;
END;
```

5. 异常处理

DBMS 在执行 SQL 语句时，如果遇到错误，则将变量 SQLSTATE 的值设置为不等于 00000 的长度为 5 的字符串。

SQL/PSM 提供了异常处理句柄（Exception Handler）功能，异常处理句柄被封装在一个由 BEGIN 和 END 界定的语句块中，当语句块中的某条语句发生了异常处理句柄捕获的错误时，执行异常处理句柄预先定义的代码。异常处理句柄的格式为：

```
DECLARE <next step> HANDLER FOR <condition list>
    <statement>
```

condition list 是用逗号分隔开的一组条件，条件可以用 DECLARE 语句定义，或直接用 SQLSTATE 规定的代码。例如，当字符串超过了规定的长度被截取时，SQLSTATE 的值为 22001，将字符串超长定义为一个条件的语句为：

```
DECLARE Too_Long CONDITION FOR SQLSTATE '22001'
```

next step 约定执行完 *statement* 后需要做的工作，有以下 3 种情形。

- CONTINUE：继续执行引起错误的语句的下一条语句。
- EXIT：跳出异常处理句柄所在的语句块，继续执行 END 后面的语句。
- UNDO：首先撤销引起错误的语句对数据库所做的所有修改，以后的操作同 EXIT。

例 7.9　查询学生王林所在的系，如果有多个学生叫王林或者没有叫王林的学生，则返回一串星号。

```
CREATE PROCEDURE course_list(OUT vsdept  ar(20))
DECLARE Not_Found CONDITION FOR SQLSTATE '02000';
DECLARE Too_Many CONDITION FOR SQLSTATE '21000';
BEGIN
    DECLARE EXIT HANDLER FOR Not_Found, Too_Many
        SET vsdept = '********************';
    SELECT Sdept INTO vsdept FROM Student WHERE Sname = '王林';
END;
```

上面的存储过程首先声明了 Not_Found 和 Too_Many 两个条件，执行 SELECT 语句时，如果 Student 表没有叫王林的学生或者有多个名字为王林的学生，DBMS 就会把 SQLSTATE 设置为 02000 或 21000，这时异常处理句柄将获得控制，把 vsdept 的值设置为一串星号，然后退出所在的语句块，即结束存储过程的执行。如果没有出现预定义的错误，则由 SELECT 语句为 vsdept 赋值。

7.3　触发器

触发器（Trigger）是用户定义在表或视图上的一类由事件驱动的特殊存储过程。创建触发器后，能够控制与触发器相关联的表。表中的数据发生插入、删除或修改时，触发器自动运行。触发器机制是一种维护数据引用完整性的好方法。

- 触发器可以维护行级数据完整性。
- 触发器可以实施比用 CHECK 定义的约束更为复杂的约束。
- 触发器可以评估数据修改前后的表的状态，并根据其差异采取对策。

触发器不同于前面介绍过的存储过程。触发器采用事件驱动机制，由事件触发而被执行，存储过程则通过存储过程名称被直接调用。

7.3.1　基本概念

用户向数据库管理系统提交 INSERT、UPDATE 和 DELETE 语句后，数据库管理系统会产生 INSERT、UPDATE 和 DELETE 事件，并把这些事件发送给受这些操作影响的表或视图上的触发器。如果触发器的前提条件满足，则触发器开始工作，执行预先定义好的代码。触发器的一般格式为：

```
ON 事件
IF 前提条件  THEN 动作
```

触发器的功能十分强大，但在使用时要仔细斟酌、合理安排，否则可能引起一些问题。

1．触发器的触发策略

触发事件产生后，触发器被激活。触发器的触发策略是指在触发器激活之后何时检查触发器的前提条件。有两种策略可供选择：立即检查和在事务结束时检查，即延迟检查。选择不同的策略可能产生不同的结果。例如，假设当触发事件产生时，立即检查触发器的前提条件，其结果为真，则触发器的动作被执行。然而，片刻之后，由于其他并发执行的事务进行了某些更新操作，前提条件可能变为假，触发器就不会被触发。

考虑下面的触发器，它的目的是确保选修某门课程的学生人数不超过规定的人数。

```
ON INSERT INTO SC
IF Course.Limit = 0 THEN ROLLBACK
```

运行选课事务时，将向 SC 表插入一条选课记录，产生 SC 表上的 INSERT 事件，上述的触发器被激活。

假设某个学生运行一个选课事务，当时，欲选修的课程已经满员，但几乎在同时管理部门运行了一个增加名额的事务，具体过程如图 7-5 所示。

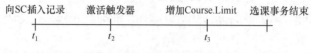

图 7-5　选课事务和增加名额事务的执行过程

在 t_2 时刻，触发器被激活，如果立即检查，前提条件为真，执行触发器的动作，结果是这个学生不能选修课程。如果把检查的时机放到事务结束之前，即 t_3 时刻之后，则选课操作将获得成功。

不同的应用场合需要不同的策略，对于上述例子，选择在事务结束时检查前提条件比较合理，但对于某些实时系统，如监控飞船发射，则需要立即检查前提条件。

2. 触发器的执行

如果触发器的触发策略是延迟检查，则触发器的执行也必然被延迟，直到事务结束才执行；如果触发器的触发策略是立即检查，则触发器动作的执行也有两种选择：立即执行和延迟到触发事务结束时再执行。对于前者，还有 3 种可能的选择：在产生触发事件的语句之前执行，称为 **BEFORE 触发器**；在产生触发事件的语句之后执行，称为 **AFTER 触发器**；不执行产生触发事件的语句，称为 **INSTEAD OF 触发器**，此类触发器多用于维护视图。例如，当把一个元组插入视图时，触发器被激活，把向视图插入的元组转换成向表插入的元组。

3. 触发器的粒度

INSERT、DELETE、UPDATE 语句产生相应的触发事件，由于这些语句可能操作多个元组，因此，需要定义触发器的粒度。一种是语句级粒度，一条语句产生一个触发事件，即使这个语句没有操作任何一个元组（如没有满足条件的元组）；另一种是行级粒度，插入、删除、修改一个元组就产生一个触发事件，并且视改变不同的元组为不同的事件，则触发器可能被多次执行。

在行级粒度上，触发器的前提条件和动作代码可能需要知道受影响的元组的旧值和新值。在语句级粒度上，DBMS 会提供修改发生前和修改后整个表的内容。

4. 触发器的冲突

在一个表或视图上，针对一类事件，可以定义多个触发器。当事件发生时，DBMS 需要合理地调度这些触发器。存在两个解决冲突的方案。

- 有序冲突解决方案：按照一定的次序依次计算触发器的前提条件，当一个触发器的前提条件为真时，执行触发器，然后判断下一个触发器的前提条件。
- 分组冲突解决方案：同时计算所有触发器的前提条件，然后调度执行所有前提条件为真的触发器。

对于第一种选择方案，系统可以决定触发器的顺序或者可以随机选择触发器。触发器的顺序不是必然的，因为所有触发器可以并发执行，但大多数 DBMS 顺序执行触发器。

7.3.2　SQL:1999 标准的触发器

SQL:1999 标准对触发器进行了标准化，采用下面的语法格式：

```
CREATE TRIGGER trigger-name
    {BEFORE | AFTER} {INSERT | DELETE | UPDATE[OF column-name-list]}
ON {Table-name | View-name}
REFERENCING [OLD AS tuple-name][NEW AS tuple-name]
          [OLD TABLE AS old-table-name][NEW TABLE AS new-table-name]
[FOR EACH {ROW | STATEMENT}]
[WHEN(precondition)]
Statement-list
```

- 触发器有一个名称 *trigger-name*，与 *Table-name* 指定的表或 *View-name* 指定的视图相关联，监视这个表或视图上发生的触发事件。
- 触发事件有 INSERT、DELETE 和 UPDATE 3 种，分别由 INSERT、DELETE 和 UPDATE 语句产生，触发事件产生后，将激活表或视图上定义的触发器。
- 触发器被激活后，检查触发条件 *precondition*，触发条件是一个表达式，其具体构成与 WHERE 子句相同。
- 若触发条件被满足，则执行 *Statement-list* 规定的动作，*Statement-list* 可以是一个过程。可以在触发语句之前（BEFORE）或之后（AFTER）执行触发器的动作。注意：BEFORE 触发器的动作不允许修改数据库的任何数据。SQL:1999 不支持 INSTERD OF 触发器。
- 触发器的粒度有行级（FOR EACH ROW）和语句级（FOR EACH STATEMENT），默认状态下是语句级粒度。
- 在触发条件 *precondition* 和动作 *Statement-list* 中可以引用修改前后的元组和表。修改前后的元组用 OLD AS 和 NEW AS 指定，修改前后的表由 OLD TABLE AS 和 NEW TABLE AS 指定。

7.3.3　SQL Server 2000 的触发器

很多 DBMS 在 SQL:1999 标准出现之前就支持触发器功能，但具体细节和标准略有差异。SQL Server 2000 支持 AFTER 触发器和 INSTEAD OF 触发器，AFTER 触发器只能定义在表上，INSTEAD OF 触发器可以定义在表或者视图上，同一个表上可以有多个 AFTER 触发器，但只能有一个 INSTEAD OF 触发器。创建触发器的基本语法为：

```
CREATE TRIGGER trigger_name
ON { table-name | view-name }
{ AFTER | INSTEAD OF } { INSERT | UPDATE| DELETE }
AS
sql_statement-list
```

例 7.10 在 SC 表上建立一个 AFTER INSERT 触发器，显示由哪个用户插入了一行数据。

```
CREATE TRIGGER scInsert
ON SC
AFTER INSERT
AS
   PRINT 'One Row Inserted By ' + USER_NAME()
```

USER_NAME()函数返回执行这条触发器的用户（该用户执行的 INSERT 语句触发了该触发器）。

有了触发器以后，用户程序的执行次序会发生改变。如图 7-6（a）所示，程序先执行语句 1，接着执行语句 2。而在图 7-6（b）中，由于语句 1 触发了一个触发器的执行，程序的执行过程被改变，即先执行语句 1，接着执行触发器，然后执行语句 2。

例 7.11 Course 表中大于 6 学分的课程门数不能超过 30 门，使用触发器实现这条规则。

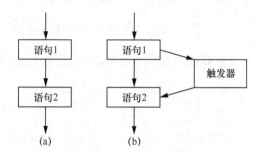

图 7-6 触发器改变了程序的执行过程

```
CREATE TRIGGER courseInsert
ON Course
AFTER INSERT
AS
--声明变量
   DECLARE @myCount smallint
--计算学分超过 6 分的课程数（如果新插入元组的学分大于 6，则统计结果中也包含它）
   SELECT @myCount = count(*)
   FROM Course
   WHERE Ccredit>= 6
   IF @myCount > 30    --判断是否超过 30 门课程
   BEGIN
      ROLLBACK       --如果超过，则回滚事务，新插入的记录被撤销
      PRINT 'Transaction Is Rollbacked'
   END
```

由于触发器的代码是用户程序的一部分，所以，ROLLBACK 撤销的是整个事务，导致触发器执行的 INSERT 语句以及与 INSERT 语句同属一个事务的其他更新操作的结果都被撤销。

对于例 7.11 而言，在设计程序时，也可以不用触发器实现。例如，在维护 Course 表的代码中加入判断语句行。这就需要在每个可能向 Course 表插入记录的地方都加入这段代码，可见这种方法不如触发器方便。

所以，程序员在编写涉及事务的代码时一定要小心，养成测试每一条 SQL 语句返回码的良好习惯，发现问题及时处理。

触发器执行时产生两种临时的特殊表：DELETED 表和 INSERTED 表。

- DELETED 表：存放被删除和修改的旧数据。在执行 DELETE 语句时，从触发器所在的表中删除元组，并将被删除的元组保存到 DELETED 表。UPDATE 语句将修改前的数据转移到 DELETED 表。
- INSERTED 表：存放被插入和修改的新数据。当向表插入数据时，INSERT 触发器被触发，新的记录插入到触发器所在的表和 INSERTED 表。UPDATE 语句将修改后的数据也复制到 INSERTED 表。

INSERTED 表和 DELETED 表主要用于触发器,以进行如下操作。

- 扩展表间引用完整性。
- 在视图所涉及的表插入或更新数据。
- 检查错误并基于错误采取行动。
- 找到数据修改前后表状态的差异,并基于此差异采取行动。

例 7.12 编写一个触发器,记录向 Student 表插入记录的用户、时间和插入的学号(关键字)。

```
CREATE TRIGGER logStudent
ON Student
AFTER INSERT
AS
    DECLARE @recordKey char(7)
    SELECT @recordKey = Sno
    FROM INSERTED
    INSERT INTO EXAMPLELOG(operatingTime,TableName,userName,recordKey)
    VALUES(getdate(),'Student',user_name(),@recordKey)
```

logStudent 触发器从 INSERTED 表取出刚插入的学生的学号,存放到变量 recordKey,然后用 getdate()函数得到当前的日期和时间,用 user_name()函数获取执行 INSERT 语句的用户名,分别将这些数据插入 EXAMPLELOG 表。EXAMPLELOG 的关系模式如下。

```
CREATE TABLE EXAMPLELOG(
    --序列号,由数据库管理系统从 1 开始,步长为 1,自动生成
    SerialNO    int      IDENTITY(1,1),
    operatingTime    date,
    TableName    varchar(30),
    userName    varchar(20),
    recordKey    varchar(100),
    PRIMARY KEY(SerialNO)
)
```

例 7.13 编写一个触发器,记录修改 Student 表的用户和时间,以及修改的学生的学号。

```
USE S_C_SC
GO
IF EXISTS (SELECT name FROM sysobjects WHERE name = 'logStudent' AND type = 'TR')
    DROP TRIGGER logStudent
GO
CREATE TRIGGER logStudent
ON Student
AFTER UPDATE
AS
    DECLARE @Sno
    --声明游标,读取 INSERTED 表中的所有记录(由 UPDATE 语句产生)
    DECLARE updatedStudent CURSOR
    FOR
        SELECT * FROM INSERTED
    OPEN updatedStudent
```

```
        FETCH  FROM updatedStudent
        INTO @Sno
        WHILE @@FETCH_STATUS=0
        BEGIN
            INSERT INTO EXAMPLELOG(operatingTime,TableName,userName,recordKey)
            VALUES(getdate(),'Student',user_name(),@Sno)
            FETCH  FROM updatedStudent
            INTO @Sno
        END
        CLOSE updatedStudent
        DEALLOCATE updatedStudent
```

与例 7.12 不同，由于 UPDATE 语句可能会修改多条记录，因此，要用游标处理 INSERTED 表的记录。事务由触发触发器的程序提交。

从前面的例子可以发现，触发器的功能十分强大，但要慎重使用，使用不当会影响服务器的性能。在使用触发器时要注意以下事项。

- CREATE TRIGGER 语句必须是批处理的第一条语句。
- 创建触发器的权限默认分配给表的所有者，但不能将该权限转给其他用户。
- 触发器为数据库对象，其名称必须遵循标识符的命名规则。
- 虽然触发器可以引用当前数据库以外的对象，但只能在当前数据库创建触发器。
- 虽然不能在临时表或系统表上创建触发器，但是触发器可以引用临时表。
- 触发器在操作发生之后执行，约束（如 CHECK 约束）操作发生之前起作用。如果在触发器表上有约束，则这些约束在触发器执行之前检查。如果操作与约束有冲突，则触发器不执行。
- 触发器和激活它的语句作为单个事务处理，如果检查到严重错误，则整个事务自动撤销。
- 一个数据表可定义多个触发器，同一个表上的多个触发器激活时遵循以下顺序：执行该表上的 BEFORE 触发器、执行激活触发器的 SQL 语句、执行该表上的 AFTER 触发器。如果有 INSTEAD OF 触发器，则激活触发器的 SQL 语句以及 AFTER 类型触发器不会执行。
- 在含有用 DELETE 或 UPDATE 操作定义的外键的表中，不能定义 INSTEAD OF 和 INSTEAD OF UPDATE 触发器。
- 虽然 TRUNCATE TABLE 语句类似于没有 WHERE 子句（用于删除元组）的 DELETE 语句，但它并不会触发 DELETE 触发器，因为 TRUNCATE TABLE 语句没有记录。
- WRITETEXT 语句不会触发 INSERT 或 UPDATE 触发器。

7.4 JDBC 简介

JDBC 是一套类集，支持 SQL 标准，用于编写与平台和数据库管理系统软件无关的代码，非常适合使用 Java 语言开发客户机/服务器应用程序。

7.4.1 JDBC 原理概述

JDBC 借鉴了 ODBC 和 X/OPEN SQL 调用级接口（Call-Level Interface）的经验，提供了一个简单的接口，方便程序员使用熟悉的 SQL 访问数据库。JDBC 的原理与 ODBC 相同，由应用程序、应用程序接口、驱动程序管理器、驱动程序和数据库组成。

JDBC 存放在下面的两个类包。

- Java.sql 包：提供访问和处理客户机的数据源的 API。
- Javax.sql 包：提供服务器的数据源访问和处理的 API。

JDBC 提供的类和接口有以下几个。

- DriverManager 类：用于处理驱动程序的加载。
- Connection 接口：与数据库建立连接。
- Statement 接口：用于执行 SQL 语句，包括查询语句、更新语句、建立数据库语句等。
- ResultSet 接口：用于保存查询结果。

1. 应用程序

应用程序可以是 Java 应用程序或者 Java 小程序，用户界面可以由程序实现或者直接使用浏览器。应用程序使用 JDBC 提供的 API 访问数据库，一般步骤如下。

① 请求连接数据库。

② 建立数据库连接。

③ 建立语句对象。

④ 执行 SQL 语句。

⑤ 处理结果集。

⑥ 关闭连接。

2. 驱动程序管理器

驱动程序管理器由 java.sql.DriverManager 类实现，负责管理 JDBC 驱动程序。

DriverManager 类主要跟踪已经加载的 JDBC 驱动程序，在数据库和驱动程序之间建立连接，也处理如登录时间限制、跟踪信息等工作。

DriverManager 类的初始化操作会调用其成员方法 registerDiver（Driver driver）加载驱动程序，参数 Driver 是一个 Java 接口，每个驱动程序类都必须实现这个接口，要加载的驱动程序由系统属性 jdbc.drivers 指定。

要装入驱动程序，需要首先设置 jdbc.drivers 的值，然后调用 DriverManager 类的 registerDiver 方法。另外，也可以使用 Class.forName 直接加载驱动程序。

DriverManager 类的成员方法 getConnection（String url）建立与指定数据库的连接，参数 url 是数据库统一资源定位符号，用作数据库连接名称。DriverManager 激活 getConnection 方法时，DriverManager 首先从它已经加载的驱动程序池中找到一个可以接收该数据库 url 的驱动程序，然后建立与数据库的连接。

3. 驱动程序

JDBC 通过驱动程序提供应用系统与数据库平台的独立性。驱动程序与具体的 DBMS 有关。

7.4.2　JDBC 的工作流程

1. 一般的查询流程

（1）加载要使用的数据库驱动程序类，使用 Class 类的静态方法 forName 完成，如加载

JDBC-ODBC 桥驱动程序。

```
Class.forName("sun:jdbc:odbc:JdbcOdbcDriver");
```

（2）声明一个 Connection 接口的引用变量。

```
Connection conn;
```

（3）使用 DriverManager 类的静态方法 getConnection 建立与数据库的连接，getConnection 方法有两种形式。

```
Connection getConnection(String url);
Connection getConnection(String url, String user, String password);
```

参数 url 是数据库统一资源定位器，user 和 password 是登录数据库需要的用户名和密码。url 的格式如下。

```
jdbc:<subprotocol>:<subname>
```

其中，jdbc 是连接数据库的协议，<subprotocol>表示驱动程序或数据库连接机制，<subname>是<subprotocol>的参数。

2. 建立语句对象，执行查询操作

首先声明语句对象引用变量 st 和结果集对象引用变量 rs，调用 Connection 的方法 createStatement 创建语句对象 st，调用 Statement 的方法 executeQuery 创建结果集对象 rs，执行查询语句，获取结果，存放到 rs。

```
Statement st;
ResultSet rs;
st = conn.createStatement();
rs = st.executeQuery("SELECT * FROM Student");
```

3. 处理查询结果集

executeQuery()方法建立了一个结果集。结果集有多种类型，结果集的类型决定了游标的移动方式和操作类型。结果集的类型由 createStatement 方法确定，createStatement 方法的另外一种格式是：

```
createStatement(int resultSetType, int resultSetConcurrency)
```

其中，参数 resultSetType 指明结果集的类型。

- TYPE_FORWORD_ONLY：结果集的游标只能向前移动。
- TYPE_SCROLL_INSENSITIVE：游标向前或向后双向移动，结果集不反映数据的最新变化。
- TYPE_SCROLL_SENSITIVE：游标向前或向后双向移动，结果集反映数据的最新变化。

参数 resultSetConcurrency 决定结果集的更新方式。

- CONCUR_READ_ONLY：不可以修改结果集。
- CONCUR_UPDATABLE：可以修改结果集。

结果集对记录进行了编号，并且有一个游标（记录指针），初始时指向第一条记录之前。ResultSet 接口提供了移动游标的若干方法，游标的位置如图 7-7 所示。

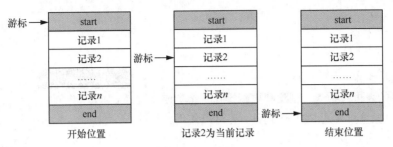

图 7-7　游标的位置

- beforeFirst()：移动到结果集的开始位置（第一条记录之前）。
- afterLast：移动到结果集的结束位置（最后一条记录之后）。
- first()：移动到第一条记录。
- last()：移动到最后一条记录。
- next()：移动到下一条记录。
- previous()：移动到上一条记录。
- absolute(int row)：移动到 row 指定的记录，绝对位置。
- relative(int row)：从当前记录开始，上移或下移 row 条记录。

ResultSet 接口提供了一组 get 方法用于获取当前记录的字段值。使用 get 方法可以按照字段名或者字段号获取字段的值，字段号从 1 开始，自左至右增加。使用字段名可读性强，使用字段号的效率比较高。方法 getString()用于读取字符型字段，方法 getInt()用于读取整型字段。ResultSet 接口还提供了其他的 get 方法，其命名格式一般为：

```
get+数据类型
```

4．一般的更新流程

JDBC 有两种方法可以实现对表的 Insert、Update 和 Delete 操作。

（1）executeUpdate 方法

Statement 接口提供了 executeUpdate(String sql)方法实现对表的更新操作，参数 sql 表示 Insert、Update 和 Delete 语句，该方法的返回值是 int 类型，表示受影响的记录数。

例如，删除学号为 2000999 的学生信息的过程如下。

```
String sql ="DELETE FROM Student WHERE Sno = "2000999"";
st.executeUpdate(sql);
```

如果多条更新语句构成了一个事务，则要使用 Connection 接口的 commit 方法和 rollback 方法提交事务。

一般情况下，Connection 对象的事务提交方式是自动的，如果由用户控制事务，则首先要用 setAutoCommit(Boolean)方法将提交方式设置为手动。

例如，手动提交上条修改语句的结果，执行序列如下。

```
Conne.setAutoCommit(false);
String sql ="DELETE FROM Student WHERE Sno = "2000999"";
st.executeUpdate(sql);
//如果要将修改结果永远反映到数据库
```

```
conn.commit();
//如果要撤销修改
conn.rollback();
```

（2）使用结果集

对数据库的表进行插入、删除和更新操作，除了使用 Statement 对象直接发送 SQL 语句外，还可以使用结果集对象的方法来完成（见图 7-8）。

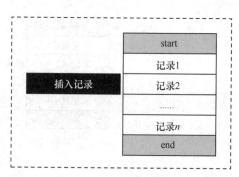

图 7-8　结果集由记录集合和插入记录组成

① 更新操作

- update 方法组：类似于 get 方法，update 方法组有很多 update 方法，如 updateInt、updateString 等，这些方法用于更新结果集当前记录的指定字段的值。
- updateRow()方法：用于向数据库提交更新操作，包含了 commit 的功能。
- cancelUpdateRow()方法：用于撤销向数据库所做的所有更新操作。

② 插入操作

- moveToInsertRow()方法：将游标移动到插入行，插入行是结果集中的一个特殊记录，所有记录的插入操作都在该记录上完成。游标位于插入行时，只能使用 update 方法组、get 方法组和 insertRow()方法。
- update 方法组：对插入行的字段赋值。
- insertRow()方法：将插入的记录提交到数据库。

③ 删除操作

- 移动光标到要删除的记录。
- 使用 deleteRow()方法将当前记录从数据库删除。

例 7.14　向 Student 表插入一名学生的信息。

```
//建立语句对象
st = conn.createStatement(ResultSet.TYPE_SCROLL_SENSITIVE,
                          ResultSet.CONCUR_READ_ONLY);
//发送 SQL 语句
rs = st.executeQuery("SELECT * FROM Student");
//移动游标到插入行
rs.moveToInsertRow();
//给各字段赋值
rs.updateString("Sno", "2000999");
rs.updateString("Sname", "马翔");
rs.updateString("Ssex", "男");
rs.updateInt("Sage", 20);
rs.updateString("Sdept", "计算机");
//将新插入的记录插入数据库
rs.insertRow();
```

在创建语句对象时使用了 createStatement 方法的另一种格式。参数 1 允许结果集的游标双向移动，并且数据库的数据发生变化会立刻反映到结果集（满足查询语句条件的学生记录）；参数 2 说明不允许修改结果集中记录的字段。

移动游标到插入行，使用 update 方法集形成一个新的记录。

用 insertRow 方法把新形成的记录插入数据库。在例 7.14 中，由于参数 1 的作用，新插入的记录会从数据库推送到结果集，如图 7-9 所示。如果参数 1 为 TYPE_SCROLL_INSENSITIVE，则新插入的学生记录不会回填到结果集。

7.4.3 实例

下面给出一个用 Java 编写的对示例数据库进行查询、插入和删除的实例。该实例在 Myeclipse 6.0 开发环境下完成，使用 SQL Server 数据库，需要使用 mssqlserver.jar、msutil.jar 和 msbase.jar 包。

首先，装入前面介绍的各种必需的类和接口。然后定义 DBManager 类，

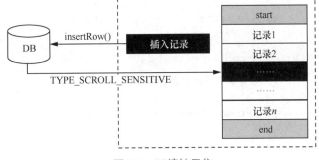

图 7-9 回填结果集

类中封装了连接数据库的方法 openCon()，该方法在初始化类时被调用，完成数据库的连接工作。默认情况下，connection 对象自动提交事务，为了更好地控制事务的执行，定义了方法 begin()、commit()和 rollback()。代码如下。

```java
package com;
//装入要使用的类
import java.sql.Connection;
import java.sql.DriverManager;
import java.sql.ResultSet;
import java.sql.SQLException;
import java.sql.Statement;

public class DBManager {

    private Connection conn = null;//连接数据库
    private Statement stement = null; //查询语句
    private Statement update = null;//更新语句
    private ResultSet rst = null;//使用游标处理查询结果
    public  DBManager(){
            openCon();
    }
    /**
     * 打开数据库连接
     */
    private void openCon() {
            String driverName = "com.microsoft.jdbc.sqlserver.SQLServerDriver";
            String dbURL = "jdbc:microsoft:sqlserver://localhost:1433;Database
Name=pubs";
            String userName = "sa";
            String userPwd = "";
            try {
                    Class.forName(driverName);
                    conn = DriverManager.getConnection(dbURL, userName, userPwd);
            } catch (Exception e) {
                    e.printStackTrace();
            }
    }
```

```
/**
 * 返回数据库连接对象
 */
public Connection getConnection() {
    return conn;
}
/**
 * 在单数据库连接事务状态下，开始一个事务的执行
 */
public void begin() throws SQLException {
    try {
        conn.setAutoCommit(false);
    } catch (SQLException ex) {
        throw ex;
    }
}


/**
 * 在单数据库连接事务状态下，提交数据库语句
 */
public void commit() throws SQLException {
    try {
        conn.commit();
    } catch (SQLException ex) {
        throw ex;
    }
}


/**
 * 在单数据库连接事务状态下，回滚数据库语句
 */
public void rollback() throws SQLException {
    try {
        conn.rollback();
    } catch (SQLException ex) {
        throw ex;
    }
}
/**
 * 关闭数据库连接，释放资源
 */
public void close() {
    try {
        if (stement != null) {
            stement.close();
        }
        if (update != null) {
            update.close();
        }
        if (conn != null) {
            conn.close();
        }
```

```
                } catch (SQLException e) {
                } finally {
                        stement = null;
                        update = null;
                        conn = null;
                }
        }
/**
     * 执行数据库查询功能，返回查询结果
     */
    public ResultSet select(String sql) throws SQLException {
        stement = conn.createStatement(
        ResultSet.TYPE_SCROLL_INSENSITIVE,
        ResultSet.CONCUR_READ_ONLY);
        return stement.executeQuery(sql);
    }
    /**
     * 得到学生信息集合
     */
    public void getStudentInfo() {
        try {
                rst = this.select("SELECT * FROM Student");
                while(rst.next())
                {
                        String sno = rst.getString("Sno");
                        String sname = rst.getString("Sname");
                        String sgender = rst.getString("Ssex");
                        int sage = rst.getInt("Sage");
                        String sdept = rst.getString("Sdept");
                        System.out.println(sno + "|" + sname + "|" + sgender + "|"
+sage + "|" +sdept);
                }
        } catch (SQLException e) {
                e.printStackTrace();
        }
    }
    /**
     * 插入学生信息
     */
    public void insertStudentInfo() {
            String sql = "INSERT INTO Student VALUES('2000020','王五','男',19,'计算机')";
            try {
                    update = conn.createStatement();
                    begin();
                    ret = update.executeUpdate(sql);
                    commit();
                    System.out.println("插入学生信息成功!");
                    }
            } catch (SQLException e) {
                    rollback();
                    System.out.println("插入学生信息失败!");
                    e.printStackTrace();
```

```
                }
        }
        public void deleteStudentInfo(String sno) {
                String sql = "delete from Student where sno='"+ sno + "'";
                try {
                        update = conn.createStatement();
                        begin();
                        update.executeUpdate(sql);
                        commit();
                        System.out.println("删除学生信息成功!");
                } catch (SQLException e) {
                        rollback();
                        System.out.println("删除学生信息失败!");
                        e.printStackTrace();
                }
        }
}

package com;

public class DbTestMain {

  public static void main(String[] args) {
        DBManager dbc = new DBManager();
        dbc.getStudentInfo();
        dbc.deleteStudentInfo("2000020");
        dbc.insertStudentInfo();
        dbc.close();
  }

}
```

小　结

本章简单介绍了嵌入式 SQL、存储过程、函数触发器，以及数据库互连标准 JDBC。

针对 SQL 计算能力不足的问题，有两种解决办法。一是将 SQL 嵌入某种语言，如 C、COBOL、Java 等，利用宿主语言的计算能力克服 SQL 的不足；二是数据库管理系统提供自己的编程语言，把 SQL 作为语言的一部分，如 SQL Server 的 Transact-SQL、Oracle 的 PL/SQL。如果读者精通一门编程语言，就可以很快掌握它们。

SQL 语句处理的是集合，是非过程化的语言，而过程化的语言一次只能处理一条记录，游标在二者之间起了很好的桥梁作用。游标是一个内存区域，存放 SELECT 语句的结果；游标也是一个指针，可以指向结果集的任何一条记录，把该记录的值复制到宿主语言的变量；游标还是一个定位器，利用 CURRENT OF 子句修改或删除数据库中对应的元组。

用户向数据库管理系统提交的 SQL 语句一般要先经过网络传送到服务器，然后服务器对语句进行词法、语法分析，生成执行计划后，再调度执行。这种方式很灵活，但加重了网络的负担，增加了延迟时间。存储过程是一段程序，与 C 语言的函数相似，它经过词法、语法分析，生成执行计划后，存放在服务器，当用户调用存储过程时，可以立刻执行，加快了命令的响应时间。由于存储过程的代码存放在服务器，不用在网络中反复传送，所以节省了网络带宽，也起到了一定的保密作用。

　　触发器是另外一类存储过程。触发器依附在表或者视图上，当对表或者视图进行操作（INSERT、UPDATE、DELETE）时，数据库管理系统会产生相应的事件，并把事件发送到表上的触发器，如果满足一定的条件，就触发触发器，自动执行触发器的代码。SQL Server 有 INSTEAD OF 和 AFTER 两类触发器，INSTEAD OF 触发器替代触发触发器的 SQL 语句，AFTER 触发器在操作完成后开始执行。

　　存储过程和触发器的代码是用户程序事务的组成部分，这些代码中如果有 COMMIT 或者 ROLLBACK 命令，就会影响事务的结果，需要特别留意。

　　由于触发器和存储过程存放在服务器，在用户程序中看不到其代码，在调试存储过程和触发器时，最好增加一些调试信息，如在特定的环节输出一些提示信息，调试完毕再删除这些信息。本章的例子都是在调试后去掉了提示信息。

　　JDBC 是 Sun 公司建立的一个数据库互连标准，用于 Java 语言访问数据库，其最大的特点是平台无关性。JDBC 存放在 java.sql 程序包，主要由 DriverManager 类，Connection、Statement 和 ResultSet 接口组成。使用 JDBC 访问数据库要经过加载驱动程序、建立数据库连接、发送 SQL 语句和处理结果集等几个步骤，简单明了，易于掌握。

习　题

一、选择题

1．一个触发器可以定义在_____表上。
　　A．只有一个　　　B．一个或多个　　　C．1～3 个　　　D．任意多个
2．下列条件中不能激活触发器的是_____。
　　A．更新数据　　　B．查询数据　　　C．删除数据　　　D．插入数据
3．要使游标具有滚动性，应在游标声明语句中使用_____关键字。
　　A．INSENSITIVE　B．SCROLL　　　C．WITH HOLD　　D．WITH RETURN

二、简答题

1．游标由哪两部分组成？叙述各自的含义。
2．在 FETCH 语句中可以添加 NEXT、FIRST、LAST、PRIOR、ABSOLUTE 和 RELATIVE 关键字，说明这些关键字的含义。
3．简述存储过程的优点。
4．给定学号，建立一个存储过程，计算该学生选修课程的数量和平均成绩。
5．简述触发器的执行过程，比较触发器与存储过程的差异。
6．了解 Oracle 对触发器的定义和管理方法。
7．在 Student 表上建立触发器，用于检测新加入学生的学号最前面的 4 个字符必须是当前的年份。
8．嵌入式 SQL 是如何区分 SQL 语句和宿主语言语句的？
9．嵌入式 SQL 是如何解决数据库工作单元与源程序工作单元之间的通信的？
10．嵌入式 SQL 是如何协调 SQL 的集合处理方式和宿主语言的单记录处理方式的？

第 8 章 实体-联系模型

前几章介绍了数据库系统的基本构成、关系模型以及使用关系数据库的各个方面。但是还有一个问题尚未解决，即如何根据实际应用的需要构造关系模式。例如，实例数据库中的 3 个关系模式是怎样得到的。这就是数据库设计问题，数据库设计一般要经过以下几个步骤。

（1）需求分析阶段。需求分析是整个设计过程的基础，是最困难、最耗费时间的一步。作为地基的需求分析是否做得充分与准确，决定了在其上构建数据库大厦的速度与质量。需求分析做得不好，会导致整个数据库设计返工重做。

（2）概念结构设计阶段。概念结构设计是整个数据库设计的关键，它通过对用户需求进行综合、归纳与抽象，形成独立于具体 DBMS 的概念模型。

（3）逻辑结构设计阶段。逻辑结构设计是将概念结构转换为 DBMS 支持的逻辑模型，并以数据库设计理论为依据，对其进行优化，形成数据库的全局逻辑结构和每个用户的局部逻辑结构。例如，针对一个具体问题，应该如何构造适合于它的数据库模式，包括应该构造几个关系，每个关系由哪些属性组成，有哪些约束条件，对不同的用户应设计几个视图，等等。

（4）数据库物理设计阶段。数据库物理设计是为逻辑模型设计适合应用环境的物理结构，包括应该为关系选择哪种存取方法，建立哪些存取路径；确定数据库存储结构，即确定关系、索引、聚簇、日志、备份等数据的存储安排和存储结构，确定系统配置等。

（5）数据库实施阶段。在数据库实施阶段，设计人员运用 DBMS 提供的数据语言及宿主语言，根据逻辑设计和物理设计的结果建立数据库，编制与调试应用程序，组织数据入库，并试运行。

（6）数据库运行和维护阶段。数据库应用系统经过试运行后，即可投入正式运行。在数据库系统运行过程中，必须不断地对其进行评价、调整与修改。

设计一个完善的数据库应用系统不可能一蹴而就，它往往是上述 6 个阶段不断反复的过程。

8.1、8.2 节介绍概念结构设计阶段的主要工具——E-R 模型，8.3 节介绍如何将概念结构转换为逻辑结构，它是逻辑设计阶段的主要任务之一。第 9 章将介绍关系规范化理论，该理论用于指导逻辑结构设计阶段的优化工作。限于篇幅，本书不再介绍其他设计阶段的内容。

8.1 基本的实体-联系模型

概念模型用于信息世界的建模，是现实世界到信息世界的第一层抽象，是数据库设计人员设计数据库的有力工具，也是数据库设计人员和用户之间进行交流的语言。因此概念模型一方面应该具有较强的语义表达能力，能够方便、直接地表达应用中的各种业务规则，另一方面它还应该简单、清晰、易于用户理解。

概念模型的表示方法很多，如 P.P.S.Chen 于 1976 年提出的实体-联系方法（Entity-Relationship Approach）以及对象管理组织（Object Management Group）提出的统一建模语言（Unified Modeling Language）。

本节介绍实体-联系模型的基本概念和图示方法。

世界由万物构成，万物之间有着千丝万缕的关系，世界处于运动中。要描述现实世界，就要正确表达世间的物体，以及物体之间的关系和它们的变化情况。

实体-联系模型用实体表示物体，用联系表示物体之间的关系。

8.1.1　基本概念

1. 实体和实体型

8-1　实体-联系模型

实体-联系模型用实体表示现实世界某个具体的物体，具有相同性质的实体组成了一个实体型，每个实体型要有一个名称，一般用名词表示。例如，汽车、学生是实体型，一辆具体的汽车、一个名叫张大民的学生分别是汽车和学生的实体。实体型和实体的关系如同面向对象概念中类和对象的关系。实体-联系模型的"实体"二字实际上是指实体型。

每个实体型都有一组属性，表示实体型的性质和特征。每个属性都有一个名称，常用名词作为名称。每个属性都有一个取值范围，叫作**域**，域的概念类似于程序设计语言的数据类型。在实体型的每个属性上取一个合法的值，就得到了一个实体。

住址是一个经常用到的属性，它可以划分为更小的细节，如国家、省、市、区、街道等，而年龄不能进一步细分。像住址一类的属性叫作**复合属性**，年龄叫作**简单属性**。

属性还可以划分为单值属性和多值属性。如果实体型的所有实体在某个属性上只取一个值，则这个属性叫作**单值属性**，如果某个实体在属性上取多个值，则该属性是**多值属性**。例如，姓名属性是单值属性，奖励属性是多值属性。

派生属性（导出属性）是从其他属性经过计算得到的。例如，年龄这一属性的值等于当前日期减去出生日期。

如果实体型的所有实体在一组（或一个）属性上的取值各不相同，则这组属性叫作码（Key），即唯一标识实体的一组（或一个）属性。

码的第一个特点是唯一性。例如，学生的学号属性是码，因为学校保证给每个学生一个唯一的编号，而姓名就不能作为码，因为通常会有重名的学生，即使现在学校中没有重名的学生，姓名也不宜作为码，谁能保证将来没有重名的学生呢？

码的第二个特点是最小性。如果属性 A 是一个实体型的码，由于唯一性的特点，则实体在属性组 AB、ABC、ABCD 等所有包含 A 的属性组上的取值也具有唯一性，但是它们不是码，因为它不具有最小性。最小性是指从码中去掉任何一个属性后就不再具有唯一性。有的教科书把包含码的属性组叫作超级码（Super Key），它具有唯一性，但不具有最小性。

如果一个实体型有多个码，则要从中选取一个作为实体型的码，换句话说，一个实体型只需要一个码，被选中的码叫作**主码**（Primary Key），其他的码叫作**候选码**（Candidate Key）。例如，学生实体型的学号和身份证号都可以作为码，因为它们具有唯一性和最小性，所以学号和身份证号都是候选码。在实际应用中，如在学生管理系统中，会选用学号作为码，用学号区分不同的学生。

为了便于交流，一般用图示的方法表示实体-联系模型，叫作实体-联系图（Entity Relationship Diagram），简称 E-R 图，E-R 图还没有正式的标准画法。一般用矩形表示实体型，矩形框内写明实体型的名称，用单椭圆形表示单值属性，双椭圆形表示多值属性，属性名写在椭圆形内部，码加下画线，用无向边将属性与其所属的实体型连接起来。

例如，学生实体型具有学号、姓名、性别、院系、出生日期、入学日期和奖励属性，其 E-R 图如图 8-1 所示。

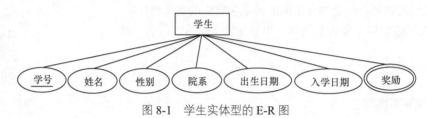

图 8-1　学生实体型的 E-R 图

从图 8-1 可以看出，实体型的名字是学生，学号是码，奖励属性是一个多值属性（因为一个学生可以不获得任何奖励，或者获得多个奖励）。

2. 联系和联系型

物体之间的联系用实体型之间的联系型表示。联系型要有名称，一般用动词或动词短语作为联系型的名称。E-R 图用菱形表示联系型，菱形框内写明联系型的名称，并用无向边与相关联的实体型连接起来。

例如，学生和班级实体型之间存在一个联系型，取名为"从属于"，描述了学生和班级之间的关系，如图 8-2 所示。

联系是联系型的一个实例。图 8-2 所示的联系型"从属于"的实例就是班级花名册。可以用图和表表示联系。图 8-3 表示学生 S1、S2 和 S3 属于班级 C1，学生 S4 和 S5 属于班级 C2，或者说班级 C1 中有 S1、S2 和 S3 这 3 个学生，班级 C2 中有 S4 和 S5 这 2 个学生。

联系型也可以有属性。例如，一名学生要选修一些课程，学习完一门课程后会有学习成绩，学生与课程之间的联系型"选修"有一个属性：成绩，如图 8-4 所示。

图 8-2　用菱形表示联系型

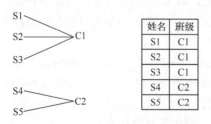

图 8-3　联系的两种表示方法：图和表

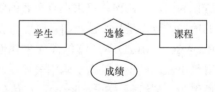

图 8-4　联系型的属性

联系型"选修"的实例是学生成绩表，如表 8-1 所示。

联系型也有码，以保证表 8-1 中的每一行可以和其他行区分开来。一般情况下，联系型的码由参与联系的实体型的码合并而成。图 8-4 的选修联系型的码由学生实体型的码学号和课程实体型的码课程号组成，可以保证表 8-1 中的每一行在这两个属性上的值是唯一的。

表 8-1　　　　　　　　　　　　　学生成绩表

学　　号	课　程　号	成　　绩
2000012	1156	80
2000113	1156	89
2000256	1156	93
2000014	1156	88
2000012	1024	80
……	……	……

联系型关联的实体型的个数叫作联系型的**度**。只关联一个实体型的联系型叫作一元联系型，有两个实体型参与的联系型叫作二元联系型，……，以此类推。在实践中经常遇到的是二元联系型，偶尔会遇到三元或多元联系型。图 8-2 和图 8-4 所示为二元联系型，图 8-5（a）所示为三元联系型，图 8-5（b）所示为一元联系型。

图 8-5（b）所示为学生之间的领导和被领导关系。为了便于生活和学习，每个班要选出一名班长，由班长负责一些管理事务，由于班长是学生实体型的实体，其他同学也是学生实体型的实体，从图 8-5 中很难看出谁领导谁。为了解决这个问题，引入**角色**的概念，角色画在联系型和实体型之间的连线上，如图 8-5（c）所示。

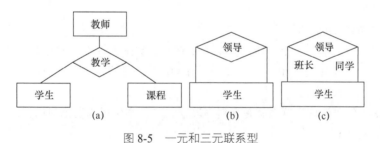

图 8-5　一元和三元联系型

实际上，二元联系型和三元联系型也存在角色的概念，如图 8-2 的实体型学生和联系型"从属于"之间有一个名为"学生"的角色，同样，班级和联系型之间的角色叫作班级，由于角色和实体型同名，所以为了清晰起见，图 8-2 省略了角色名。

3. 联系的分类

两个实体型之间的联系可以分为 3 种：一对一、一对多、多对多。

（1）一对一联系（1∶1）

如果对于实体型 A 的每一个实体，实体型 B 至多有一个（也可以没有）实体与之联系，反之亦然，则称实体型 A 与实体型 B 具有一对一联系。

例如，学生实体型和学生证实体型之间的联系型"拥有"描述了学生和学生证之间的对应关系。一个学生可以没有学生证（刚入学），但最多只有一个学生证。一个学生证可以不分配给任何一个学生（空白学生证），但最多只能指定给一个学生。因此，学生和学生证之间的联系是一对一联系。

表 8-2 用表的形式给出了联系型"拥有"的一个联系，即学生证发放表。一对一联系要求任

何一个学号、任何一个学生证号最多出现一次。

表 8-2　　　　　　　　　　　　学生证发放表

学　　号	学 生 证 号
2000012	XZ2000012
2000113	XZ200013
2000256	XZ2000256
2000014	XZ2000014
……	……

在 E-R 图中，在连接实体型和联系型的两边上加上字符 1 表示一对一联系，如图 8-6 所示。

（2）一对多联系（1:n）

如果对于实体型 A 的每一个实体，实体型 B 有 n 个实体（$n \geq 0$）与之联系，反之，对于实体型 B 的每一个实体，实体型 A 至多只有一个实体与之联系，则称实体型 A 与实体型 B 有一对多联系。实体型 A 为一端，实体型 B 为多端。

图 8-6　学生与学生证之间的一对一联系

例如，图 8-2 的班级实体型和学生实体型之间的联系"从属于"就是一个一对多联系，因为每名学生只在一个班级学习，而一个班级可以有多名学生。

在 E-R 图中，在一端实体型和联系型的边上加上字符 1，在多端实体型和联系型的边上加上字符 n，表示一对多联系，如图 8-7 所示。从左往右读作一个学生在一个班级，从右往左读作一个班级有 n 个学生。

（3）多对多联系（m:n）

如果对于实体型 A 的每一个实体，实体型 B 有 n 个实体（$n \geq 0$）与之联系，反之，对于实体型 B 的每一个实体，实体型 A 也有 m 个实体（$m \geq 0$）与之联系，则称实体型 A 与实体型 B 具有多对多联系。

例如，图 8-4 的"选修"联系就是多对多联系，一个学生可以选修多门课，一门课可以被多个学生选修，见表 8-1。

在 E-R 图中，在实体型和联系型的两边上分别加上字符 m 和 n，表示多对多联系，如图 8-8 所示。从左往右读作一个学生选修 n 门课程，从右往左读作一门课程被 m 个学生选修。

图 8-7　班级与学生之间的一对多联系

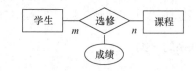

图 8-8　学生和课程之间的多对多联系

4. 基数约束

为了更精确地描述实体型的一个实体可以在一个联系中出现的次数，引入基数约束的概念，基数约束用一个数对 min..max 表示，$0 \leq \text{min} \leq \text{max}$。

例如，0..1，1..3，1..*，其中，*代表无穷大。另外，0..*可以简写为*，$n..n$（n 是数字）可以简写为 n，如 1..1 可以表示为 1。

min=1 的约束叫作**强制参与约束**，即被施加基数约束的实体型的每个实体都要参与联系；min=0 的约束叫作**非强制参与约束**，被施加基数约束的实体型的实体可以出现在联系中，也可以不出现在联系中。

基数约束是上面叙述的一对一、一对多、多对多联系的细化。参与联系的每个实体型要用基数约束说明实体型的每个实体可以在联系中出现的最少次数和最多次数。图 8-6～图 8-8 所示的一对一、一对多、多对多联系用基数约束表示为图 8-9。

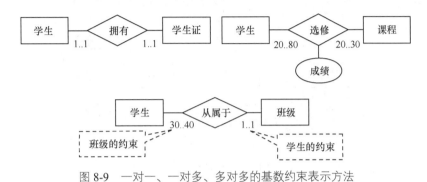

图 8-9　一对一、一对多、多对多的基数约束表示方法

注意，由于 E-R 图的图形元素并没有被标准化，所以在不同的教科书中会有一些差异。在本书的二元联系中，基数约束要标注在远离施加约束的实体型，靠近参与联系的另外一个实体型的位置。采用这种方式，一是可以方便地读出约束的类型（一对一、一对多、多对多），二是一些 E-R 辅助绘图工具也是采用这样的表现形式。但在三元联系或多元联系中，基数约束要靠近需要施加约束的实体型，如图 8-10 所示。

图 8-10 中的约束说明教师实体型的每个实体在联系型"教学"的实例中要出现 1～3 次，即每位教师必须给学生上课，但不会超过 3 门课；学生在学期间要选修 20～30 门课程；课程在联系中可以出现任意多次。

由于多数 E-R 图辅助制图工具不支持二元以上的联系，因此首先需要将三元联系转换为 3 个二元联系和一个关联实体型，即首先将原来的联系型及其属性转换为一个关联实体型，**关联实体型**可以理解为一个实体型，但又具有联系型的含义，其次，将原来施加到实体型的各个基数约束移动到靠近关联实体型，最后给原来的各个实体型施加 1..1 基数约束，如图 8-11 所示。

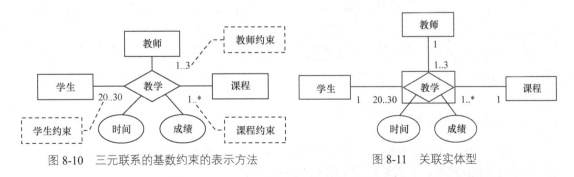

图 8-10　三元联系的基数约束的表示方法　　　图 8-11　关联实体型

8.1.2　常见问题及解决方法

8.1.1 节介绍了 E-R 模型的基本概念，8.1.2 节使用几个实例说明初学者可能会遇到的问题。

1. 正确使用属性和联系

多值属性和复合多值属性经常被表示成一个联系型。

例 8.1 实体型课程具有编号、名称和预备课程 3 个属性，如图 8-12（a）所示。因为一门课程可能有或者没有预备课程，可能有一门或者多门预备课程，所以预备课程是一个多值属性。由于预备课程也是实体型课程的实体。因此，可以把预备课程更改为一个联系型，如图 8-12（b）所示。

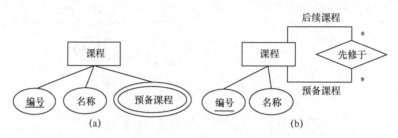

图 8-12　多值属性和联系型

将多值属性转换为一个联系型是因为有一些数据模型，如关系模型，不支持多值属性。另外，也会影响一些处理方式。例如，采用多值属性时，要找出课程 A 的所有后续课程，需要逐个察看每门课程的预备课程属性中是否包含课程 A；采用联系型表示时，可以在联系型"先修于"的实例中查找所有预备课程是 A 的联系，得到 A 的所有后续课程。

例 8.2 图 8-1 所示的学生实体型有一个多值属性：奖励，一个学生可以获得零到多个奖励，每项奖励由奖励日期和奖励名称组成，因此，奖励属性还是一个复合属性。可以仿照例 8.1，把该属性处理成一个联系型，名称为拥有，如图 8-13 所示。为清晰起见，只画出了学生实体型的部分属性。

例 8.3 如图 8-1 所示，学生实体型有属性院系，表示一个学生在哪个院系学习。院系是另外一个实体型，因此，比较清楚的表示方法是去掉学生实体型的属性院系，建立与实体型院系之间的联系，如图 8-14 所示。

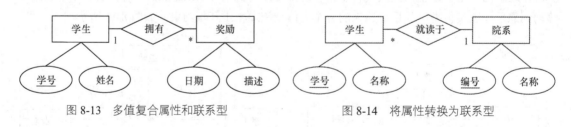

图 8-13　多值复合属性和联系型　　　　图 8-14　将属性转换为联系型

2. 不要缺失某个联系

例 8.4 学校为了便于管理，一般是由后勤部门把地点相对集中的若干间宿舍分配给一个院系，再由院系根据班级、个人爱好等因素给学生分派宿舍。

例 8.4 有 3 个实体型：学生、院系、宿舍，那么有几个联系呢？应该有学生"就读于"院系、宿舍"分配给"院系、学生"使用"宿舍 3 个联系，如图 8-15 所示。观察图 8-15 可以得到这样的信息：一个学生就读于一个院系，一个院系有零到多个学生；一个宿舍分配给一个院系，一个院系分配了多间宿舍；一个学生使用一间宿舍，一间宿舍被多个学生使用。

初学者容易忽略图 8-15 的虚线部分，注意，无法从学生就读于院系和宿舍分配给院系两个联系中推导出某个学生就宿于哪个宿舍，所以，不能缺失使用这个联系。

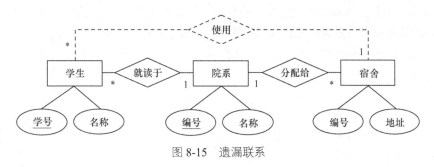

图 8-15 遗漏联系

3. 适当增加时间属性

E-R 模型没有明确表达世界的变化历程，可以把它理解为现实世界的快照，即某个时刻的一张照片。但实际使用中有时需要清晰地表达时间的概念，这时可以采用一些补救方法。

例 8.5 考虑产品的价格，由于市场变化，产品的价格不断波动，如果要记录产品价格变化的历史情况，E-R 图应该怎样画？

使用图 8-16（a）所示的方法无法表现价格的变化情况，因为图中明确表达了产品只有一个价格。因此需要使用多值属性，如图 8-16（b）所示，有效时间的值是一个区间，即 [开始日期，结束日期]。价格历史这个多值属性还可以像例 8.1 和例 8.2 那样进一步优化为联系型，请读者自行练习。

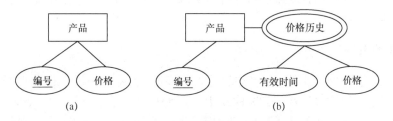

图 8-16 时间的处理方法

4. 实体型之间可以有多种联系

在某些特殊情况下，需要在相同的实体型之间建立多个联系。例如，教师和课程之间有两个联系：教师经过认证具备资格讲授课程，说明教师获得了讲授某门课的资格；教师讲授课程，描述教师在某学期讲授一门课程。如图 8-17 所示，一位教师有资格讲授至少一门课程，一门课程可以由多位有资格的教师讲授。在某个学期，一位教师可以不讲课或者讲授一门课程，一门课程由 1～3 位教师授课。

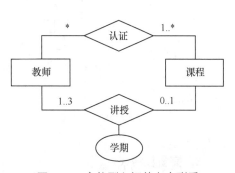

图 8-17 实体型之间的多个联系

8.2 扩充的实体-联系模型

实体-联系模型是抽象和描述现实世界的有力工具。用 E-R 图表示的概念模型独立于具体的 DBMS 支持的数据模型，它是各种数据模型的共同基础。E-R 模型得到了广泛应用，并且在最初的基础上进行了扩展，使表达能力更自然、更强大。

8.2.1 IsA 联系

使用 E-R 方法构建一个项目的模型时，经常会遇到某些实体型是其他实体型的子类型。例如，研究生和本科生是学生的子类型，子类型联系又叫作 **IsA 联系**，如图 8-18 所示。

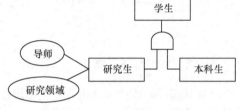

图 8-18 学生的两个子类型

IsA 联系的一个最重要性质是子类型实体型继承了父类型实体型的所有属性，当然，也可以有自己的属性。例如，本科生和研究生都是学生，是学生实体型的子类型，他们具有学生实体的全部属性，其中，研究生还有导师和研究领域两个属性。

IsA 联系描述了对一个实体型的实体的一种分类方法，需要对分类方法做进一步说明或者施加一些约束。

1. 分类属性

分类属性是父实体型的一个属性，可以根据这个属性的值把父实体型的实体分派到子实体型。在图 8-19 中，子类型符号的右边添加了一个分类属性"类别"，一个学生是研究生还是本科生由该属性的值决定。

2. 不相交约束

不相交约束说明了父实体型的一个实体能否同时是多个子实体型的实体，如果可以的话，则子实体型互相相容，否则，子实体型互斥。在图 8-20 中，子类型符号增加了一个叉号，表明一个学生不能既是本科生又是研究生，即子类型实体型本科生和研究生是互斥的。如果没有叉号，则表示是相容的。

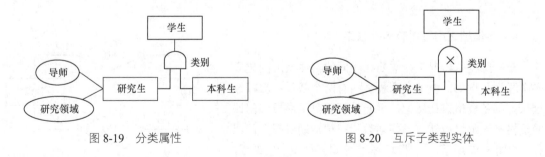

图 8-19 分类属性   图 8-20 互斥子类型实体

3. 完备性约束

完备性约束约定父实体型的一个实体是否必须是某一个子类型实体型的实体，如果是，则叫作**完全特化**，否则，叫作**部分特化**。完备性约束可以用文字说明。

8.2.2 Part-Of 联系

Part-Of 联系即部分联系，它表明某个实体型是另外一个实体型的一部分。有两种类型的 Part-Of 联系。一种类型是即使整体被破坏，整体的部分仍然可以独立存在，这种类型的 Part-Of 联系是**非独占的**。一个非独占 Part-Of 联系的例子是汽车实体型和轮胎实体型之间的联系，一辆汽车被销毁了，但是轮胎还可以存在，甚至被安装到其他的汽车上。非独占联系在 E-R 图中没有特殊的表示，可以通过基数约束表达非独占联系。在图 8-21 中，汽车的基数约束是 4，即一辆汽车要有 4 个轮胎。轮胎的基数约束是 0..1，请回忆一下，这样的约束表示非强制参与联系，即一个轮胎可以参与一个拥有联系，也可以不参与，即一个轮胎可以安装到一辆汽车或者不安装到任何车辆上。因此，E-R 图用非强制参与联系表示非独占 Part-Of 联系。

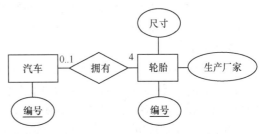

图 8-21　用参与联系表示非独占联系

与非独占联系相反，E-R 图用弱实体类型和识别联系的特殊方法表示独占联系。如果一个实体型的存在依赖于其他实体型，则这个实体型叫作**弱实体型**，否则叫作强实体型。前面介绍的绝大多数实体型都是**强实体型**，但图 8-13 的奖励实体型是弱实体型，因为奖励是某个学生的奖励，它不能脱离学生实体型存在。一般来说，如果不能从一个实体型的属性中找出可以作为码的属性，则这个实体型是弱实体型。例如，奖励就没有可以作为码的属性。

在 E-R 图中用双矩形表示弱实体型，用双菱形表示**识别联系**。

假设从银行贷了一笔款项用于购房，这笔款项一次贷出，分期归还。还款就是一个弱实体型，它只有还款序号、日期和金额 3 个属性，第 1 笔还款的序号为 1，第 2 笔还款的序号为 2，……，以此类推，这些属性的任何组合都不能作为还款的主码，如图 8-22 所示。还款的存在必须依赖于贷款实体，没有贷款自然就没有还款。

再看房间和大楼的联系。每座大楼都有唯一的编号或者名称，每个房间都有编号，房间的编号一般包含所在大楼的编号，如 XX220 表示信息楼 220 房间，如图 8-23 所示。尽管在图 8-23 中，房间有自己的码（楼号+房间号），但是，如果去掉楼号，则房间号不能作为码，因为不同大楼中可能有编号相同的房间，所以，房间是一个弱实体型。没有大楼，哪里来的房间？有些教科书把房间这样的弱实体型叫作 **ID 依赖实体型**。

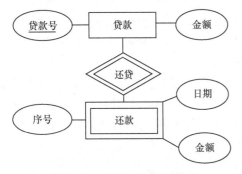

图 8-22　弱实体型和识别联系

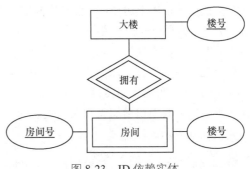

图 8-23　ID 依赖实体

8.3 从实体-联系模型到关系模型的转换

概念结构是独立于任何 DBMS 数据模型的信息结构。逻辑结构设计的任务就是把在概念结构设计阶段设计好的 E-R 图转换为与选用的 DBMS 产品支持的数据模型相符合的逻辑结构。

8.3.1 实体型转换为关系

E-R 模型的实体型对应于关系模型的关系，实体型的名称即关系的名称，实体型的属性构成了关系模式，实体型的实体集合是相应关系模式的一个关系实例。一般情况下，实体型的码就是关系的码。

如果实体型有复合属性，则用若干个原子属性替代复合属性。例如，家庭住址属性是一个复合属性，为了查询和统计方便，可以用省、市、县、乡、村、街道等表示行政区划的原子属性替换该复合属性。

如果实体型有一个多值属性，如联系电话，如果不使用 8.1.2 节的方法把多值属性转换成联系，关系的码就不同于实体型的码。因为关系模型不允许多值属性，而为了表示多值属性，需要复制一个实体的除了多值属性以外的所有属性。

例如，学生实体型有学号、姓名、性别、年龄、所在系、联系电话和电话用途（类型）属性，其中联系电话是一个多值属性，因为一个学生可以拥有多部电话。学生关系的一个关系实例如表 8-3 所示。其中，王林和姜凡有两部电话，这两名学生的信息被复制了两次。因此，实体型的码是 Sno，关系的码应该是 Sno+Scontact。

表 8-3　　　　　　　　　　含多值属性的 Student 关系

Sno	Sname	Ssex	Sage	Sdept	Scontact	Susage
2000012	王林	男	19	计算机	xxxxxxxx	家庭电话
2000012	王林	男	19	计算机	139xxxxxxxx	个人电话
2000113	张大民	男	18	管理	133xxxxxxxx	个人电话
2000256	顾芳	女	19	管理	xxxxxxxx	家庭电话
2000278	姜凡	男	19	管理	133xxxxxxxx	个人电话
2000278	姜凡	男	19	管理	139xxxxxxxx	个人电话
2000014	葛波	女	18	计算机		

对多值属性使用上述处理方法在实际应用中存在数据冗余问题，给修改操作带来了不一致的隐患。例如，如果王林转到另外一个系，就必须修改两个元组在属性 Sdept 上的值。因此，表 8-3 所示的学生关系模式不是一个好的设计。使用第 9 章的关系规范化理论可以发现并解决这个问题。

如果把多值属性处理成联系，联系电话被处理成了一个弱实体型，学生实体型的 E-R 图如图 8-24 所示。当把 E-R 图转换为关系模式时，弱实体型对应一个关系，由于弱实体型不能独立存在，所以在关系中要增加识别联系关联的强实体型的码。图 8-24 所示的两个实体型可以用下面的关系模式表示。

```
Student(Sno, Sname, Ssex, Sage, Sdept)
Contact(Sno, Telnum, Usage)
```

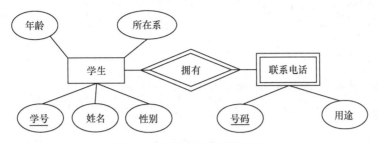

图 8-24　多值属性的处理方法

在第 9 章可以发现，这样处理的结果和关系规范化理论得到的结果完全相同。

8.3.2　联系型转换为关系

E-R 模型的联系型一般也要转换成关系模型的关系。联系型的名称作为关系名，联系型的属性作为关系的属性。联系型的码要视联系的类型而定。

1. 1:1 联系

（1）一种方法是把联系型转换为关系，关系模式包括联系型自身的属性和两端实体型的码，两个实体型的码的组合作为关系的码，从联系型得到的关系和实体型构成的关系存在引用关系，因此要建立参照完整性。

（2）另一种方法是把联系型和非强制参与一端的实体型合并，共同建立一个关系，关系属性包括实体型的属性、联系型的属性以及另一端实体型的码，实体型的码作为关系的码。

例如，图 8-9 的学生和学生证存在 1:1 联系，假设学生有学号、姓名、性别、年龄、所在系等属性，学生证有编号、签发日期和签发人属性。使用 SQL 语句创建 3 个关系以及它们之间的参照完整性。

```
--联系作为单独的关系
CREATE TABLE Student
(Sno  CHAR(7)  PRIMARY KEY,
Sname  CHAR(8),
Ssex  CHAR(2) ,
Sage  SMALLINT,
Sdept CHAR(20));

CREATE TABLE Certificate
(ID   CHAR(7) PRIMARY KEY,
Issueddate DATE,
Manager CHAR(8));

CREATE TABLE Stu_Certificate
(ID   CHAR(7),
Sno   CHAR(7),
PRIMARY KEY(ID, Sno),
FOREIGN KEY(Sno) REFERENCES Student(Sno),
FOREIGN KEY(ID) REFERENCES Certificate (ID));
--将联系合并到 Certificate
```

```
CREATE TABLE Certificate
(ID      CHAR(7) PRIMARY KEY,
Issueddate DATE,
Manager CHAR(8),
Sno      CHAR(7), --增加 Student 表的码
FOREIGN KEY(Sno) REFERENCES Student(Sno));
```

2. 1:*n* 联系

一种方法是把联系型转换为关系，关系模式包括联系型自身的属性和两端实体型的码，关系的码为 *n* 端实体型的码，从联系型得到的关系和实体型构成的关系存在引用关系，因此要建立参照完整性。另一种方法是与 *n* 端实体型对应的关系模式合并。

图 8-9 所示为班级和学生的 1:*n* 联系，假设班级有班级号和学生人数两个属性。

```
--联系作为单独的关系
CREATE TABLE Class
(ClassID  CHAR(7) PRIMARY KEY,
Num       INT);

CREATE TABLE Class_Student
(ClassID  CHAR(7),
Sno      CHAR(7),
PRIMARY KEY(ID, Sno));

--将联系合并到 Student
CREATE TABLE Student
(Sno  CHAR(7)  PRIMARY KEY,
Sname   CHAR(8),
Ssex  CHAR(2) ,
Sage  SMALLINT,
Sdept CHAR(20),
ClassID CHAR(7),
FOREIGN KEY(ClassID) REFERENCES Class (ClassID));
```

3. *m*:*n* 联系

实体型间的多对多联系转换为一个关系模式。与该联系相连的各实体型的码以及联系本身的属性均转换为关系的属性，各实体型的码组成关系的码或关系码的一部分。

学生和课程之间的选课关系是多对多联系，需要转换为一个关系模式，即示例数据库中的 SC 表。

8.3.3 IsA 联系转换为关系

IsA 联系描述了实体型之间的继承关系。在关系模型中仍然使用关系表示 IsA 联系。一般情况下，父实体型和各子实体型分别用独自的关系表示，表示父实体型的关系属性包括所有父实体型的属性，子实体型对应的关系除了包含各自的属性外，还必须包含父实体型的码。

例如，产品是父实体型，有 3 个子实体型：台式电脑、笔记本电脑和打印机，分别用 Product、PC、Laptop 和 Printer 表示。

Product 关系有 3 个属性：型号（model）、制造商（maker）和类型（type）。Product 的码是型号，属性类型的域是{台式电脑，笔记本电脑，打印机}。PC 关系有 6 个属性：型号、CPU 的速度

（speed）、内存容量（ram）、硬盘容量（hd）、光驱速度（cd）和价格（price）。Laptop 关系和 PC
关系类似，差别只是用屏幕尺寸（screen）代替了光驱速度。Printer 关系给出了不同型号的打印
机是否产生彩色输出（color，真或假）、工艺类型（type，激光或喷墨）和价格。

```
Product(model, maker, type)
PC(model, speed, ram, hd, cd, price)
Laptop(model, speed, ram, hd, screen, price)
Printer(model, color, type, price)
```

由于 PC、Laptop 和 Printer 是 Product 的子实体型，所以在创建它们的关系模式时要定义对 Product
的引用关系（参照完整性）。

如果 IsA 联系满足不相交约束，则也可以用一个关系表示父实体型和所有的子实体型。例如，
上面的 4 个关系可以用下面的关系模式表示。

```
Product(model, maker, type, speed, ram, hd, cd, screen, price, color, printertype)
```

使用这样的表示方法会出现很多元组在一些属性上取空值的情况。例如，台式电脑和笔记本
电脑在 Printer 的 type 属性上的值全部为空值。

如果 IsA 联系满足完备性约束，也可以去除表示父实体的关系，但是父实体型的所有属性在
每个子实体型的关系中都必须出现。因为上面的 IsA 关系满足完备性约束，所以可以不要 Product
关系，但它的 type 属性必须附加到每个子实体型，要特别注意同名现象。例如，因为 Printer 本身
就有 type 属性，所以要在 Printer 关系时修改为 printertype。

```
PC(model, speed, ram, hd, cd, price, type)
Laptop(model, speed, ram, hd, screen, price, type)
Printer(model, color, printertype, price, type)
```

小　结

本章着重介绍了实体-联系模型的基本概念和图示方法。读者应重点掌握实体型、联系型、属
性的概念，理解两个实体型之间的一对一、一对多和多对多联系，理解基数约束的含义，掌握基
数约束的图示方法，了解 E-R 模型表达 IsA 和 Part-Of 关系的方法。

E-R 模型用实体表示现实世界的物体，具有相同性质的实体构成了实体型。实体型有一个名
称和一组属性，属性用于描述实体的性质和特征。

属性有名称和域，域规定了属性能取什么样的值。只能取一个值的属性叫作单值属性，可以
取多个值的属性叫作多值属性。如果一个属性可以细分成其他多个属性，则叫作复合属性。

联系型用于描述实体型之间的关系，每个联系型都有一个名称，一般用动词或动词短语作为
联系型的名称。联系是联系型的实例，具体描述了参与联系的实体型的实体之间的关系。根据参
与联系型的实体型数，联系可以分为一元联系、二元联系、三元联系和多元联系。为了更精确地
描述实体之间的联系，提出了基数约束的概念，一个基数约束是一个区间，表示实体型的每个实
体能在联系中出现的最少、最多次数。

扩充的 E-R 模型可以表示 IsA 联系，它是对实体的一种分类方法。

E-R 模型用弱实体表达独占 Part-Of 联系，所谓弱实体，就是需要依赖其他实体才能存在的实
体，弱实体没有可以作为码的属性。

E-R 模型的图示方法没有具体的标准。有许多辅助制图软件，如 ERWIN，可以帮助绘制 E-R 图。E-R 模型也存在不足，如不能很好地表示与时间有关的概念，不能精确地表示一些业务规则等。

习　题

一、简答题

1. 什么是概念模型？概念模型的作用是什么？

2. 什么是 E-R 图？构成 E-R 图的基本要素是什么？

3. 定义并解释概念模型的术语：

实体、实体型、属性、联系、联系型

4. 码的两个特性是什么？

5. 解释以下术语：

超级码、主码、候选码

6. 试给出 3 个 E-R 图，要求实体型之间具有一对一、一对多、多对多联系。

7. 试给出 1 个 E-R 图，要求有 3 个实体型，而且 3 个实体型之间有多对多联系。

8. 3 个实体型之间的多对多联系和 3 个实体型两两之间的 3 个多对多联系等价吗？为什么？

9. 现有两个实体型："出版社"和"作者"，这两个实体型是多对多联系，请读者设计适当的属性，并画出 E-R 图。

二、设计题

1. 学校有若干系，每个系有若干班级和教研室，每个教研室有若干教授，其中有的教授带若干研究生，每个班有若干学生，每个学生选修若干课程，每门课程可由若干学生选修。请用 E-R 图画出此学校的概念模型。

2. 某工厂生产若干产品，每种产品由不同的零件组成，有的零件可用在不同的产品上。这些零件由不同的原材料制成，不同零件所用的材料可以相同。这些零件按所属的不同产品分别放在仓库中，原材料按照类别放在若干仓库中。请用 E-R 图画出此工厂产品、零件、材料、仓库的概念模型。

3. 请使用联系型表达图 8-16 所示的多值属性价格历史。

第 **9** 章 关系规范化理论

本章讨论关系数据库设计理论，即关系规范化理论，关系规范化理论是数据库逻辑设计的一个有力工具，它可以帮助我们设计一个好的关系数据库模式。关系规范化理论也是关系数据库的理论基础。

9.1 数据依赖对关系模式的影响

数据依赖是关系规范化理论的重要概念。数据依赖是关系模式的属性之间的一种约束关系，这种约束关系通过属性值之间的依赖关系来体现。

两类最重要的数据依赖是函数依赖（Functional Dependency，FD）和多值依赖（Multi-Valued Dependency，MVD）。

函数依赖普遍存在于现实生活。例如，描述学生的关系模式 Student 有学号 Sno、姓名 Sname、所在系 Sdept 等属性。由于现实中一个学号只对应一个学生，一个学生只属于一个系，因此，当学号的值确定之后，姓名和所在系的值也就确定了。属性间的这种依赖关系类似于数学的函数 $y= f(x)$，给定了自变量 x 的值，也就确定了因变量 y 的值。因为 Sno 的值决定了 Sname 的值，也决定了 Sdept 的值，或者说 Sname 和 Sdept 的值依赖于 Sno 的值，我们把这类数据依赖叫作**函数依赖**，引入记号→，将属性之间的决定/依赖关系记作 Sno→Sname，Sno→Sdept。

例 9.1 教务信息系统的数据库的存储了包括学生的学号（Sno）、所在系（Sdept）、系主任姓名（Mname）、课程名（Cname）和成绩（Grade）。我们用关系模式 Student(Sno, Sdept, Mname, Cname, Grade) 描述这个数据库，Student 表的一个实例如表 9-1 所示。

表 9-1　　　　　　　　　　　Student 表

Sno	Sdept	Mname	Cname	Grade
2000012	计算机	张飞翔	英语	80
2000014	计算机	张飞翔	英语	88
2000113	管理	王乐天	英语	89
2000256	管理	王乐天	英语	93
2000012	计算机	张飞翔	数据库原理	80
2000014	计算机	张飞翔	数据库原理	88
……				

教务信息系统的实际需求要求 Student 表满足以下约束。

- 一个学生只属于一个系，一个系有若干学生；
- 一个系只有一名系主任；
- 一个学生选修了一门课程则有一个成绩，学生可以选修多门课程。

从上述事实可以得到一个函数依赖集 F，如图 9-1 所示。

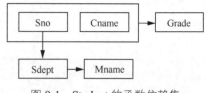

图 9-1　**Student** 的函数依赖集

F={Sno→Sdept,Sdept→Mname,(Sno,Cname)→Grade}

但是，这个关系模式存在以下问题。

（1）数据冗余。每一个系主任的姓名重复出现，重复次数与该系所有学生的所有课程成绩出现次数相同。这将浪费大量的存储空间。

（2）更新异常。由于数据冗余，当更新数据库的数据时，系统要付出很大的代价来维护数据库的完整性，否则会面临数据不一致的危险。比如，计算机系更换系主任后，系统必须修改 Sdept=计算机的所有元组。

（3）插入异常。如果一个系刚成立，尚无学生，就无法把这个系及其系主任的信息存入数据库。

（4）删除异常。如果某个系的学生全部毕业了，在删除该系学生信息的同时，这个系及其系主任的信息也失掉了。

鉴于以上问题，我们可以得出结论：Student 关系模式不是一个"好"的模式。一个"好"的模式数据冗余应尽可能少，不会发生插入异常、删除异常、更新异常。

为什么会存在这些问题呢？这是因为这个模式的函数依赖存在某些不好的性质，或者说关系模式 Student 承载了太多的信息，把学生涉及的方方面面的数据都存放在一起，这正是本章要讨论的问题。

假如把这个模式分解成 3 个关系模式。

```
S(SNO,SDEPT);
DEPT(SDEPT,MNAME)
SG(SNO,CNAME,GRADE);
```

关系模式 S 描述学生属于哪个系，关系模式 DEPT 说明每个系的系主任是谁，关系模式 SG 给出了学生选修课程的成绩。这 3 个模式都不会发生插入异常、删除异常的问题，数据的冗余也得到了控制。

关系规范化理论用于改造关系模式，通过分解关系模式来消除其中不合适的数据依赖，以解决插入异常、删除异常、更新异常和数据冗余问题。

9.2　函数依赖

关系规范化理论研究关系模式的数据依赖问题。函数依赖和多值依赖是最重要的两种数据依赖。本节介绍函数依赖的概念，9.4 节将介绍多值依赖。

9-1　关系规范化理论

9.2.1　函数依赖的基本概念

定义 9.1　设 $R(U)$ 是属性集 U 上的关系模式。X，Y 是 U 的子集。若对于 $R(U)$ 的任意一个关系实例 r，r 的任意两个元组 t_1 和 t_2，如果 $t_1(X)=t_2(X)$，则有 $t_1(Y)=t_2(Y)$，则 $R(U)$ 具有**函数依赖** $X→Y$，读作 X 函数决定 Y 或 Y 函数依赖于 X。

函数依赖是关系模式 R 应该满足的约束条件，是指 R 的所有关系实例，即 R 在任何时刻的关系实例，均要满足的约束条件，而不是某个或某些关系实例满足的约束条件。因此，函数依赖是语义范畴的概念，只能根据语义来确定函数依赖。例如，姓名→年龄，这个函数依赖只有在没有人同名的条件下成立。如果有相同名字的人，则年龄不再函数依赖于姓名。

根据函数依赖的定义，对于任意属性集 X，对于任意的 $Y \subseteq X$，一定有 $X \rightarrow Y$。我们把 $X \rightarrow Y$，但 $Y \subseteq X$，称为**平凡的函数依赖**，因为它不反映新的语义。把 $X \rightarrow Y$，但 $Y \nsubseteq X$，称为**非平凡的函数依赖**。若不特别声明，我们总是讨论非平凡的函数依赖。

定义 9.2 若 $X \rightarrow Y$，并且对于 X 的任何一个真子集 X'，都有 $X' \nrightarrow Y$（$\nrightarrow$ 表示 Y 不函数依赖于 X），则称 Y **完全函数依赖**于 X，记作 $X \xrightarrow{f} Y$，否则称 Y **部分函数依赖**于 X，记作 $X \xrightarrow{p} Y$。

定义 9.3 若 $X \rightarrow Y$，$Y \rightarrow Z$，且 $Y \nrightarrow X$，则称 Z **传递函数依赖**于 X。

加上条件 $Y \nrightarrow X$，是因为如果 $Y \rightarrow X$，则 X 和 Y 互为函数依赖，即 X 与 Y 具有一一对应关系，Z 函数依赖于 Y，则 Z 也函数依赖于 X，而不是 Z 传递函数依赖于 X。

引入函数依赖后，属性集 U 上的关系模式 $R(U)$ 常常表示为 $R<U, F>$，F 是属性集 U 上的函数依赖集。

9.2.2 码

码（Key）是关系规范化理论的一个重要概念。下面用函数依赖的概念来定义码。

定义 9.4 设 K 为关系模式 $R<U, F>$ 的属性或属性组，若 $K \xrightarrow{f} U$，则 K 称为 R 的**码**。

码具有唯一性，可用于区分不同的元组。根据函数依赖的定义，对于 R 的任意两个元组 t_1 和 t_2，如果 $t_1(K)=t_2(K)$，则 $t_1(U)=t_2(U)$，即 t_1 和 t_2 是相同的元组。因为 R 的实例是元组的集合，而集合中没有任何相同的元素，所以，不可能有两个不同的元组在 K 上有相同的值。

学号 Sno 是关系模式 Student 的码，每个学生被赋予了一个具有唯一性的学号，不同的学号代表不同的学生，学号是学生在数字世界的标识。

在实际应用中，经常人为地创建一些属性，使得属性上的取值具有唯一性，如身份证号、学号、职工号等。显然，这些人为制造的属性可以作为码。

一个关系模式一般只有一个码，但也可以有多个码。例如，如果为关系模式 Student 增加身份证号属性，Student 中就有 2 个码。所以，有的教科书又将码叫作**候选码**（Candidate Key）。

为了给予关系模式的某个候选码特殊的地位，SQL 用主码（Primary Key）约束表示，其他候选码用 UNIQUE 约束表示，这样的候选码又叫作备用码（Alternate Key）。

包含在任何一个码的属性叫作**主属性**（Prime Attributes）。不包含在任何一个码的属性称为**非主属性**（Non-Prime Attribute）。

定义 9.5 设 K 为关系模式 $R<U, F>$ 的属性或属性组合，若 $K \xrightarrow{p} U$，则 K 称为 R 的**超码**（Super Key）。

Sno 是 Student 的码，则(Sno, Sname)是 Student 的超码。实际上，任何一个包含 Sno 的属性组都是 Student 的超码。

9.3 范式

范式（Normal Form）是符合某一种级别的关系模式的集合。下面介绍 5 种范式：第 1 范式、

9-2 范式

第2范式、第3范式、BC范式和第4范式。更高的范式这里就不介绍了。

满足最低要求的范式叫作**第1范式**，简称为1NF。在第1范式的基础上进一步满足一些要求的范式为**第2范式**，简称为2NF。其余范式以此类推。显然，各种范式之间存在以下关系，如图9-2所示。

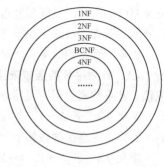

4NF⊂ BCNF⊂ 3NF⊂ 2NF⊂ 1NF

我们通常把满足第 n 范式的关系模式 R 简记为 $R \in n$NF。

9.3.1 第1范式（1NF）

定义 9.6 如果一个关系模式 $R<U, F>$ 的所有属性都是不可

图9-2 各种范式之间的联系

分的基本数据项，则 $R \in 1$NF。

关系数据库管理系统要求任何关系模式都属于第1范式，但是满足第1范式的关系模式不一定是一个"好"的关系模式。

例9.2 有关系模式 SLC(Sno, Cno, Sdept, Sloc, Grade)，属性 Sloc 表示学生住处。假设 SLC 要满足以下约束。

- 一个学生只属于一个系，一个系有若干学生；
- 同一个系的学生住在同一个地方；
- 每个学生所学的每门课程都有一个成绩。

将上面的约束用函数依赖表达，则得到以下一组函数依赖。

```
Sno → Sdept
Sdept → Sloc
(Sno,Cno)┴→Grade
```

根据上面的函数依赖，结合后面介绍的知识，可以推导出以下函数依赖。

```
(Sno,Cno)┴→Sdept
Sno→Sloc
(Sno,Cno)┴→Sloc
```

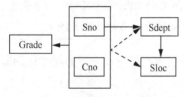

图9-3 SLC 的函数依赖

因此有(Sno, Cno) ┴→U，U={Sno, Cno, Sdept, Sloc, Grade}，即(Sno, Cno)是关系模式 SLC 的主码。

用图9-3直观地表示这些函数依赖，图中实线表示完全函数依赖，虚线表示部分函数依赖，非主属性 Sdept 和 Sloc 部分函数依赖于主码(Sno, Cno)。

关系模式 SLC 通常存在以下问题。

- 插入异常：假若要插入一个 Sno=2000301，Sdept=计算机，Sloc=梅园，但还未选课的学生，即这个元组无 Cno。这样的元组不能插入 SLC，因为插入时必须给定码值，而此时码值的一部分为空，因而学生的信息无法插入。
- 删除异常：假定某个学生只选修了1136号一门课程，但现在他不想选修1136号课程了。由于课程号是主属性，如果删除了1136号课程，整个元组就会被删除，于是该学生的其他信息也被删除了，产生了删除异常，即不应删除的信息也被删除了。
- 修改异常：某个学生从数学系（MA）转到信息系（IS），本来只需修改此学生元组的 Sdept

的值。但因为关系模式 SLC 还含有学生的住处属性 Sloc，学生转系将同时改变住处，因而还必须修改元组的 Sloc 的值。如果这个学生选修了 K 门课，由于 Sdept、Sloc 重复存储了 K 次，当数据更新时，必须无遗漏地修改 K 个元组的全部 Sdept、Sloc 信息，这就造成了修改的复杂化。

- 数据冗余：如果一个学生选修了 10 门课程，那么他的 Sdept 和 Sloc 值要重复存储 10 次。因此 SLC 不是一个"好"的关系模式。

9.3.2　第 2 范式（2NF）

关系模式 SLC 出现上述问题的原因是 Sdept、Sloc 对码的部分函数依赖。为了消除这些部分函数依赖，采用投影分解法，把 SLC 分解为两个关系模式。

```
SC(Sno,Cno,Grade)
SL(Sno,Sdept,Sloc)
```

这两个关系模式的函数依赖如图 9-4 所示。

显然，分解后的关系模式的非主属性都完全函数依赖于码，从而使前面的问题在一定程度上得到了解决。

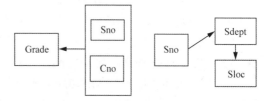

图 9-4　SC 与 SL 的函数依赖

- SL 关系可以插入尚未选课的学生。
- 如果将一个学生的所有选课记录全部删除了，只是 SC 关系没有关于该学生的选课记录，但 SL 关系中该学生的其他信息不受影响。
- 由于学生选修课程的情况与学生的基本情况分别存储在两个关系，因此不论该学生选修多少门课程，他的 Sdept 值和 Sloc 值都只存储一次，降低了数据冗余。
- 若某个学生从数学系（MA）转到信息系（IS），只需修改 SL 关系的该学生元组的 Sdept 值和 Sloc 值，由于 Sdept、Sloc 并未重复存储，因此修改简单。

定义 9.7　若关系模式 $R \in 1NF$，并且每一个非主属性都完全函数依赖于 R 的码，则 $R \in 2NF$。

SC 关系和 SL 关系都属于 2NF。但是，属于 2NF 的关系模式仍然可能存在插入异常、删除异常、数据冗余和修改复杂的问题。关系模式 SL(Sno, Sdept, Sloc)有以下函数依赖。

```
Sno→Sdept
Sdept→Sloc
Sno→Sloc
```

Sloc 传递函数依赖于 Sno，Sno 是 SL 的主码，即关系模式 SL 存在非主属性对码的传递函数依赖。2NF 的 SL 关系模式仍然存在以下问题。

- 插入异常：如果某个系刚成立，目前还没有在校学生，就无法把这个系的信息存入数据库。
- 删除异常：如果某个系的学生全部毕业了，在删除学生信息的同时，也删去了这个系的信息。
- 数据冗余：每个系的学生都住在同一个地方，同一个系的学生住处信息重复出现，重复次数与该学生人数相同。
- 修改复杂：当学校调整学生宿舍时，比如信息系的学生全部迁到另一栋楼，由于每个系的宿舍信息重复存储，所以修改时，必须同时更新该系所有学生的 Sloc 值。

所以 SL 仍不是一个好的关系模式。

9.3.3 第3范式（3NF）

关系模式 SL 出现上述问题的原因是非主属性 Sloc 传递函数依赖于 Sno。为了消除该传递函数依赖，采用投影分解法，把 SL 分解为两个关系模式。

```
SD(Sno,Sdept)        SD 的码为 Sno
DL(Sdept,Sloc)       DL 的码为 Sdept
```

分解后的关系模式既没有非主属性对码的部分函数依赖，也没有非主属性对码的传递函数依赖，又进一步解决了上述问题。

- DL 关系可以插入无在校学生的系的信息。
- 某个系的学生全部毕业了，只是删除 SD 关系的相应元组，关于该系的信息仍存在于 DL 关系。
- 关于系的住处信息只在 DL 关系存储一次。
- 当学校调整某个系的学生住处时，只需修改 DL 关系相应元组的 Sloc 属性值。

定义 9.8 若关系模式 $R<U, F> \in 1NF$，并且不存在码 X、属性组 Y 及非主属性 $Z(Z\subseteq Y)$，使得 $X \rightarrow Y(Y \nrightarrow X)$ 和 $Y \rightarrow Z$ 成立，则 $R \in 3NF$。

由定义 9.8 可以证明，若 $R \in 3NF$，则 R 的每一个非主属性既不部分函数依赖于码，也不传递函数依赖于码。显然，如果 $R \in 3NF$，则 R 也是 2NF。

SD 关系和 DL 关系都属于 3NF，但是 3NF 的关系模式并不能完全消除关系模式的各种异常情况和数据冗余，也就是说，3NF 的关系模式仍不一定是"好"的关系模式。

例 9.3 有关系模式 STC(S, T, C)中，S 表示学生，T 表示教师，C 表示课程，STC 满足以下的约束：

- 每门教师只教授一门课，每门课有多个教师教授；
- 学生选修课程时，还要选定教师。

于是有函数依赖 $T \rightarrow C$, $(S, C) \rightarrow T$。还能推导出$(S, T) \rightarrow C$，如图 9-5 所示。

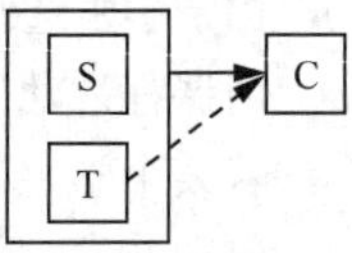

图 9-5 STC 的函数依赖

因为(S, C)、(S, T)都是码，S、C、T 都是主属性，虽然 C 对码(S, T)存在部分函数依赖，但这是主属性对码的部分函数依赖，所以 $STC \in 3NF$。

3NF 的 STC 关系模式也存在一些问题。

- 插入异常：如果某教师开设了某门课程，但尚未有学生选修，则无法把有关信息存入数据库。
- 删除异常：如果选修过某门课程的学生全部毕业了，则在删除这些学生元组的同时，开设这门课程的教师的信息也丢失了。
- 修改异常：某教师开设的课程改名后，所有涉及该教师的元组都要进行相应的修改。
- 数据冗余：虽然一名教师只教授一门课，但由于有多名学生选修这门课程，这一信息被重复记录。

因此虽然 $STC \in 3NF$，但它仍不是一个理想的关系模式。

9.3.4 BC 范式（BCNF）

关系模式 STC 出现上述问题的原因在于主属性 C 依赖于 T，即主属性 C 部分依赖于码(S, T)。解决这一问题仍然可以采用投影分解法，将 STC 分解为两个关系模式。

```
ST(S,T),    ST 的码为 S、T
TC(T,C),    TC 的码为 T
```

显然，分解后的关系模式没有任何属性对码的部分函数依赖和传递函数依赖。它解决了例 9.3 的 4 个问题。

定义 9.9 设关系模式 $R<U, F>\in$1NF，如果对于 R 的每个函数依赖 $X{\rightarrow}Y$，X 为超码，那么 R $\in$BCNF(Boyce Codd Normal Form)。

如果关系模式 $R\in$BCNF，由定义可知，R 不存在任何属性传递函数依赖或部分函数依赖于任何码，所以必定有 $R\in$3NF。但是，如果 $R\in$3NF，R 未必属于 BCNF。例如，关系模式 STC$\in$3NF，但 STC$\notin$BCNF。

如果一个关系数据库的所有关系模式都属于 BCNF，那么在函数依赖范畴内，它已实现了模式的彻底分解，达到了最高的规范化程度，消除了插入异常和删除异常等问题。

9.4 多值依赖与第 4 范式（4NF）

前面是在函数依赖的范畴内讨论关系模式的范式问题。下面讨论多值依赖。多值依赖是另一种重要的数据依赖。首先看一个例子。

例 9.4 设某门课程由多个教师讲授，他们使用同一套参考书。可以用一个关系模式 Teaching(C, T, B)来表示。课程（C）、教师（T）和参考书（B）之间的关系如表 9-2 所示。

表 9-2 　　　　　　　　　　　教学信息表 1

课程 C	教师 T	参考书 B
物理	李勇 王军	普通物理学 光学原理 物理习题集
数学	王强 张平	数学分析 微分方程 高等代数
计算数学	刘明 周峰	数学分析
……	……	……

下面把这张表变成一张规范化的二维表，其关系模式为 Teaching(C, T, B)，一个关系实例如表 9-3 所示。

关系模式 Teaching(C, T, B)具有唯一的码(C, T, B)，即全码，因而 Teach$\in$BCNF。但关系模式 Teaching 存在以下问题。

- 数据冗余：虽然每门课程的参考书是固定的，但一门课程有多少名任课教师，参考书就要重复存储多少次，造成大量的数据冗余。
- 插入异常：当某一课程增加一名任课教师时，该课程有多少本参照书，就必须插入多少个元组。例如，如果物理课增加一名教师刘关，则需要插入如下 3 个元组。

(物理, 刘关, 普通物理学), (物理, 刘关, 光学原理), (物理, 刘关, 物理习题集)

- 删除异常：如果某门课程要删除一本参考书，则该课程有多少名教师，就必须删除多少个元组。
- 修改异常：如果某门课程要修改一本参考书，则该课程有多少名教师，就必须修改多少个元组。

符合 BCNF 的关系模式 Teaching 之所以会产生上述问题，是因为关系模式 Teaching 存在一种新的数据依赖——多值依赖。

9.4.1 多值依赖

定义 9.10 设 $R(U)$ 是属性集 U 上的一个关系模式，X、Y 和 Z 是 U 的子集，并且 $Z = U - X - Y$。**多值依赖** $X \rightarrow \rightarrow Y$ 成立，当且仅当对于 R 的任意关系实例 r，r 在 (X, Z) 上的每个值对应一组 Y 的值，这组值仅仅决定于 X 值，而与 Z 值无关。

例如，关系模式 Teaching(C, T, B) 有多值依赖 $C \rightarrow \rightarrow T$。因为 (C, B) 上的一个值对应一组 T 值，而且这种对应与 B 无关。如表 9-3，(C, B) 上的一个值（物理, 光学原理）对应一组 T 值 ｛李勇, 王军｝，(C, B) 上的另一个值(物理, 普通物理学)，它对应的一组 T 值仍是 ｛李勇, 王军｝。

表 9-3 关系 Teaching

课程 C	教师 T	参考书 B
物理	李勇	普通物理学
物理	李勇	光学原理
物理	李勇	物理习题集
物理	王军	普通物理学
物理	王军	光学原理
物理	王军	物理习题集
数学	王强	数学分析
数学	王强	微分方程
数学	王强	高等代数
数学	张平	数学分析
数学	张平	微分方程
数学	张平	高等代数
计算数学	刘明	数学分析
计算数学	周峰	数学分析
……	……	……

若 $X \rightarrow \rightarrow Y$，而 $Z = \phi$，则称 $X \rightarrow \rightarrow Y$ 为平凡的多值依赖，否则称 $X \rightarrow \rightarrow Y$ 为非平凡的多值依赖。多值依赖具有下列性质。

（1）多值依赖具有对称性，即若 $X \rightarrow \rightarrow Y$，则 $X \rightarrow \rightarrow Z$，其中 $Z = U - X - Y$。例如，关系模式 Teaching(C, T, B) 有 $C \rightarrow \rightarrow T$，同时也有 $C \rightarrow \rightarrow B$。

多值依赖的对称性可以用图直观地表示出来。

例如，可以用图 9-6 来表示 Teaching(C, T, B) 的多值对应关系。C 的某一个值 C_i 对应的全部 T 值记作 ｛T｝C_i（表示教授此课程的全体教师），全部 B 值记作 ｛B｝C_i（表示此课程使用的所有参考书）。应当有 ｛T｝C_i

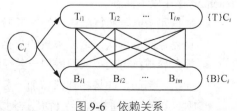

图 9-6 依赖关系

中的每一个 T 值与{B}C_i中的每一个 B 值对应。于是{T}C_i与{B}C_i之间正好形成一个完全二分图。C→→T，而 B 与 T 是完全对称的，必然有 C→→B。

（2）函数依赖可以看作是多值依赖的特殊情况，即若 $X→Y$，则 $X→→Y$。因为 $X→Y$ 时，对于 X 的每一个值 x，Y 有一个确定的值 y 与之对应，所以 $X→→Y$。

多值依赖与函数依赖相比，具有下面两个基本的区别。

（1）多值依赖的有效性与属性集的范围有关。若 $X→→Y$ 在 U 上成立，则在 $W(XY⊆W⊆U)$上一定成立；反之则不然，即 $X→→Y$ 在 $W(W⊂U)$上成立，在 U 上并不一定成立。这是因为多值依赖的定义不仅涉及属性组 X 和 Y，而且涉及 U 中的其余属性 Z。

一般地，在 $R(U)$上若有 $X→→Y$ 在 $W(W⊂U)$上成立，则称 $X→→Y$ 为 $R(U)$的嵌入型多值依赖。

但是，关系模式 $R(U)$的函数依赖 $X→Y$ 的有效性仅取决于 X，Y 这两个属性集的值。只要在 $R(U)$的任何一个关系实例 r 的元组在 X 和 Y 上的值满足定义 9.1，则函数依赖 $X→Y$ 在任何属性集 $W(XY⊆W⊆U)$中都成立。

（2）若函数依赖 $X→Y$ 在 $R(U)$上成立，则对于任何 $Y'⊂Y$ 均有 $X→Y'$成立。而多值依赖 $X→→Y$ 若在 $R(U)$上成立，却不能断言对于任何 $Y'⊂Y$，都有 $X→→Y'$成立。

9.4.2　第 4 范式（4NF）

定义 9.11　关系模式 $R<U, F> ∈$ 1NF，如果对于 R 的每个非平凡多值依赖 $X→→Y$（$Y⊈X$），X 为超码，则称 $R <U, F> ∈$ 4NF。

根据定义，对于每一个非平凡的多值依赖 $X→→Y$，X 都含有码，于是就有 $X→Y$。所以 4NF 允许的非平凡的多值依赖实际上是函数依赖。4NF 不允许的是非平凡且非函数依赖的多值依赖。

显然，如果一个关系模式是 4NF，则必为 BCNF。

例 9.4 的关系模式 Teaching 存在非平凡的多值依赖 C→→T，并且 C 不是超码，因此关系模式 Teaching 不属于 4NF。这正是 Teaching 存在数据冗余大、插入和删除操作复杂等弊病的根源。采用投影分解法把 Teaching 分解为如下两个 4NF 关系模式以减少数据冗余。

```
CT(C,T)
CB(C,B)
```

关系模式 CT 中虽然有 C→→T，但这是平凡多值依赖，即 CT 已不存在既非平凡、也非函数依赖的多值依赖。所以 CT 属于 4NF。同理，CB 也属于 4NF。关系模式 CB、CT 解决了关系模式 Teaching 的问题。

（1）参考书只在 CB 关系存储了一次。

（2）当某一课程增加一名任课教师时，只需要在 CT 关系增加一个元组。

（3）如果某门课要去掉一本参考书，则只需要在 CB 关系删除一个相应的元组。

函数依赖和多值依赖是两种最重要的数据依赖。人们还研究了其他数据依赖，如连接依赖和 5NF，这里不再讨论，感兴趣的读者可以参阅有关书籍。

9.5　关系模式的规范化

一个关系只要其分量都是不可分的数据项，它就是规范化的关系，但这只是最基本的规范化。规范化程度有不同的级别，即不同的范式。

规范化程度低的关系模式可能存在插入异常、删除异常、修改异常、数据冗余等问题，解决方法就是对其进行规范化。

一个低一级范式的关系模式，通过模式分解可以转换为若干个高一级范式的关系模式，这个过程就叫作**关系模式的规范化**。

规范化的基本思想是采用"分解"的办法，逐步消除不合适的数据依赖，使数据库模式中的各关系模式达到某种程度的"分离"，即让一个关系描述一个概念、一个实体或者实体间的一种联系，若多于一个概念就把它"分离"出去。因此规范化实质上是概念的单一化。

关系模式规范化的基本步骤如下。

（1）对 1NF 关系进行投影，消除原关系的非主属性对码的部分函数依赖，将 1NF 关系转换为若干个 2NF 关系。

（2）对 2NF 关系进行投影，消除原关系的非主属性对码的传递函数依赖，从而产生一组 3NF 关系。

（3）对 3NF 关系进行投影，消除原关系的主属性对码的部分函数依赖和传递函数依赖，得到一组 BCNF 关系。

以上 3 步也可以合并为一步：对原关系进行投影，消除决定属性不是码的任何函数依赖。

（4）对 BCNF 关系进行投影，消除原关系的非平凡且非函数依赖的多值依赖，从而产生一组 4NF 关系。

诚然，规范化程度低的关系可能会存在插入异常、删除异常、修改异常、数据冗余等问题，需要对其进行规范化，转换成高级范式。但这并不意味着规范化程度越高，关系模式越好。在设计数据库模式时，必须分析现实世界的实际情况和用户应用需求，确定一个合适的、能够反映现实世界的关系模式。也就是说，上面的规范化步骤可以在其中任何一步终止。

9.6 数据依赖的公理系统

数据依赖的公理系统是模式分解算法的理论基础，下面首先讨论函数依赖的一个有效而完备的公理系统——Armstrong 公理系统。

定义 9.12 对于满足一组函数依赖 F 的关系模式 $R<U, F>$ 的任何一个关系实例 r，若函数依赖 $X \to Y$ 都成立，则称 F **逻辑蕴含** $X \to Y$ 或称 $X \to Y$ 为 F 所逻辑蕴含。

1974 年，Armstrong 提出了一组推理规则用于判断函数依赖集 F 是否逻辑蕴含 $X \to Y$。

Armstrong 公理系统 设 U 为属性集合，F 是 U 上的一组函数依赖，对关系模式 $R<U, F>$，有以下推理规则。

- **自反律**（Reflexivity Rule）：若 $Y \subseteq X \subseteq U$，则 $X \to Y$ 为 F 所逻辑蕴含。
- **增广律**（Augmentation Rule）：若 $X \to Y$ 为 F 所逻辑蕴含，且 $Z \subseteq U$，则 XZ[1]$\to YZ$ 为 F 所逻辑蕴含。
- **传递律**（Transitivity Rule）：若 $X \to Y$ 及 $Y \to Z$ 为 F 所逻辑蕴含，则 $X \to Z$ 为 F 所逻辑蕴含。

由自反律得到的函数依赖均是平凡的函数依赖，自反律的使用并不依赖于 F。

定理 9.1 Armstrong 推理规则是正确的。

---

[1] 为了简单起见，用 XZ 代表 $X \cup Z$。

下面从定义出发证明该推理规则的正确性。

（1）设 $Y\subseteq X\subseteq U$。

对于 $R<U, F>$ 的任一关系 r 的任意两个元组 t，s：

若 $t[X]^{[1]}=s[X]$，由于 $Y\subseteq X$，有 $t[Y]=s[Y]$，所以 $X\rightarrow Y$ 成立，自反律得证。

（2）设 $X\rightarrow Y$ 为 F 所逻辑蕴含，且 $Z\subseteq U$。

对于 $R<U, F>$ 的任一关系 r 的任意两个元组 t，s：

若 $t[XZ]=s[XZ]$，则有 $t[X]=s[X]$ 和 $t[Z]=s[Z]$；

由 $X\rightarrow Y$，有 $t[Y]=s[Y]$，则 $t[YZ]=s[YZ]$，所以 $XZ\rightarrow YZ$ 为 F 所逻辑蕴含，增广律得证。

（3）设 $X\rightarrow Y$ 及 $Y\rightarrow Z$ 为 F 所逻辑蕴含。

对于 $R<U, F>$ 的任一关系 r 的任意两个元组 t，s：

若 $t[X]=s[X]$，由 $X\rightarrow Y$，有 $t[Y]=s[Y]$；

再由 $Y\rightarrow Z$，有 $t[Z]=s[Z]$，所以 $X\rightarrow Z$ 为 F 所逻辑蕴含，传递律得证。

根据 A1、A2、A3 这 3 条推理规则可以得到下面 3 条很有用的推理规则。

- **合并规则**：由 $X\rightarrow Y$，$X\rightarrow Z$，有 $X\rightarrow YZ$。
- **分解规则**：由 $X\rightarrow Y$ 及 $Z\subseteq Y$，有 $X\rightarrow Z$。
- **伪传递规则**：由 $X\rightarrow Y$，$WY\rightarrow Z$，有 $XW\rightarrow Z$。

根据合并规则和分解规则，很容易得到这样一个重要事实。

引理 9.1 $X\rightarrow A_1A_2\cdots A_k$ 成立的充分必要条件是 $X\rightarrow A_i$ 成立（$i=1, 2, \cdots, k$）。

定义 9.13 给定关系模式 $R<U, F>$，F 所逻辑蕴含的函数依赖全体叫作 F 的**闭包**，记为 F^+。

Armstrong 公理系统是有效的、完备的。Armstrong 公理的**有效性**是指：由 F 出发根据 Armstrong 公理推导出来的每一个函数依赖一定在 F^+ 中；**完备性**是指 F^+ 的每一个函数依赖必定可以由 F 出发根据 Armstrong 公理推导出来。

要证明完备性，首先要解决如何判定一个函数依赖是否属于由 F 根据 Armstrong 公理推导出来的函数依赖的集合。当然，如果能求出这个集合，问题就解决了，但这是一个 NP-C 问题，没有有效的算法。例如，从 $F=\{X\rightarrow A_1, \cdots, X\rightarrow A_n\}$ 出发，至少可以推导出 2^n 个不同的函数依赖，为此引入下面概念。

定义 9.14 设 F 为属性集 U 上的一组函数依赖，$X\subseteq U$，$X_F^+=\{A|X\rightarrow A$ 能由 F 根据 Armstrong 公理导出$\}$，X_F^+ 称为**属性集 X 关于函数依赖集 F 的闭包**。

由引理 9.1 容易得出：

引理 9.2 设 F 为属性集 U 上的一组函数依赖，$X, Y\subseteq U$，$X\rightarrow Y$ 能由 F 根据 Armstrong 公理导出的充分必要条件是 $Y\subseteq X_F^+$。

于是，判定 $X\rightarrow Y$ 是否能由 F 根据 Armstrong 公理导出的问题，就转化为求出 X_F^+ 并判定 Y 是否为 X_F^+ 的子集的问题。这个问题由算法 9.1 解决。

算法 9.1 求属性集 $X(X\subseteq U)$ 关于 U 上的函数依赖集 F 的闭包 X_F^+。

输入：X, F

输出：X_F^+

步骤：

（1）令 $X^{(0)}=X$，$i=0$。

（2）求 B，这里 $B=\{A|(\exists V)(\exists W)(V\rightarrow W\in F \wedge V\subseteq X^{(i)} \wedge A\in W)\}$。

---

[1] $t[X]$ 表示元组 t 在属性（组）X 上的分量，等价于 $t.X$。

（3）$X^{(i+1)}=B\cup X^{(i)}$。

（4）判断 $X^{(i+1)}=X^{(i)}$ 是否成立。

（5）若成立或 $X^{(i)}=U$，则 $X^{(i)}$ 就是 X_F^+，算法终止。

（6）否则 $i=i+1$，返回第（2）步。

例 9.5　已知关系模式 $R<U, F>$，其中：

$U=\{A, B, C, D, E\}$，$F=\{AB\rightarrow C, B\rightarrow D, C\rightarrow E, EC\rightarrow B, AC\rightarrow B\}$

求 $(AB)_F^+$。

解　由算法 9.1，设 $X^{(0)}=AB$。

计算 $X^{(1)}$，逐一扫描 F 的各个函数依赖，找出左部为 A、B 或 AB 的函数依赖，有 $AB\rightarrow C$，$B\rightarrow D$，于是 $X^{(1)}=AB\cup CD=ABCD$。

因为 $X^{(0)}\neq X^{(1)}$，所以再找出左部为 $ABCD$ 子集的那些函数依赖，有 $C\rightarrow E$，$AC\rightarrow B$，于是 $X^{(2)}=X^{(1)}\cup BE=ABCDE$。

因为 $X^{(2)}$ 已等于全部属性集合，所以 $(AB)_F^+=ABCDE$。

对于算法 **9.1**，令 $a_i=|X^{(i)}|$，$\{a_i\}$ 形成一个步长大于等于 1 的严格递增的序列，序列的上界是 $|U|$，因此该算法最多经过 $|U|-|X|$ 次循环就会终止。

定理 9.2　Armstrong 公理系统是有效的、完备的。

Armstrong 公理系统的有效性可由定理 9.1 证明。完备性的证明从略。

Armstrong 公理的完备性和有效性说明了导出与逻辑蕴含是两个完全等价的概念。于是 F^+ 也可以说成是由 F 出发借助 Armstrong 公理导出的函数依赖的集合。

从蕴含（或导出）的概念出发，又引入了两个函数依赖集等价和最小依赖集的概念。

定义 9.15　如果 $G^+=F^+$，就说函数依赖集 F 覆盖 G（G 覆盖 F），或者 F 与 G 等价。

引理 9.3　$F^+=G^+$ 的充分必要条件是 $F\subseteq G^+$ 和 $G\subseteq F^+$。

证　必要性显而易见，这里只证充分性。

（1）若 $F\subseteq G^+$，则 $X_F^+\subseteq X_{G^+}^+$。

（2）任取 $X\rightarrow Y\in F^+$ 则有 $Y\subseteq X_F^+\subseteq X_{G^+}^+$。

所以 $X\rightarrow Y\in (G^+)^+=G^+$。即 $F^+\subseteq G^+$。

（3）同理可证 $G^+\subseteq F^+$，所以 $F^+=G^+$。

要判定 $F\subseteq G^+$，只需逐一对 F 中的函数依赖 $X\rightarrow Y$ 考察 Y 是否属于 $X_{G^+}^+$。因此引理 9.3 给出了判断两个函数依赖集等价的可行算法。

定义 9.16　如果函数依赖集 F 满足下列条件，则称 F 为一个**极小函数依赖集**，亦称为**最小依赖集**或**最小覆盖**。

（1）F 的任一函数依赖的右部仅含有一个属性。

（2）F 不存在这样的函数依赖 $X\rightarrow A$，使得 F 与 $F-\{X\rightarrow A\}$ 等价。

（3）F 不存在这样的函数依赖 $X\rightarrow A$，X 有真子集 Z 使得 $F-\{X\rightarrow A\}\cup\{Z\rightarrow A\}$ 与 F 等价。

例 9.6　考察关系模式 $S<U, F>$，其中：

$U=\{SNO, SDEPT, MNAME, CNAME, G\}$，

$F=\{SNO\rightarrow SDEPT, SDEPT\rightarrow MNAME, (SNO, CNAME)\rightarrow G\}$

设 $F'=\{SNO\rightarrow SDEPT, SNO\rightarrow MNAME, SDEPT\rightarrow MNAME, (SNO, CNAME)\rightarrow G, (SNO, SDEPT)\rightarrow SDEPT\}$

根据定义 9.16 可以验证 F 是最小覆盖，而 F' 不是。

因为 F' -{SNO→MNAME}与 F' 等价，F' -{(SNO, SDEPT)→SDEPT}与 F' 等价。

定理 9.3 每一个函数依赖集 F 均等价于一个极小函数依赖集 F_m。此 F_m 称为 F 的最小依赖集。

证 这是一个构造性的证明，分三步对 F 进行"极小化处理"，找出 F 的一个最小依赖集。

（1）逐一检查 F 的各函数依赖 FD_i：$X→Y$，若 $Y=A_1A_2\cdots A_k$，$k>2$，则用 $\{X→A_j|j=1, 2, \cdots, k\}$ 取代 $X→Y$。

（2）逐一检查 F 的各函数依赖 FD_i：$X→A$，令 $G=F-\{X→A\}$，若 $A\in X_G^+$，则从 F 去掉此函数依赖（因为 F 与 G 等价的充分必要条件是 $A\in X_G^+$）。

（3）逐一取出 F 的各函数依赖 FD_i：$X→A$，设 $X=B_1B_2\cdots B_m$，逐一考查 B_i（$i=1, 2, \cdots, m$），若 $A\in(X-B_i)_F^+$，则以 $X-B_i$ 取代 X（因为 F 与 $F-\{X→A\}\cup\{Z→A\}$ 等价的充分必要条件是 $A\in Z_F^+$，其中 $Z=X-B_i$）。

最后剩下的 F 就一定是最小依赖集，并且与原来的 F 等价。因为对 F 的每一次"改造"都保证了改造前后的两个函数依赖集等价。

应当指出，F 的最小依赖集 F_m 不一定是唯一的，它与对各函数依赖 FD_i 及 $X→A$ 的 X 各属性的处置顺序有关。

例 9.7 $F = \{A→B, B→A, B→C, A→C, C→A\}$，求 F 的两个最小依赖集 F_{m_1}，F_{m_2}。

$$F_{m_1} = \{A→B, B→C, C→A\}$$
$$F_{m_2} = \{A→B, B→A, A→C, C→A\}$$

若改造后的 F 与原来的 F 相同，则说明 F 本身就是一个最小依赖集，因此定理 9.3 的证明给出的"极小化处理"过程也可以看成是检验 F 是否为最小依赖集的一个算法。

两个关系模式 $R_1<U, F>$，$R_2<U, G>$，如果 F 与 G 等价，则 R_1 的关系一定是 R_2 的关系。反之，R_2 的关系也一定是 R_1 的关系。所以，对关系模式 $R<U, F>$，允许用与 F 等价的依赖集 G 取代 F。

9.7 模式分解

从前面的介绍可知，通过模式分解可以由低级范式得到高级范式。下面先介绍模式分解的特性，然后介绍分解算法。

定义 9.17 函数依赖集 $\{X→Y|X→Y\in F^+\wedge XY\subseteq U_i\}$ 的一个覆盖 F_i 叫作 F 在属性 U_i 上的**投影**。

其中 $U=\bigcup_{i=1}^n U_t$，并且没有 $U_i\subseteq U_j$，$1\le i$, $j\le n$，F_i 是 F 在 U_i 上的投影。

定义 9.18 关系模式 $R<U, F>$ 的一个分解是指 $\rho=\{R_1<U_1, F_1>, R_2<U_2, F_2>, \cdots, R_n<U_n, F_n>\}$。

9.7.1 模式分解的 3 个定义

模式分解是多种多样的，但是分解后产生的模式应与原模式等价。根据观察问题的不同角度，等价的概念有以下 3 种定义。

（1）分解具有无损连接性（Lossless Join）。

（2）分解保持函数依赖（Preserve Dependency）。

（3）分解既保持函数依赖，又具有无损连接性。

这 3 个定义是实行分解的 3 条不同准则。按照不同的分解准则，模式所能达到的分解程度各不相同，各种范式就是对分解程度的测度。9.7.1 节要讨论的问题如下。

（1）无损连接性和保持函数依赖的含义是什么？如何判断？

（2）对于不同的分解等价定义，究竟能达到何种程度的分解，即分解后的关系模式是第几范式。

（3）如何实现分解？即给出分解的算法。

一个关系分解为多个关系，相应地，原来存储在一个关系的数据就要分散存储到多个关系，使这个分解有意义的起码要求是后者不能丢失前者的信息。

首先来看两个例子，说明按定义 9.18，若只要求 $R<U, F>$ 分解后的各关系模式所含属性的"并"等于 U，则这个限定是很不够的。

例 9.8 已知关系模式 $R<U, F>$，其中 $U=\{SNO, SDEPT, MN\}$，$F=\{SNO{\to}SDEPT, SDEPT{\to}MN\}$。$R<U, F>$ 的元组语义是学生 SNO 正在 SDEPT 系学习，其系主任是 MN，并且一个学生只在一个系学习，一个系只有一名系主任。关系模式 R 的实例如表 9-4 所示。

表 9-4　　　　　　　　　　　　　　关系模式 R 的实例

SNO	SDEPT	MN
S1	D1	张　五
S2	D1	张　五
S3	D2	李　四
S4	D3	王　一

由于 R 存在传递函数依赖 SNO→MN，所以它会发生更新异常。例如，如果 S4 毕业，D3 系的系主任的信息也就丢失了。反过来，如果某个系尚无在校学生，则这个系的系主任的信息也无法存入。

（1）对 R 的第 1 种分解。

$\rho_1=\{R_1<SNO, \phi>, R_2<SDEPT, \phi>, R_3<MN, \phi>\}$

分解后诸 R_i 的关系 r_i 实例是 R 在 U_i 上的投影，即 $r_i=R[U_i]$。

$r_1=\{S1, S2, S3, S4\}$，$r_2=\{D1, D2, D3\}$，$r_3=\{张五, 李四, 王一\}$。

分解后的数据库不能回答诸如"S1 在哪个系学习"的问题，出现了信息缺失现象，这样的分解没有任何实际意义。

如果分解后的数据库能够恢复到分解前的状态，即所有 R_i 的自然连接操作的结果和 R 相同，就做到了不丢失信息。显然，例 9.8 的分解 ρ_1 产生的诸关系连接的结果实际上是它们的笛卡儿积，增加了元组数量，但丢失了信息。

（2）对 R 的第 2 种分解。

$\rho_2=\{R_1<\{SNO, SDEPT\}, \{SNO{\to}SDEPT\}>, R_2<\{SNO, MN\}, \{SNO{\to}MN\}>\}$

可以证明 ρ_2 对 R 的分解是可恢复的，但是前面提到的插入和删除异常仍然没有解决，原因就在于原来在 R 存在的函数依赖 SDEPT→MN 在 R_1 和 R_2 中都没有出现。因此人们又要求分解具有保持函数依赖的特性。

（3）对 R 的第 3 种分解。

$\rho_3=\{R_1<\{SNO, SDEPT\}, \{SNO{\to}SDEPT\}>, R_2<\{SDEPT, MN\}, \{SDEPT{\to}MN\}>\}$

可以证明分解 ρ_3 既具有无损连接性，又保持函数依赖。它解决了更新异常，又没有丢失原数据库的信息，这是所希望的分解。

由此可以看出提出对数据库模式等价的 3 个不同定义的原因。下面严格定义分解的无损连接性和保持函数依赖性并讨论它们的判别算法。

9.7.2 分解的无损连接性和保持函数依赖性

设 $\rho=\{R_1<U_1, F_1>, \cdots, R_k<U_k, F_k>\}$ 是 $R<U, F>$ 的一个分解，r 是 $R<U, F>$ 的一个关系实例。定义 $m_\rho(r)= \underset{i=1}{\overset{k}{\bowtie}} \pi_{R_i}(r)$，即 $m_\rho(r)$ 是 r 在 ρ 中各关系模式上投影的连接。这里 $\pi_{R_i}(r)=\{t.U_i|t\in r\}$。

引理 9.4 设 $R<U, F>$ 是一个关系模式，$\rho=\{R_1<U_1, F_1>, \cdots, R_k<U_k, F_k>\}$ 是 R 的一个分解，r 是 R 的一个关系实例，$r_i=\pi_{R_i}(r)$，则

（1）$r\subseteq m_\rho(r)$。

（2）若 $s=m_\rho(r)$，则 $\pi_{R_i}(s)=r_i$。

（3）$m_\rho(m_\rho(r))=m_\rho(r)$。

证

（1）证明 r 的任何一个元组属于 $m_\rho(r)$。

任取 r 的一个元组 t，设 $t_i=t.U_i$（$i=1, 2, \cdots, k$）。对 k 进行归纳可以证明 $t_1 t_2 \cdots t_k \in \underset{i=1}{\overset{k}{\bowtie}} \pi_{R_i}(r)$，所以 $t \in m_\rho(r)$，即 $r\subseteq m_\rho(r)$。

（2）由结论（1）得到 $r\subseteq m_\rho(r)$，所以 $r\subseteq s$，$\pi_{R_i}(r)\subseteq \pi_{R_i}(s)$。现只需证明 $\pi_{R_i}(s)\subseteq \pi_{R_i}(r)$，就有 $\pi_{R_i}(s)=\pi_{R_i}(r)=r_i$。

任取 $s_i\in \pi_{R_i}(s)$，必有 s 的一个元组 v，使得 $v.U_i=s_i$。根据自然连接的定义 $v=t_1 t_2 \cdots t_k$，对于某中每一个 t_i，必存在 r 的一个元组 t，使得 $t.U_i=t_i$。由前面 $\pi_{R_i}(r)$ 的定义即得 $t_i \in \pi_{R_i}(r)$。又因为 $v=t_1 t_2 \cdots t_k$，故 $v.U_i=t_i$。又由上面证得 $v.U_i=s_i$，$t_i\in \pi_{R_i}(r)$，故 $s_i\in \pi_{R_i}(r)$，即 $\pi_{R_i}(s)\subseteq \pi_{R_i}(r)$，故 $\pi_{R_i}(s)=\pi_{R_i}(r)$。

（3）$m_\rho(m_\rho(r))=\underset{i=1}{\overset{k}{\bowtie}}(\pi_{R_i}(m_\rho(r)))=\underset{i=1}{\overset{k}{\bowtie}}\pi_{R_i}(s)=\underset{i=1}{\overset{k}{\bowtie}}\pi_{R_i}(r)=m_p(r)$。

定义 9.19 $\rho=\{R_1<U_1, F_1>, \cdots, R_k<U_k, F_k>\}$ 是 $R<U, F>$ 的一个分解，若对 $R<U, F>$ 的任何一个关系 r 均有 $r=m_\rho(r)$ 成立，则称分解 ρ **具有无损连接性**，简称 ρ 为**无损分解**。

直接根据定义 9.19 鉴别一个分解的无损连接性是不可能的，下面的算法给出了一个判别的方法。

算法 9.2 判别一个分解的无损连接性。

$\rho=\{R_l<U_l, F_l>, \cdots, R_k<U_k, F_k>\}$ 是 $R<U, F>$ 的一个分解，$U=\{A_l, \cdots, A_n\}$，$F=\{FD_1, FD_2, \cdots, FD_m\}$，不妨设 F 是一最小依赖集，记 FD_i 为 $X_i \to A_j$。

（1）建立一张 n 列 k 行的表。每列对应一个属性，每行对应分解的一个关系模式。若属性 A_j 属于 U_i，则在 i 行 j 列的交叉处填上 a_j，否则填上 b_{ij}。

（2）对 F 的每一个 FD_i 做下列操作：找到 X_i 对应的列具有相同符号的那些行。考察这些行的第 j 列的元素，若其中有 a_j，则全部改为 a_j；否则全部改为 b_{mj}（m 是这些行的行号最小值）。

如果在某次更改之后，有一行成为 $a_1, a_2, \cdots, a_n$，则算法终止。

（3）比较扫描前后表有无变化。如果有变化，则返回第（2）步，否则算法终止。

因为每次扫描至少应使该表减少一个符号，表中符号有限，因此算法必然终止。

定理 9.4 ρ 为无损连接分解的充分必要条件是算法 9.2 终止时，表中有一行为 $a_1, a_2, \cdots, a_n$。

证明从略。

例 9.9 已知 $R<U, F>$，$U=\{A, B, C, D, E\}$，$F=\{AB\to C, C\to D, D\to E\}$，$R$ 的一个分解为 $R_1(A, B, C)$，$R_2(C, D)$，$R_3(D, E)$。

（1）首先构造初始表，如表 9-5 所示。

表 9-5   判断无损连接的初始表

A	B	C	D	E
a_1	a_2	a_3	b_{14}	b_{15}
b_{21}	b_{22}	a_3	a_4	b_{25}
b_{31}	b_{32}	b_{33}	a_4	a_5

（2）对于 $AB{\rightarrow}C$，因为各元组的第 1 列、第 2 列没有相同的分量，所以表无变化。由 $C{\rightarrow}D$ 可以把 b_{14} 改为 a_4，再由 $D{\rightarrow}E$ 可使 b_{15}、b_{25} 全改为 a_5。最后结果如表 9-6 所示。因为表中第 1 行成为 a_1, a_2, a_3, a_4, a_5，所以此分解具有无损连接性。

表 9-6   判断无损连接的结果表

A	B	C	D	E
a_1	a_2	a_3	a_4	a_5
b_{21}	b_{22}	a_3	a_4	a_5
b_{31}	b_{32}	b_{33}	a_4	a_5

当关系模式 R 分解为两个关系模式 R_1、R_2 时，有下面的判定准则。

定理 9.5 $R{<}U, F{>}$ 的一个分解 $\rho =\{R_1{<}U_1, F_1{>}, R_2{<}U_2, F_2{>}\}$ 具有无损连接性的充分必要条件是 $U_1 \cap U_2{\rightarrow}U_1 \in F^+$ 或 $U_1 \cap U_2{\rightarrow}U_2 \in F^+$。

定理的证明留给读者完成。

定义 9.20   若 $F^+=(\bigcup\limits_{i=1}^{k}F_i)^+$，则称 $R{<}U, F{>}$ 的分解 $\rho=\{R_1{<}U_1, F_1{>}, \cdots, R_k{<}U_k, F_k{>}\}$ 保持函数依赖。

引理 9.3 给出了判断两个函数依赖集等价的可行算法。因此引理 9.3 也给出了判别 R 的分解 ρ 是否保持函数依赖的方法。

9.7.3 模式分解的算法

关于模式分解的几个重要结论如下。

- 若要求分解保持函数依赖，则模式分解总可以达到 3NF，但不一定能达到 BCNF。
- 若要求分解既保持函数依赖，又具有无损连接性，则可以达到 3NF，但不一定能达到 BCNF。
- 若要求分解具有无损连接性，则一定可达到 4NF。

它们分别由算法 9.3、算法 9.4、算法 9.5 和算法 9.6 来实现。

算法 9.3   （合成法）转换为保持函数依赖的 3NF 的分解。

（1）对 $R{<}U, F{>}$ 的函数依赖集 F 进行极小化处理（处理后得到的依赖集仍记为 F）。

（2）找出不在 F 出现的属性，将这些属性构成一个关系模式 $R_0{<}U_0, F_0{>}$。把这些属性从 U 去掉，剩余的属性仍记为 U。

（3）若有 $X{\rightarrow}A \in F$，且 $XA{=}U$，则 $\rho =\{R\}$，算法终止。

（4）否则，对 F 按具有相同左部的原则分组（假定分为 k 组），每一组函数依赖 F_i 涉及的全部属性形成一个属性集 U_i。若 $U_i \subseteq U_j$（$i{\neq}j$），就去掉 U_i。由于经过了步骤（2），故 $U=\bigcup\limits_{i=1}^{k} U_i$，于是 $\rho =\{R_1{<}U_1, F_1{>}, \cdots, R_k{<}U_k, F_k{>}\} \bigcup R_0{<}U_0, F_0{>}$ 构成 $R{<}U, F{>}$ 的一个保持函数依赖的分解。

下面证明每一个 $R_i{<}U_i, F_i{>}$ 一定属于 3NF。

设 $F_i=\{X{\rightarrow}A_1, X{\rightarrow}A_2, \cdots, X{\rightarrow}A_k\}$，$U_i=\{X, A_1, A_2, \cdots, A_k\}$

（1）$R_i<U_i, F_i>$ 一定以 X 为码。

（2）若 $R_i<U_i, F_i>$ 不属于 3NF，则必存在非主属性 A_m（$1 \leqslant m \leqslant k$）及属性组 Y，$A_m \notin Y$，使得 $X \rightarrow Y$，$Y \rightarrow A_m \in F_i^+$，而 $Y \rightarrow X \notin F_i^+$。

若 $Y \subset X$，则与 $X \rightarrow A_m$ 属于最小依赖集 F 相矛盾，因而 $Y \nsubseteq X$。令 $Y-X=\{A_1, \cdots, A_p\}$，$G=F-\{X \rightarrow A_m\}$，显然 $Y \subseteq X_G^+$，即 $X \rightarrow Y \in G^+$。

可以断言 $Y \rightarrow A_m$ 也属于 G^+。因为 $Y \rightarrow A_m \in F_i^+$，所以 $A_m \in Y_F^+$。若 $Y \rightarrow A_m$ 不属于 G^+，则在求 Y_F^+ 的算法中，只有使用 $X \rightarrow A_m$ 才能将 A_m 引入。因为按算法 9.1 必有 j，使得 $X \subseteq Y^{(j)}$，所以 $Y \rightarrow X$ 成立，矛盾。

于是 $Y \rightarrow A_m \in G^+$，从而 $X \rightarrow A_m$ 属于 G^+，这与 F 是最小依赖集相矛盾。所以 $R_i<U_i, F_i>$ 一定属于 3NF。

算法 9.4 转换为既保持无损连接，又保持函数依赖的 3NF 分解。

（1）设 X 是 $R<U, F>$ 的码。$R<U, F>$ 已由算法 9.3 分解为 $\rho=\{R_1<U_1, F_1>, \cdots, R_k<U_k, F_k>\}$，令 $\tau=\rho \cup \{R^*<X, F_X>\}$，$F_X$ 是 F 在 X 上的投影。

（2）若有某个 U_i，$X \subseteq U_i$，将 $R^*<X, F_X>$ 从 τ 中去掉。

（3）τ 就是所求的分解。

$R^*<X, F_X>$ 显然属于 3NF，而 τ 保持函数依赖，只要判定 τ 的无损连接性即可。

由于 τ 中必有某关系模式 $R(T)$ 的属性组 $X \subseteq T$。由于 X 是 $R<U, F>$ 的码，任取 $U-T$ 中的属性 B，必然存在某个 i，使 $B \in T^{(i)}$（按算法 9.1）。对 i 实行归纳法，由算法 9.2 可以证明，表中关系模式 $R(T)$ 所在的行一定可成为 $a_1, a_2, \cdots, a_n$。

τ 的无损连接性得证。

算法 9.5 转换为 BCNF 的无损连接分解（分解法）。

（1）令 $\rho=\{R<U, F>\}$。

（2）检查 ρ 中各关系模式是否均属于 BCNF。若是，则算法终止。

（3）设 ρ 中 $R_i<U_i, F_i>$ 不属于 BCNF，则必有 $X \rightarrow A \in F_i^+$（$A \notin X$），且 X 非 R_i 的码。因此，XA 是 U_i 的真子集。对 R_i 进行分解：$\sigma=\{S_1, S_2\}$，$U_{S1}=XA$，$U_{S2}=U_i-\{A\}$，以 σ 代替 $R_i(U_i, F_i)$，返回第（2）步。

由于 U 的属性有限，因而有限次循环后，算法 9.5 一定会终止。

这是一个自顶向下的算法。它自然形成一棵对 $R(U, F)$ 的二叉分解树。应当指出，$R<U, F>$ 的分解树不一定是唯一的。这与步骤（3）中具体选定的 $X \rightarrow A$ 有关。

算法 9.5 最初令 $\rho=\{R<U, F>\}$，显然 ρ 是无损连接分解，以后的分解则由下面的引理 9.5 保证了它的无损连接性。

引理 9.5 若 $\rho=\{R_1<U_1, F_1>, \cdots, R_k<U_k, F_k>\}$ 是 $R<U, F>$ 的一个无损连接分解，$\sigma=\{S_1, S_2, \cdots, S_m\}$ 是 ρ 中 $R_i<U_i, F_i>$ 的一个无损连接分解，则

$\rho'=\{R_1, R_2, \cdots, R_{i-1}, S_1, \cdots, S_m, R_{i+1}, \cdots, R_k\}$，

$\rho''=\{R_1, \cdots, R_k, R_{k+1}, \cdots, R_n\}$（$\rho''$ 是 $R<U, F>$ 包含 ρ 的关系模式集合的分解），均是 $R<U, F>$ 的无损连接分解。

证明的关键是自然连接的结合律，下面给出结合律的证明，其他部分留给读者证明。

图 9-7 3 个关系属性的联系

引理 9.6 $(R_1 \bowtie R_2) \bowtie R_3 = R_1 \bowtie (R_2 \bowtie R_3)$。

证 设 r_i 是 $R_i<U_i, F_i>$ 的关系，$i=1, 2, 3$；

又设 $U_1 \cap U_2 \cap U_3 = V$；

$$U_1 \cap U_2 - V = X;$$
$$U_2 \cap U_3 - V = Y;$$
$$U_1 \cap U_3 - V = Z（如图 9-7 所示）。$$

容易证明 t 是 $(R_1 \bowtie R_2) \bowtie R_3$ 中的一个元组的充分必要条件是 t_{R_1}，t_{R_2}，t_{R_3} 是 t 的连串，这里 $t_{R_i} \in r_i$（$i=1, 2, 3$），$t_{R_1}[V] = t_{R_2}[V] = t_{R_3}[V]$，$t_{R_1}[X] = t_{R_2}[X]$，$t_{R_1}[Z] = t_{R_3}[Z]$，$t_{R_2}[Y] = t_{R_3}[Y]$。而这也是 t 为 $R \bowtie (R_2 \bowtie R_3)$ 中的元组的充分必要条件。于是有

$$(R_1 \bowtie R_2) \bowtie R_3 = R_1 \bowtie (R_2 \bowtie R_3)$$

在前面已经指出，若一个关系模式存在多值依赖（指非平凡的非函数依赖的多值依赖），则数据的冗余大，而且存在插入、修改、删除异常等问题。为此，要消除这种多值依赖，使模式分离达到新的高度 4NF。下面讨论达到 4NF 的具有无损连接性的分解。

定理 9.6 在关系模式 $R<U, D>$ 中，D 为 R 的函数依赖 FD 和多值依赖 MVD 的集合，则 $X \rightarrow \rightarrow Y$ 成立的充分必要条件是 R 的分解 $\rho = \{R_1<X, Y>, R_2<X, Z>\}$ 具有无损连接性，其中 $Z = U - X - Y$。

证 首先证明充分性。

若 ρ 是 R 的一个无损连接分解，则对 $R<U, D>$ 的任一关系 r 有：

$$r = \pi_{R_1}(r) \bowtie \pi_{R_2}(r)$$

设 t，$s \in r$，且 $t[X] = s[X]$，于是 $t[XY]$，$s[XY] \in \pi_{R_1}(r)$，$t[XZ]$，$s[XZ] \in \pi_{R_2}(r)$。由于 $t[X] = s[X]$，所以 $t[XY] \cdot s[XZ]$ 与 $t[XZ] \cdot s[XY]$ 均属于 $\pi_{R_1}(r) \bowtie \pi_{R_2}(r)$，也即属于 r。令 $u = t[XY] \cdot s[XZ]$，$v = t[XZ] \cdot s[XY]$，于是有 $u[X] = v[X] = t[X]$，$u[Y] = t[Y]$，$u[Z] = s[Z]$，$v[Y] = s[Y]$，$v[Z] = t[Z]$，所以 $X \rightarrow \rightarrow Y$ 成立。

再证明必要性。

若 $X \rightarrow \rightarrow Y$ 成立，对于 $R<U, D>$ 的任一关系 r，任取 $\omega \in \pi_{R_1}(r) \bowtie \pi_{R_2}(r)$，则必有 t，$s \in r$，使得 $\omega = t[XY] \cdot s[XZ]$，由于 $X \rightarrow \rightarrow Y$ 对 $R<U, D>$ 成立，则 ω 应当属于 r，所以 ρ 是无损连接分解。

定理 9.6 给出了对 $R<U, D>$ 的一个无损的分解方法。若 $R<U, D>$ 有 $X \rightarrow \rightarrow Y$ 成立，则 R 的分解 $\rho = \{R_1<X, Y>, R_2<X, Z>\}$ 具有无损连接性。

算法 9.6 达到 4NF 的具有无损连接性的分解。

首先使用算法 9.5，得到 R 的一个达到了 BCNF 的无损连接分解 ρ。然后对某一 $R_i<U_i, D_i>$，若不属于 4NF，则可按定理 9.6 的方法分解，直到每一个关系模式均属于 4NF 为止。定理 9.6 和引理 9.5 保证最后得到的分解的无损连接性。

给定关系模式 $R<U, D>$，D 是 U 上的一组数据依赖（函数依赖和多值依赖），有一个有效且完备的公理系统。

A1： 若 $Y \subseteq X \subseteq U$，则 $X \rightarrow Y$。

A2： 若 $X \rightarrow Y$，且 $Z \subseteq U$，则 $XZ \rightarrow YZ$。

A3： 若 $X \rightarrow Y$，$Y \rightarrow Z$，则 $X \rightarrow Z$。

A4： 若 $X \rightarrow \rightarrow Y$，$V \subseteq W \subseteq U$，则 $XW \rightarrow \rightarrow YV$。

A5： 若 $X \rightarrow \rightarrow Y$，则 $X \rightarrow \rightarrow U - X - Y$。

A6： 若 $X \rightarrow \rightarrow Y$，$Y \rightarrow \rightarrow Z$，则 $X \rightarrow \rightarrow Z - Y$。

A7： 若 $X \rightarrow Y$，则 $X \rightarrow \rightarrow Y$。

A8： 若 $X \rightarrow \rightarrow Y$，$W \rightarrow Z$，$W \cap Y = \varnothing$，$Z \subseteq Y$，则 $X \rightarrow Z$。

公理系统的有效性是指从 D 出发根据这 8 条公理推导出的函数依赖或多值依赖一定为 D 蕴含；完备性是指凡 D 所蕴含的函数依赖或多值依赖，均可以从 D 出发根据这 8 条公理推导出来。

也就是说，在函数依赖和多值依赖的条件下，"蕴含"与"导出"仍是等价的。

A1、A2、A3 公理的有效性在前面已证明，其余公理的有效性证明留给读者完成。

由以上 8 条公理可得如下 4 条有用的推理规则。

- 合并规则：若 $X \rightarrow\rightarrow Y$，$X \rightarrow\rightarrow Z$，则 $X \rightarrow\rightarrow YZ$。
- 伪传递规则：若 $X \rightarrow\rightarrow Y$，$WY \rightarrow Z$，则 $WX \rightarrow\rightarrow Z-WY$。
- 混合伪传递规则：若 $X \rightarrow\rightarrow Y$，$XY \rightarrow Z$，则 $X \rightarrow Z-Y$。
- 分解规则：若 $X \rightarrow\rightarrow Y$，$X \rightarrow\rightarrow Z$，则 $X \rightarrow\rightarrow Y \cap Z$，$X \rightarrow\rightarrow Y-Z$，$X \rightarrow\rightarrow Z-Y$。

小　结

本章着重介绍了函数依赖、多值依赖、范式、Armstrong 公理系统和模式分解算法。

关系 R 满足函数依赖 $X \rightarrow Y$，是指对于 R 的任何关系实例，如果存在两个不同的元组 t_1 和 t_2，并且 $t_1(X)=t_2(X)$，则必然有 $t_1(Y)=t_2(Y)$。显然，如果 $Y \subseteq X$，则一定有 $X \rightarrow Y$，这样的函数依赖叫作平凡函数依赖。通常说的函数依赖指的是非平凡依赖。由于函数依赖要求对于 R 的任何关系实例都成立，因此，不能通过枚举的方法来验证函数依赖成立与否。函数依赖属于语义范畴，只能通过对应用的具体分析得到。

关系 R 满足多值依赖 $X \rightarrow\rightarrow Y$，是指对于 R 的任何关系实例，如果存在两个不同的元组 t_1 和 t_2，并且 $t_1(X)=t_2(X)$，则 $t_1(Y)=t_2(Y)$，而且必然存在两个不同的元组 t_3 和 t_4，有 $t_3(X)=t_3(X)$，$t_3(Z)=t_4(Z)$，$Z=U-X-Y$，t_3 和 t_4 可以是 t_1 和 t_2 中的某一个，对此图 9-6 给出了很好的诠释。

如果关系 R 除了码引入的函数依赖外，还有其他的数据依赖，如 9.4 节介绍的多值依赖，则要对这些数据依赖进行分析。首先消除多值依赖，然后消除非主属性对码的部分函数依赖，主属性和非主属性对码的传递函数依赖最终使得一个关系模式只存在由码引入的函数依赖。BCNF 是函数依赖范畴的最高范式，如果考虑多值依赖，则第 4 范式是最高范式。消除不希望出现的数据依赖的方法是模式分解，即将一个关系模式分解为若干个关系模式。这种分解不是唯一的，但是分解后的模式应该与原模式等价。对于等价，人们从不同角度给出了 3 种定义：模式分解要满足无损连接性；模式分解要保持函数依赖；模式分解既满足无损连接，又保持函数依赖。

最后简单介绍泛关系假设的概念。泛关系假设是把某应用环境中所有实体和实体之间的联系组织在一个关系模式。所以，本章总是对一个关系模式进行分析，发现存在的问题后，通过分解得到一组关系模式。在实际应用中，首先分析应用环境数据之间的关系，设计 E-R 图，然后把 E-R 图中的实体型和联系型转换成合适的关系模式，再运用规范化理论对每一个关系模式进行分析和验证，根据实际要求，通过模式分解使得每个关系模式达到某一个范式，也许不是最高范式。

习　题

1. 给出下列术语的定义。

函数依赖、部分函数依赖、完全函数依赖、传递函数依赖、主码、外码、全码、1NF、2NF、3NF、BCNF、多值依赖、4NF。

2. 建立一个关于系、学生、班级、学会等诸信息的关系数据库。

描述学生的属性有：学号、姓名、出生年月、系名、班号、宿舍区。

描述班级的属性有：班号、专业名、系名、人数、入校年份。

描写系的属性有：系名、系号、系办公室地点、人数。

描述学会的属性有：学会名、成立年份、地点、人数。

有关语义如下：一个系有若干专业，每个专业每年只招一个班，每个班有若干学生；一个系的学生住在同一宿舍区；每个学生可参加若干学会，每个学会有若干学生；学生参加某学会有一个入会年份。

请给出关系模式，写出每个关系模式的函数依赖集，指出是否存在传递函数依赖。

对于函数依赖左部是多属性的情况，讨论函数依赖是完全函数依赖还是部分函数依赖。

指出各关系的码、外部码，以及有没有全码存在。

3．试举出 3 个多值依赖的实例。

4．下面的结论哪些是正确的？哪些是错误的？对于错误的结论，请给出一个反例说明之。

（1）任何一个具有 2 个属性关系都是属于 3NF 的。

（2）任何一个具有 2 个属性关系都是属于 BCNF 的。

（3）任何一个具有 2 个属性关系都是属于 4NF 的。

（4）若 $A \to B$，$B \to C$，则 $A \to C$。

（5）若 $A \to B$，$A \to C$，则 $A \to BC$。

（6）若 $B \to A$，$C \to A$，则 $BC \to A$。

（7）若 $BC \to A$，则 $B \to A$，$C \to A$。

5．试由 Armstrong 公理系统推导出下面的 3 条推理规则。

（1）合并规则：若 $X \to Z$，$X \to Y$，则有 $X \to YZ$。

（2）伪传递规则：由 $X \to Y$，$WY \to Z$，有 $XW \to Z$。

（3）分解规则：若 $X \to Y$，$Z \subseteq Y$，则有 $X \to Z$。

第 **10** 章　对象关系数据库

关系模型的概念简单明了，关系模型建立在严格的数学基础之上，通过数学的方法对之进行研究。我们很好地掌握了它的性质，并运用于实践，创造出了查询优化系统，使得基于关系模型的 DBMS 的性能可以与早期的层次和网状数据库相媲美。同时，由于早期的数据库应用领域是诸如银行业、保险业、航空业等商业领域，这些领域的数据完全可以用关系模型表示，因此，在 20 世纪 80 年代，关系数据库几乎占据了整个市场。

10-1　本章导读

随着计算机技术的发展，涌现出了很多新的应用领域，如计算机辅助设计、计算机辅助制造、空间和地理信息系统、多媒体技术等，这些领域要求对图形、图像、时间序列等数据类型进行有效的存储、检索和处理，但是关系数据库不能很好地满足这些要求。

为此，人们研究了非第 1 范式的关系模型、语义模型、面向对象模型等。其中以面向对象模型的影响最大。从 20 世纪 80 年代末至 20 世纪 90 年代初，出现了一些基于面向对象模型的 DBMS，比较有名的商业系统有 ObjectStore 和 Versant，由于种种原因，这些 DBMS 并没有流行起来；另外，在关系数据库管理系统的基础上，吸收面向对象模型的精华，形成了对象关系数据库管理系统（Object Relational Database System，ORDBMS），早期的系统有 POSTGRES。目前，主流的数据库产品都是对象关系数据库管理系统。

本章首先回顾关系模型的不足，然后简单介绍面向对象模型和对象关系模型的基本概念，最后介绍对象关系数据库。

10.1　关系模型的限制

1. 数据类型

关系模型的第 1 范式要求属性只能是简单数据类型，不能是复合型的数据类型。对于复合型的属性，如表 10-1 所示的工资单，其中的工资和扣除两项，就必须经过技术处理后，才能作为关系的属性，带来诸多不便。

关系模型只允许单值，不允许多值，但是，实际应用中经常会遇到像集合或者序列这样的数据类型。例如，表 10-2 所示的通讯录，生活中一个人会有多个电话号码。为了处理这种情况，根据关系规范化理论，要将通讯录表分解，得到两个表，Person 表和 Phone 表。

```
CREATE TABLE Person(
    PID  int IDENTITY(1,1),
    Pname    char(10)
    PRIMARY KEY(PID)
)

CREATE TABLE Phone(
    PID  int PRIMARY KEY ,
    PhoneNumber   varchar(20)
    FOREIGN KEY(PID) REFERENCES Person(PID)
)
```

Person 表存放联系人的姓名，并增加了一个关键字；Phone 表存储联系人的电话号码，一个电话号码占用一个元组。两个表通过 PID 属性连接，就可以得到每个联系人的所有电话号码。这种处理方法一是不自然，二是需要对两个表做连接运算，而连接运算的代价比较高。

通过这两个例子可以看出，关系模型在支持复杂数据类型方面的能力不足。

表 10-1 工资单

编号	姓名	职称	工 资			扣 除		实发
			基本	工龄	职务	房租	水电	
86051	陈平	讲师	1205	50	80	160	120	1055
……	……	……	……	……	……	……	……	……

表 10-2 通讯录

姓　名	电 话 号 码
王林	8636xxxx(H)，8797xxxx(O)，139xxxxx001
张大民	133xxxxx125，138xxxxx878

2. IsA 层次

E-R 模型支持 IsA 层次，由于父实体型和子实体型的属性可能不同，所以只用一个关系无法同时容纳父实体和子实体，一般采用拆分的方法用多个关系分别表示父实体型和子实体型，编写适当的程序维护父实体和子实体之间的关系。

例如，8.3.3 节的产品的例子，产品是父实体型，台式电脑、笔记本电脑和打印机是子实体型，每个父实体一定会出现在某个子实体型，一个 Product 一定是一台 PC、一台 Laptop 或一台 Printer。每个子实体也会出现在父实体型，一台 PC 一定是一个 Product。这 4 个实体型的关系模式如下。

```
Product(model, maker, type)
PC(model, speed, ram, hd, cd, price)
Laptop(model, speed, ram, hd, screen, price)
Printer(model, color, type, price)
```

为了保证每个产品都出现在 Product 表，可以在 PC、Laptop 和 Printer 表上施加引用完整性限制，由 DBMS 维护。但是为了保证 Product 的每个元组也出现在另外 3 个表的某一个，需要编写程序实现，例如，使用触发器就是一个很好的选择。所以，关系模型对 IsA 层次的支持有一定的局限性。

3. 阻抗失配问题

SQL 不具备图灵机的计算能力，不能用于解决复杂的应用问题，需要借助宿主语言（如 C 和 Java）编写数据库应用程序。

这种处理方式存在若干问题。例如，要在 SQL 环境和宿主语言环境之间移动数据；解决不同数据类型之间的转换问题；SQL 是面向集合的语言，查询结果是元组的集合，而 C 和 Java 等语言一次只能处理一条记录，为了解决此问题，需要引入游标。所有这些都会增加事务的执行时间，降低系统的事务吞吐率。

10.2　面向对象模型

面向对象的概念最早来自于像 SmallTalk 这样的面向对象程序设计语言，它推动了软件技术的发展，其继承性和封装性原则成为现代软件开发领域的重要技术。在面向对象程序设计语言环境中，对象在程序终止后不复存在，如何将其保存到数据库，达到持久化的目的就成为业界的研究课题。面向对象模型扩展了面向对象程序设计语言的概念，使之包含持久化的功能。面向对象模型使用面向对象的观点来描述现实世界实体（对象）的逻辑组织，对象间的限制、联系等，它既可以作为概念模型，也可以作为逻辑模型。

本节首先回顾面向对象的基本概念，然后介绍对象定义语言（Object Definition Language），该语言是对象数据管理组（Object Data Management Group）建立的标准，用于数据建模。

10.2.1　面向对象的基本概念

1. 类型系统

面向对象程序设计语言提供了丰富的类型，分为原子类型和构造类型。原子类型包括 string、int、real 等，它们是类型系统的基础。构造类型由用户使用语言提供的构造器自行定义，Struct 是最典型的构造器之一。例如，将学生的信息定义成一个记录结构。

```
Struct Student{
     char      Sno[7];
     char      Sname[8];
     char      Ssex[2];
     short     Sage;
     char      Sdept[20];
}
```

2. 类和对象

类（class）与 E-R 模型的实体型相似，类有一组属性，同时还有一组方法，访问类的属性必须通过类的方法。

对象（object）是类的实例，赋予类的属性合法的值后，就得到了一个对象。对象和类的关系如同实体和实体型的关系。

某一时刻的类的对象集合叫作类的**外延**（extent）。

3．对象标识

面向对象语言使用对象标识（Object Identifier，OID）区分不同的对象。每个对象有且仅有一个 OID，对象生成时，系统就赋予它一个在系统内唯一的 OID，在对象存续期间，OID 是不变的，系统不会改变它，也不允许用户修改它。

对象可以被抽象为二元组<oid, value>，value 是对象的值。可能有两个不同的对象，它们有相同的值，但是各自的 OID 一定不同。与关系模型相对照，OID 相当于码，但二者有着本质的区别。码与元组的属性值密切相关，而 OID 由系统赋予，与值无关；元组的码可能发生变化，如组成码的属性的值被改变，而 OID 不发生变化。

4．方法

类可以有多个方法（method），**方法**即程序设计语言中的函数，可以被类的所有对象调用。查询或修改对象某个属性的值必须使用类提供的方法，这叫作**封装性**（Encapsulation）。

5．类层次

实际应用中，我们会发现有些类十分相似但又略有不同。例如，职员和学生两个类都有身份证号、姓名、年龄、性别、住址等属性，也有一些相同的方法。但是，职员类也有一些独有的属性和方法，如工龄、工资等。

类层次（class hierarchies）用于解决此类问题。职员和学生共有的属性和方法被抽象出来，定义成一个新类：人。职员类和学生类首先通过继承获得父类的属性和方法，然后各自定义特有的属性和方法。

类层次中，祖先类叫作**超类**，后裔类叫作**子类**。超类是子类的抽象或概括，子类是超类的特殊化或具体化。超类与子类之间的关系体现了概念模型的 IsA 语义。

通过继承，类层次可以动态扩展，一个新的子类能从一个或多个已有类导出。根据一个类能否继承多个超类的特性，将继承分为单继承和多重继承。

若一个子类只能继承一个超类的特性（包括属性和方法），则这种继承称为**单继承**；若一个子类能继承多个超类的特性，则这种继承称为**多重继承**。例如，在职研究生既是职员，又是学生，在职研究生继承了职员和学生两个超类的所有属性和方法。

单继承的类层次结构图是一棵树（见图 10-1），多继承的类层次结构图是一个带根的有向无回路图，如图 10-2 所示。

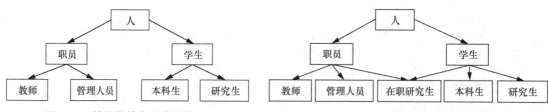

图 10-1　单继承的类层次结构图　　　　图 10-2　多继承的类层次结构图

继承有两个优点，第一，它是建模的有力工具，提供了对现实世界简明而精确的描述；第二，它提供了信息重用机制。由于子类可以继承超类的特性，所以可以避免许多重复定义。当然，子类除了继承超类的特性外，还要定义自己的属性和方法。这些属性和方法可能与继承下来的超类的属性和方法发生冲突，如职员类已经定义了一个操作"打印"，教师子类又要定义一个操作"打

印"，这就产生了同名冲突。这类冲突可能发生在子类与超类之间，也可能发生在子类的多个直接
超类之间。这类冲突通常由系统解决，不同的系统使用不同的冲突解决方法，便产生了不同的继
承语义。

例如，对于子类与超类之间的同名冲突，一般以子类的定义为准，即子类的定义取代由超类
继承而来的定义。对于子类的多个超类之间的同名冲突，有的系统由子类规定超类的优先次序，
首先继承优先级最高的超类的定义；有的系统则指定继承某一个超类的定义。

子类对父类既有继承又有发展，继承的部分就是重用的成分。由封装和继承还导出面向对象
的其他优良特性，如多态、动态连接等。

10.2.2　面向对象模型

关系数据库是关系的集合，关系是元组的集合。面向对象数据库是类的集合，类是对象的集合。
面向对象模型的核心是如何定义类、类层次和对象。下面简单介绍如何使用 ODL 定义这些概念。

1. 类的声明

最简单的类声明由 3 部分组成，即关键字 Class、类的名称、类的特性表。

```
Class <name>{
     <list of property>
}
```

ODL 将类的属性、方法和类之间的联系称为类的**特性**（property），下面将一一进行介绍。

2. 属性

属性声明也是由 3 部分组成的，即关键字 attribute、类型和属性名称。

```
attribute <type> <name>
```

其中，类型（type）可以是原子类型、类和构造类型。

例 10.1　定义学生类和课程类，两个类的属性同第 2.3 的示例数据库。

```
Class  Student{
     attribute        string     Sno;
     attribute        string     Sname;
     attribute        string     Ssex;
     attribute        integer    Sage;
     attribute        string     Sdept;
}
Class  Course{
     attribute        string     Cno;
     attribute        string     Cname;
     attribute        string     Cpno;
     attribute        integer    Ccredit;
}
```

string 和 integer 是原子类型。面向对象模型还允许使用构造类型（在后面介绍），如给学生类
增加一个 PhoneList 属性，用于存放学生的电话号码，PhoneList 属性的类型是字符串的集合。

```
attribute        set<string>     PhoneList
```

3. 方法

类有若干方法，方法有名称、输入参数、输出参数、返回值和抛出的异常。类的方法可以由类的所有对象调用。方法至少要有一个输入参数，它是类的对象，这个参数是隐含的，它就是方法的调用者。这样，同一个方法名可以作为不同类的方法，由于有隐含的输入参数，所以，虽然方法的名称相同，但是方法是不同的方法，这就达到了重载（overload）的目的。

ODL 规定了方法的说明方式，称为**签名**（signatures），但没有规定书写函数代码的语言，这样可以做到类的定义和实现分离。

假设 Student 类有个方法 ShowName。

```
integer ShowName(out string)
```

该方法的返回值是整型数，表示学生名字中的字符数。该方法还有一个输出参数，用于输出学生名字。

重写例 10.1 中的 Student 类，使之包含 PhoneList 属性和 ShowName 方法。

```
Class Student{
     attribute    string       Sno;
     attribute    string       Sname;
     attribute    string       Ssex;
     attribute    integer      Sage;
     attribute    string       Sdept;
     attribute    set<string>  PhoneList;
     integer ShowName(out string);
}
```

现在 Student 类的特性有 6 个属性和 1 个签名。

4. 联系

一个学生可以选修多门课程，一门课程可以有多个学生选修，学生类和课程类之间存在一个多对多的联系。

为了表达一个学生可以选修多门课程这个联系，在 Student 类增加一行。

```
relationship set<Course>        Courses;
```

其中，relationship 是关键字，表示后面的 Courses 是一个引用。Course 是被引用的类，set 是集合类型，表示 Student 类的一个对象可以引用 Course 类的一组对象。

同样，在 Course 类也增加一行。

```
relationship set<Student>        Students;
```

我们知道 Courses 和 Students 是同一个联系的两个方向，为了说明这种联系，在 relationship 中增加关键字 inverse 加以说明。

```
relationship set<Course>        Courses
             inverse            Course::Students;
relationship set<Student>        Students
             inverse            Student::Courses;
```


192

下面给出完整的 Student 类和 Course 类。

```
Class Student{
      attribute        string      Sno;
      attribute        string      Sname;
      attribute        string      Ssex;
      attribute        integer     Sage;
      attribute        string      Sdept;
      relationship     set<Course>  Courses
                       inverse   Course::Students;
      integer ShowName(out string);
}
Class Course{
      attribute        string      Cno;
      attribute        string      Cname;
      attribute        string      Cpno;
      attribute        integer     Ccredit;
      relationship     set<Student>  Students
                       inverse        Student::Courses;
}
```

ODL 只支持二元联系，如果一个联系涉及 3 个或以上的类，则要像 E-R 模型创建关联实体型那样，另外建立一个类，然后增加与其他类的联系。

5. 码

从概念上讲，由于对象有 OID，面向对象数据库管理系统使用 OID 就能区分不同的对象，因此，并不需要为类定义码。但为了使用方便，ODL 提供了说明码的方法。

```
Class <name>(<key | keys> <keylist>){
      <list of property>
}
```

关键字 key 和 keys 是同义词，keylist 是码表，每个码由类的一个或多个属性构成，如果由多个属性构成，则必须将这些属性放在一对小括号中。下面的代码声明属性 Sno 是 Student 类的码。

```
Class Student(key Sno){
      ......
}
```

6. 子类（subclass）

ODL 支持单继承和多继承。例如，研究生类是学生的子类，它继承了学生类的所有特性，还有自己的导师属性。

```
Class Postgraduate   extends  Student{
      attribute        string     Supervisor;
}
```

如果类 C 是类 C_1、C_2、$\cdots$、C_n 的子类，则 ODL 的语法为：

```
Class <name> extends C_1 : C_2:⋯:C_n{
```

```
        <list of property>
}
```

ODL 标准没有规定解决冲突的方法。

7. 外延

外延（extent）是类的对象的集合。面向对象数据库使用外延存储对象，实现对象的持久化。在 ODL 中，说明外延非常简单，只要给定外延一个名称即可。为了使用方便，一般情况下，类的名称是单数名词，而外延是复数名词。

ODL 的语法为：

```
Class <name> (extent <extentName>){
        <list of property>
}
```

下面给出 Student 类的完整说明，包括码和外延。

```
Class Student(extent Students key Sno){
        attribute      string      Sno;
        attribute      string      Sname;
        attribute      string      Ssex;
        attribute      integer     Sage;
        attribute      string      Sdept;
        relationship   set<Course>  Courses
                       inverse  Course::Students;
        integer ShowName(out string);
}
```

类至少有一个构造方法，用于生成类的对象。构造方法生成的对象被自动存入类的外延。

8. 类型

ODL 的类型系统与 C++和 Java 语言的类型系统相同。类型系统以基本类型为基础，按照一定的嵌套原则，构造出复杂的类型。

ODL 的基本类型如下。

- 原子类型：如 integer、float、character、character string、boolean 和 enumerations。
- 类名：如 Student、Course。它实际上是一个结构类型，包括属性和联系。

ODL 使用类型构造器组合基本类型形成构造类型，常用的构造器如下。

- Set：T 是任意类型，Set<T>是一个类型，它表示一个集合，集合的元素是类型 T 的元素。
- Bag：同 Set，但允许出现相同的元素。
- List：T 是任意类型，List<T>是一个类型，其值是由 T 的 0 到多个元素组成的表。
- Array：T 是任意类型，i 是任意整数，Array<T, i>是一个类型，它表示由 T 的 i 个元素构成的数组。
- Dictionary：T 和 S 是任意类型，Dictionary<T, S>是一个类型，表示一个有限的值对的集合，其中，T 和 S 分别称为码类型和范围类型。每个值对由两部分构成：T 的值和 S 的值，其中 T 的值在集合中必须唯一。

- Structures：假设 T_1、T_2、…、T_n 是任意类型，F_1、F_2、…、F_n 是字段的名称，Struct N {T_1 F_1, T_2　F_2, …, T_n　F_n}是一个类型，它有 n 个字段，第 i 个字段的名称是 F_i，类型是 T_i。

ODL 规定，联系的类型只能是类，或运用构造器构造出的类型，而且 T 必须是类；属性的类型可以是原子类型或其他构造类型，类作为类型时，把它看作由属性和联系构成的结构类型。

10.3　对象关系模型

对象关系模型是关系模型和面向对象模型二者结合的产物。下面介绍 SQL:1999 标准和 SQL:2003 标准采用的对象关系模型，大多数商用数据库产品只实现了部分标准。

对象关系模型的核心概念仍然是关系，但是做了一些扩充，主要有以下两方面。

（1）类型系统：关系模型的属性的域只能是原子类型，使得处理某些问题显得不自然，处理效率低。SQL 标准引入了 row、array、multiset 和 ref 类型。

（2）关系：关系模型的关系是元组的集合。SQL 标准允许关系是元组的集合或者对象的集合，引入了对象的概念。

SQL 标准没有引入类的概念，类的概念在一定程度上由类型系统实现。

10.3.1　类型系统

SQL:1999 和 SQL:2003 标准允许用户创建新的数据类型。

1．用户自定义类型

使用 CREATE TYPE 语句创建新的数据类型，这样的数据类型又叫作用户自定义类型。

```
CREATE TYPE <typename> AS constructor <final | not final>
```

例 10.2　定义地址和名字类型。地址类型由属性 street 和 city 组成，名字类型由 first_name 和 last_name 组成。

```
CREATE TYPE addressType AS (
      street  VARCHAR2(50),
      city    VARCHAR2(50))
NOT FINAL;
CREATE TYPE nameType AS (
      first_name  VARCHAR2(30),
      last_name   VARCHAR2(30))
FINAL ;
```

Constructor 的语法非常简单，只需要一一列出每个字段的名称和类型即可。CREATE TYPE 语句的 NOT FINAL（FINAL）短语表示这个类型不可以（可以）被其他的类型继承。

用户定义的类型可用于定义其他类型。

例 10.3　定义 person 类型。

```
CREATE TYPE personType AS (
      pno         int,
      name        nameType,
      address     addressType,
```

```
            birthday    date)
    NOT FINAL;
```

personType 类型的 name 属性和 address 属性使用了例 10.2 定义的类型。还可以使用 row type 给出等价的定义。关键字 row 后面逐一给出字段和类型。

```
CREATE TYPE personType AS (
        pno             int,
        name            row(first_name  VARCHAR2(30),
                            last_name  VARCHAR2(30)),
        address         row(street  VARCHAR2(50),
                            city  VARCHAR2(50)),
        birthday        date)
NOT FINAL;
```

类型定义还可以定义类型的方法，假设 personType 类型有一个方法，它返回年龄。类型定义要增加下面的方法

```
method age(OnDate date) returns interval year
```

age 是方法名，OnDate 是一个日期类型的变量，返回值是年的间隔。

SQL 使用 CREATE METHOD 语句定义类型的方法，可以使用多种语言编写代码。

例 10.4　分别使用 C 语言和 PSM 语言编写 age 方法。

```
CREATE INSTANCE METHOD age(OnDate date) FOR PersonType
LANGUAGE C
EXTERNAL NAME 'C:/SQL Server/bin'

CREATE INSTANCE METHOD age(OnDate date) FOR PersonType
LANGUAGE SQL
BEGIN
    return OnDate - self.dayOfBirth;
END
```

LANGUAGE 子句说明编写代码的语言。如果不是用 PSM 编写的代码，则要指明可执行模块的位置，如 EXTERNAL NAME 'C:/SQL Server/bin'。INSTANCE 表明 age 方法在 personType 类型的实例上执行，self 指代执行方法的实例。

2. 数组类型

相同类型元素的有序集合称为**数组**（array），它允许列值为数组。数组的语法格式为：

```
type  array[n]
```

其中，type 是系统的类型或用户定义的类型，n 是整数。type　array[n]定义了新的数据类型，该类型以数组的形式存放类型 type 的 n 个值。

例 10.5　创建 Sales 表，记录商品 12 个月的销售量。

```
CREATE TABLE Sales(
    ITEM_NO CHAR(20),                --商品号
    QTY  INTEGER ARRAY [12],         --整型数组，存放 12 个月的销售额
```

```
        PRIMARY KEY(ITEM_NO)
);
```

数组只能是一维的，而且数组元素不能再是数组。

下面的语句用于向 Sales 表插入一个元组。

```
INSERT INTO Sales(ITEM_NO, QTY)
VALUES ('T-shirt2000',
           array[200, 150, 200, 100, 50, 70, 80, 200, 10, 20, 100, 200]);
```

下面是查询语句，查找 3 月份销售额大于 100 的商品号。

```
SELECT ITEM_NO
FROM   Sales                    --从 Sales 表中选出满足下面条件的商品号
WHERE QTY[3]>100;               --QTY 数组的第 3 个值大于 100
```

3. 多重集合类型

多重集合即面向对象模型的包（bag），多重集合的使用方法和数组相似。

```
type multiset
```

其中，type 是系统的类型或用户定义的类型。type multiset 定义了新的数据类型，该类型存放类型 type 的一组值。

例 10.6　创建 Student 表，它与示例数据库相比多了 PhoneList 属性，用于存放学生的电话号码，是多重集合类型。

```
CREATE TABLE Student (
        sno          char(7),
        Sname        char(8),
        Ssex         char(2),
        Sage         smallint,
        Sdept        char(20),
        PhoneList varchar(20) multiset);
```

下面的语句用于向表中插入一行数据：

```
INSERT INTO Student VALUES('2000012','王林','男',19,'计算机',
                           multiset('12345678', '139xxxxxxxx'));
```

语句中的 multiset 是一个函数，用于将枚举类型的集合封装成 multiset 类型。multiset 类型的值作为一个整体存放，如果要访问其中的元素，则必须使用 unnest 函数。例如，查询电话号码为 12345678 的学生的姓名。

```
SELECT S.Sname
FROM Student S
WHERE '12345678' in unnest(S.PhoneList);
```

4. 参照类型

参照类型，也称为引用类型，简称 REF 类型。因为类型之间可能具有相互参照的联系，因此引入了 REF 类型。REF 类型的语法格式为：

```
REF <类型名>
```

REF 类型总是和某个特定的类型相联系。它的值是 OID。

例 10.7 定义 Student 类型和 Course 类型，二者之间存在参照关系。

```
CREATE TYPE StudentType AS (
        Sno              char(7),
        Sname            char(8),
        Ssex             char(2),
        Sage             int,
        Sdept            char(20),
        Courses          ref(CourseType)multiset)
NOT FINAL;
CREATE TYPE CourseType AS (
        Cno              char(4),
        Cname            char(40),
        Cpno             char(4),
        Ccredit          int,
        Students         ref(StudentType)multiset)
FINAL;
```

StudentType 的 Courses 属性的类型是一个参照类型，它的值是一组指向 CourseType 类型的实例的指针（或者说对象的 OID），在使用该类型时要指明实例的来源。同样，CourseType 的 Students 属性也是参照类型。

5. 类型继承

目前的 SQL:1999 标准和 SQL:2003 标准只支持单继承，子类型继承父类型的所有属性和方法，并有自己的属性和方法。类型继承的语法格式为：

```
subtype    under    supertype
```

例 10.8 定义 post-student 类型，它继承 StudentType 类型的一切属性和方法，并且拥有属性 Supervisor。

```
CREATE TYPE post-studentType under StudentType
          (Supervisor  char(8))
FINAL;
```

10.3.2 对象关系

对象关系模型的关系既可以是元组的集合，也可以是对象的集合。下面主要介绍如何使用 CREATE TABLE 语句创建对象的集合，其语法格式为：

```
CREATE TABLE <name> OF <type>
```

例 10.9 创建 OStudent1 表，它是对象的集合。

创建类型 StudentType1。

```
CREATE TYPE StudentType1 AS (
        Sno              char(7),
        Sname            char(8),
```

```
Ssex              char(2),
Sage              int,
Sdept             char(20))
NOT FINAL;
```

创建 OStudent1 表的 SQL 语句为：

```
CREATE TABLE OStudent1 OF StudentType1;
```

OStudent1 表仍然是一个关系，但是它的元组是对象，形式为（ref, object），ref 是对象的标识，ref 是不可见的，用户不能在查询语句使用它。

如果类型中有参照类型的属性，则需要采用另外的形式定义表，一是要使 oid 属性可见，二是要定义参照类型属性值的来源。

例 10.10　创建 OStudent 表和 OCourse 表，使用例 10.7 定义的类型。

```
CREATE TABLE OStudent OF StudentType
        ref is osid system generated
         (Courses with options scope OCourse);
CREATE TABLE OCourse OF CourseType
        ref is ocid system generated
         (Students with options scope OStudent);
```

其中，ref is osid system generated 将 OStudent 表的元组的 ref 属性命名为 osid，并且属性的值由系统自动产生。Courses with options scope OCourse 说明参照类型属性 Courses 只能引用 OCourse 表的对象（元组）。

ref 还可以由用户生成。例如，如果 OStudent 表的 ref 由用户自己维护，在建立表时要使用语句 ref is osid user generated，而且 StudentType 类型的定义必须加入一行说明 ref 的类型，如：ref using varchar(20)，用于说明 ref 的类型。

10.3.3　子表和超表

SQL:1999 标准支持子表和超表的概念。超表–子表关系构成表层次。表层次和前面介绍的类层次十分相似，类层次是实现表层次的基础，表层次实现了概念模型的 IsA 语义。

下面通过例子说明为什么要使用子表和超表。在例 10.9 的基础上创建 post-studentType1 类型，它是 StudentType1 的子类型。

```
CREATE TYPE post-studentType1 under StudentType1
      (Supervisor        char(8))
      FINAL;
```

然后建立 OPostStudent 表。

```
CREATE TABLE OPostStudent OF post-studentType1
```

post-studentType1 是 StudentType1 的子类，post-studentType1 的一个对象一定与 StudentType1 的一个对象相对应。但是，向 OPostStudent 插入一个元组，不会自动在 OStudent1 表也插入一个对应的元组，因为这两个表没有任何关系。

子表–超表用于实现子类和超类之间的 IsA 关系。建立两个表之间的子表–超表关系需要满足两个条件，一是子表的类型是超表的子类型，二是要使用特定的 CREATE TABLE 语句。

例 10.11 创建 OPostStudent，使之为 OStudent1 表的子表。

```
CREATE TABLE OPostStudent OF post-studentType1 under OStudent1;
```

under 短语决定了两个表之间的子表–超表关系。两个表之间有了子表–超表关系后，向子表插入一个对象，会自动的向超表插入一个对应的对象。对超表的查询，除了返回超表中满足条件的对象外，还会返回子表中满足条件的对象。删除超表中的对象，同时会删除子表中对应的对象；删除子表中的对象，也会同时删除超表中对应的对象。

10.3.4 查询和更新

查询对象关系与查询普通关系类似，不同的是，对属性的引用要使用点（dot）表达式。

例 10.12 查询例 10.9 的 OStudent1 表中王林的学号。

```
SELECT S.Sno
FROM OStudent1 S
WHERE S.Sname = '王林';
```

在例 10.11 中，OStudent1 表被定义成了 OPostStudent 的超表，如果 OPostStudent 表也有名字为王林的学生，则也出现在查询结果之中。

如果只想查询 OStudent1 表的学生，则需要使用 only 短语。

```
SELECT S.Sno
FROM only OStudent1 S
WHERE S.Sname = '王林';
```

例 10.13 查询 OStudent 表（见例 10.10）选修了 1137 号课程的学生的名字。

如果 StudentType 的 Courses 属性不是一个多重集合，而只是引用 CourseType（即一个学生最多只能选修一门课程），那么编写这个查询是非常简单的。

```
SELECT S.Sname
FROM OStudent S
WHERE S.Courses->Cno = '1137';
```

Courses 是参照类型，相当于 C 语言的指针，因此，用"→"表示引用。

但是，例 10.10 的 Courses 属性是一个多重集合，集合的元素是对 OCourse 表中对象的引用。首先使用 unnest(S.Courses) AS tmp(tmpocid)将多重集合转换成只有一列的表 tmp(tmpocid)，列的类型是 oid。使用子查询：

```
SELECT C->Cno
FROM unnest(S.Courses) AS tmp(tmpocid) C
```

得到某个学生选修课程的课程号集合，然后测试 1137 是否在这个集合。

```
SELECT S.Sname
FROM OStudent S
WHERE '1137' in (SELECT C->Cno
                 FROM unnest(S.Courses) AS tmp(tmpocid) C);
```

S 是对象变量，S.Sname 给出了对象在 Sname 属性上的值，没有通过调用方法访问对象的属性，这似乎违反了封装性原则。但实际上，S.Sname 就是方法调用的一种简便的书写方法。

类型有 3 类通用的系统内置方法：构造方法（Constructor Method）、访问方法（Observer Method）和更改方法（Mutation Method）。

类型的每个属性都有一个访问方法，返回属性的值，方法名与属性名相同，并且没有任何参数。因此，S.Sname 就是调用对象 S 在属性 Sname 上的访问方法。

同样，类型的每个属性都有一个更改方法，方法与属性同名，并且方法有一个输入参数，方法将参数的值赋予属性，方法返回类型的对象。

类型可以有多个构造方法，但一定有一个与类型同名的构造方法，该方法没有任何参数，用于生成各属性的值为空的对象，又称为空对象。

例 10.14　向例 10.9 的 OStudent1 表插入学生王林的信息。

```
INSERT INTO OStudent1
VALUES(new StudentType1()
      .Sno('2000012')
      .Sname('王林')
      .Ssex('男')
      .Sage(19)
      .Sdept('计算机')
      );
```

new StudentType1()生成一个空对象，然后调用它的属性更改方法 Sno，设置 Sno 属性的值为2000012，调用属性更改方法 Sname 设置属性 Sname 的值，……，以此类推。

为了使用方便，为 StudentType1 类型增加一个构造方法的签名。

```
ALTER TYPE StudentType1
ADD METHOD StudentType1(sno        char(7),
                        sname      char(8),
                        ssex       char(2),
                        sage       int,
                        sdept      char(20))
RETURNS StudentType1;
```

然后建立方法 StudentType1。

```
CREATE METHOD StudentType1(sno        char(7),
                           sname      char(8),
                           ssex       char(2),
                           sage       int,
                           sdept      char(20))
FOR StudentType1
RETURNS StudentType1
LANGUAGE SQL
BEGIN
   RETURN new StudentType1()
            .Sno(sno)
            .Sname(sname)
            .Ssex(ssex)
            .Sage(sage)
            .Sdept(sdept)
END
```

CREATE METHOD 没有出现 INSTANCE 关键字，表示调用这个方法时，不需要通过对象调用。有了这个构造方法后，上面的 INSERT 语句重写为：

```
INSERT INTO OStudent1
VALUES(StudentType1('2000012', '王林', '男', 19, '计算机'));
```

小　结

本章介绍了面向对象的基本概念、面向对象模型和对象关系模型。

面向对象的核心概念有对象、对象标识、类、类层次，其基本原则是封装性和继承性。

面向对象模型的核心是类，类有属性、联系和方法 3 个特性，联系是为了表达类之间的引用关系。通过继承形成了类层次。类的外延是对象的集合。面向对象模型的另一个核心概念是类型系统，原子类型和类是基本类型，通过构造器可以构造出复杂类型。

对象关系模型在关系模型的基础上引入面向对象的概念而形成。对象关系模型首先扩充了关系模型的类型系统，在原子类型的基础上，增加了结构类型、数组类型、多重集合类型和参照类型，并支持类型的继承。对象关系模型扩展了关系模型的关系，关系不仅是元组的集合，也可以是对象的集合。两个关系之间可以形成子表-超表关系，用于表达概念模型的 IsA 联系。

ORDBMS 的实现早于 SQL:1999/2003 标准的制定，使得各个 ORDBMS 采用的术语、语言语法不尽相同。读者使用时需参考具体的 ORDBMS 的语法说明和有关手册。

习　题

1．定义并解释面向对象模型的以下核心概念：

对象与对象标识　封装　类　类层次

2．对象标识与关系模型的"码"有什么区别？

3．什么是单继承？什么是多重继承？继承有什么优点？

4．根据图 10-3 所示的类层次图（实线表示 IsA 联系），定义类型 person、employee、student 和 executive，各类型的属性可自行设计。

5．根据图 10-3 所示的类型参照关系（在虚线部分，department 类型的 manager 属性参照 employee 类型，是一对多联系；employee 类型的 dept 属性参照 department 类型，是一对一联系），定义 department 和 employee 类型。

6．根据图 10-3person、student、employee 和 executive 的层次关系，定义 person 表、student 表、employee 表和 executive 表以及它们之间的子表-超表关系。

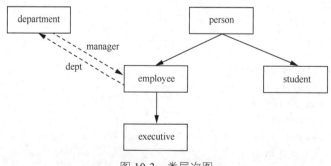

图 10-3　类层次图

第 **11** 章 XML 数据库

可扩展的标记语言（Extensible Markup Language，XML）是 W3C（World Wide Web Consortium）在 1998 年制定的一项标准，用于数据交换。它是标准通用标记语言（Standard Generalized Markup Language，SGML）的一个子集，是一种元语言，用户可以定义自己的标签，用来描述文档的结构。

XML 的一些突出特点，使得它一经面世就受到了各方的关注，并得到了广泛应用。业界对 XML 文档的存储、索引和查询进行了研究，这些研究成果被集成到主流的 RDBMS 中。SQL:2003 标准对此进行了标准化。

11.1 XML 简介

XML 的设计目标是允许普通的 SGML 在 Web 上以超文本标记语言（HyperText Markup Language，HTML）的方式被服务、接收和处理，目前 XML 已成为 Internet 时代的标准语言。

11.1.1 XML 的特点

与 Web 上已有的最普遍的数据表现形式 HTML 相比，XML 具有如下特点。

- 更多的结构和语义。XML 侧重于对文档内容的描述，而不是文档的显示。用户自定义的标签描述了数据的语义，便于对数据的理解和机器的自动处理。
- 可扩展性。XML 允许用户自定义标签和属性，可以有各种定制的数据格式。
- 简单易用。XML 简单易用，便于掌握，这是它得以推广的重要原因。
- 自描述性。XML 文档既包含了数据又包含了数据的语义描述，具有很好的灵活性。
- 数据与显示分离。因为 XML 关心的是数据本身的语义，而不是数据的显示方式，所以同样的 XML 数据可有多种显示形式，非常灵活。

XML 的这些特点使得它不但迅速成为了数据交换的事实标准，而且正在逐渐成为数据表示的标准。随着 XML 的流行，一系列相关的标准（如 XML Schema、XQuery、XML Data Model 等）也不断出现，形成了围绕 XML 的标准集合，这反映了工业界对 XML 的巨大支持。现在越来越多的 Web 应用（如电子商务、数字图书馆、信息服务等）采用 XML 作为数据表现形式，也有很多的网站采用 XML 作为信息发布的形式，可以预见将来会有越来越多的 XML 数据出现在 Internet 上。

11.1.2　XML 的应用

XML 是一种元语言，可以由用户自行定义，生成相应的符合用户需求的应用语言，如应用于数学方面的 Math ML、应用于向量图的 SVG、应用于化学方面的 CML、应用于描述网络资源的 RDF 等。

1. XML/EDI

电子数据交换（Electronic Data Interchange，EDI）用电子技术代替基于纸张的操作，用于公司之间的单据交换。XML 丰富的格式语言可用来描述不同类型的单据，如信用证、贷款申请表、保险单、索赔单以及各种发票等。

2. CML 和 Math ML

化学标识语言（Chemical Markup Language，CML）和数学标识语言（Mathematical Markup Language，Math ML）是 XML 用于描述化学和数学公式的标签语言。CML 可描述分子与晶体结构、化合物的光谱结构等。Math ML 可以将数学公式精确地显示在浏览器上。

3. OSD

开放式软件描述格式（Open Software Description，OSD）是 XML 的一组用于描述各种软件产品的标签集，可以详细说明软件的规格、使用说明以及可运行平台等。

4. CDF

通道定义格式（Channel Definition Format，CDF）是 Microsoft 在 IE 4.0 浏览器中使用的 XML 数据格式，用于描述活动通道的内容和桌面部件，指明通道的信息及其更新情况。CDF 使不同平台的互操作成为可能，使 Web 发布者可以控制推（Push）技术。专用的推技术将不再影响不同推技术的互操作性，这样一来，从互不兼容的平台上可以获得相同的 Web 内容。

5. OFX

开放式财务交换（Open Financial Exchange，OFX）也是 XML 的一种标签集，用于描述会计事务所与客户之间的业务往来。使用 OFX，客户与会计事务所之间可以直接交换财务数据，包括电子银行和支付协议等说明文件。

11.1.3　XML 的相关标准

XML 的发展与以前的新兴技术的发展不同，它并非由研究领域提出并推广，而是从工业界发展起来的。随着它的流行，一系列相关的标准也不断出现，围绕 XML 的一系列标准集合形成了 XML 数据表示和处理的基础，人们也在致力于将研究成果用于改进目前的标准或提出新的标准以更好地支持应用。目前的标准主要包括如下几个方面。

1. XML 数据模型

因为 XML 数据与半结构化数据非常类似，所以 XML 数据可以看成是半结构化数据的特例。但由于 XML 是一种文档标记语言，它具有自身的一些特点，如 XML 元素的有序性、文本与元素的混合等，所以半结构化数据模型不能很好地描述 XML 的特征。为了描述 XML 数据，需要新的数据模型。目前还没有公认的 XML 数据模型，W3C 发布了 XML Information Set、XPath1.0 Data Model、DOM model 和 XML Query Data Model。总的来说，这 4 种模型都采用树状结构，XML Query Data Model 是其中较为突出的一种。

2. XML 模式定义

XML 数据没有强制性的模式约束，但有一个可选项 DTD（Document Type Definition），它描述了 XML 文档的结构，类似于模式。DTD 通过指明子元素和属性名及出现次数来定义一个元素的结构，但它不支持对参照关系的约束，对元素出现次数的定义不够精确，可能产生模糊的定义。W3C 制定了 XML 模式定义的另外两个标准：XML Schema 和 Document Content Descriptors（DCDs），它们是对 DTD 的扩展。XML Schema 用 XML 语法定义 XML 文档的模式，支持对结构和数据类型的定义，更适合作为数据模式的定义标准。

3. XML 查询语言

针对 XML 数据的特点，研究者提出了许多查询语言，如 XML-QL、XQL 及 Quit 等。在这些查询语言的基础上，W3C 制定一种查询语言——XQuery，它结合了其他语言的优点，具有非常强大的能力。XQuery 由被称作查询模块的单元组成，这些单元之间彼此相对独立，可以进行任意层次的嵌套，完成变量绑定、条件判断、查询结果构造等功能。XQuery 采用了与 XPath 一致的语法来表示路径表达式。

4. 其他标准

W3C 制定了与 XML 相关的一系列标准，内容涉及数据的表示、传输、查询、转化等许多方面。除了前面提到的外，还有描述 XML 文档内和文档间元素关系的 XLink 和 XPointer，以及 XML 数据的传输协议标准 SOAP 等许多其他标准。

11.1.4　XML 数据库

数据的高效存储是所有数据操作的基础，对 XML 数据来说这个问题尤为重要。XML 数据的本质是树状结构的数据，它具有很大的灵活性，既可以是比较不规范的、包含大量文本的文档，也可以是非常规范的格式化数据，因此 XML 数据存储面临的挑战是要有足够的灵活性来有效支持任何形式的 XML 数据。

XML 数据库是管理 XML 数据和文档的数据库系统，主要功能包括数据的独立性、集成性、访问权限、视图、完备性、冗余性、一致性以及数据恢复等。

XML 数据库是一个相对比较新的课题，比较典型的数据库有以下 3 种。

1. 平面文件数据库

平面文件是最简单的存储方案，就是用一个文件存储整个 XML 文档，以多种文本编辑器和几个 XML 工具操作 XML 数据。平面文件存储方案的优点是实现简单，但是有两个局限性：快速访问和索引。这也影响了平面文件数据库其他方面的能力：有效的日志更新、事务和执行恢复。

2. 面向对象数据库和关系型数据库，即支持 XML 的数据库（XML-Enabled DBMS，XED）

XED 是在原有数据库基础上增加了 XML 支持模块，完成 XML 数据和数据库之间的格式转换和传输。XML 文档或作为 RDBMS 表的一行，或经过解析后存储到相应的表。为了支持 W3C 的 XML 操作标准，XED 提供一些新的原语（如 Oracle 9iR2 增加了一些数据包来操作 XML 数据等），并优化了 XML 处理模块。

这种存储方案的优点是效率高、查询方便，有大量的支持工具。但也存在一些缺点：将树状结构的 XML 数据转换成关系数据库的表会面临语义信息丢失的问题；XML 查询（如 XPath 和 XQuery）等不能直接在关系数据库上执行，需要转换成 SQL 查询；而且查询结果还必须还原成树状结构的 XML 数据；执行查询和存储数据的代价较大。

对于"以数据为中心"的 XML 文档，XED 可以方便地将其中的数据抽取出来，存储在传统数据库，但它对于"以文档为中心"的 XML 文档则显得力不从心。

3. XML 数据库管理系统（Native XML DBMS）

XML 数据库采用树状结构存储数据，一个结点可以直接找到其孩子结点、左右兄弟结点和父亲结点，并支持 XPath 和 XQuery 等 XML 查询以读取数据。存取 XML 数据时，无须转换数据模式，也不需要转换查询语言。

11.2 XML 文档

XML 规范定义了一组语法用于描述文档的内容和结构。下面通过一个实例简单介绍 XML 的基本语法。

11-1 XML 文档

例 11.1 描述两个学生的基本信息、所选修课程以及成绩的 XML 文档实例。

```
<?xml version="1.0" encoding="GB2312"?>
<StudentList>
    <Student>
        <Sno>2000012</Sno>
        <Sname>王林</Sname>
        <Ssex>男</Ssex>
        <Sage>19</Sage>
        <Sdept>计算机</Sdept>
        <!--Courses-->
        <CourseList>
            <Course Ccredit="6">
                <Cname>英语</Cname>
                <Grade>80</Grade>
            </Course>
            <Course Ccredit="4">
                <Cname>管理学</Cname>
                <Grade>70</Grade>
            </Course>
            <Course Ccredit="4">
                <Cname>数据库原理</Cname>
```

```
                    <Grade>80</Grade>
                </Course>
                <Course Ccredit="4">
                    <Cname>离散数学</Cname>
                    <Grade>78</Grade>
                </Course>
            </CourseList>
        </Student>
        <Student>
            <Sno>2000113</Sno>
            <Sname>张大民</Sname>
            <Ssex>男</Ssex>
            <Sage>18</Sage>
            <Sdept>管理</Sdept>
            <CourseList>
                <Course Ccredit="6">
                    <Cname>英语</Cname>
                    <Grade>89</Grade>
                </Course>
            </CourseList>
        </Student>
    </StudentList>
```

XML 规范要求 XML 文档的第 1 行必须是一个声明，用于说明 XML 文档遵从的 XML 规范版本和语言等。例 11.1 的第 1 行<?XML version="1.0" encoding="GB2312"?>说明文档符合 XML 规范第 1 版本的要求，使用 GB2312 字符集编码。

XML 文档的主体是一系列元素（element）。元素有开始标签（tag）和结束标签，标签又被称为元素名，两个标签之间的部分叫作元素的内容。标签是符号<和>之间的字符串，开始标签和结束标签一般成对出现，结束标签的第 1 个字符为/，其余的字符与开始标签的字符相同。例如，<Sno>2000012</Sno>定义了一个元素，开始标签是<Sno>，结束标签是</Sno>，2000012 是元素内容。

HTML 文档的标签是预先定义的，有固定的含义，可以被浏览器理解。XML 文档的标签由用户创建。标签的命名必须遵循下面的规则。

- 可以包含字母、数字和其他字符。
- 不能以数字或者标点符号开头。
- 不能以 XML（或者 xml、Xml、xML 等）开头。
- 不能包含空格。

一个元素可以包含另外一个元素，这称为元素的嵌套。例如，例 11.1 的 StudentList 元素包含了 Student 元素，Student 元素又包含了 Sno、Sname、Ssex、Sage、Sdept 和 CourseList 等元素。元素之间的嵌套关系是一个层次关系，可以表示为树。例如，StudentList 是 Student 的父元素，Student 是 StudentList 的子元素。Student 是 Sno、Sname、Ssex 等的父元素。

XML 文档必须有根元素。例 11.1 的 StudentList 是根元素。

一个良构的（Well-Formed）XML 文档要求元素之间要正确嵌套，子元素必须完全包含在父元素中。

元素还可以有任意多个属性（attribute），用于进一步描述和说明元素。与 HTML 的属性一样，

XML 的每个属性都有自己的名称和值，属性是开始标签的一部分。XML 规范要求属性值必须放在一对引号内。例如，<Course Ccredit="4">，Ccredit 是属性名，4 是属性值。

属性可以做的事情，元素也能做到，但属性也有固有的特点。

- 属性之间的次序是不重要的。例如，<Course Ccredit="4" Cno="1156"> 和 <Course Cno="1156" Ccredit="4"> 是一样的。
- 一个属性在同一个元素不能出现多次。例如，<Course Ccredit="4" Ccredit=""> 是不允许的。
- 可以声明属性类型为 ID，这样的属性在文档中必须有唯一值。例如，例 11.1 的文档，可以把 Sno 由元素变为 Student 元素的属性，即 <Student Sno="2000012">，Sno 起到了主码的作用。
- 属性有时可以使展现更加简洁。例如，表示某个学生某门课程成绩的方法有下面两种形式，其中形式 1 比形式 2 更简洁。

形式 1　<Course Cno="1156" Cname="英语" Ccredit="4">87</Course>

形式 2　<Course>
　　　　　<Cno>1156</Cno>
　　　　　<Cname>英语</Cname>
　　　　　<Ccredit>4</Ccredit>
　　　　</Course>

除了元素和属性，XML 还允许使用处理指令和注释。处理指令以"<?"开始，以"?>"结束，中间是处理指令名称和数据，处理指令和数据用于与 XML 处理器交互信息。注释以"<!--"开始，以"-->"结束，这两个标记之间是用于注释的内容，注释可以出现在文档的任何位置。

11.3　DTD-XML 模式定义语言

DTD 是一种保证 XML 文档的内容正确的有效方法，通过比较 XML 文档和 DTD 文档能断定文档是否符合规范，以及元素的使用是否正确。一个 DTD 文档包含元素的定义规则、元素之间的嵌套关系、元素可使用的属性，以及可使用的实体或符号规则等。

DTD 通过具体说明元素和属性的名称、元素与子元素之间的嵌套关系、子元素出现的次数等来定义 XML 文档的模式。DTD 使用操作符"*"（0 次或多次）、"+"（至少 1 次）、"?"（0 次或 1 次）、"|"（或选）来定义子元素出现的次数。

DTD 假设元素的内容和属性的值都是字符串类型，也提供了一些特殊类型。ANY 类型可以是一个任意 XML 片段；ID 类型说明一个属性的值在文档中是唯一的，用于唯一标识一个元素。IDREF 或 IDREFS 类型说明属性的取值为另一个或另几个元素的 ID 属性的值，用于实现对其他元素的引用。

DTD 的元素类型定义的格式为：

<!ELEMENT 元素名(元素内容模式)>

属性定义的格式如下。

<!ATTLIST 元素名(属性名 属性类型 默认声明)>

元素名是属性所属元素的名称，属性名是属性的名称，属性类型用来指定该属性所属类型，默认声明用来说明属性是否可以省略以及默认值是什么。DTD 中有 3 种声明格式：一是#REQUIRED，

表示属性必须在 XML 文档出现；二是#IMPLIED，表示该属性可以在 XML 文档出现，也可以不出现；三是声明默认属性值。

例 11.2 XML DTD 实例。

```
<!DOCTYPE StudentList[
<!ELEMENT StudentList(Student+)>
<!ELEMENT Student(Sno,Sname,Ssex,Sage,Sdept,CourseList)>
<!ELEMENT CourseList(Course+)>
<!ELEMENT Course(Cname, Grade)>
<!ATTLIST Course(Ccredit CDATA #REQUIRED)>
<!ELEMENT Sno(#PCDATA)>
<!ELEMENT Sname(#PCDATA)>
<!ELEMENT Ssex(#PCDATA)>
<!ELEMENT Sage(#PCDATA)>
<!ELEMENT Sdept(#PCDATA)>
<!ELEMENT Cname(#PCDATA)>
<!ELEMENT Grade(#PCDATA)>
]>
```

CDATA 和 PCDATA 是属性类型。CDATA（Character Data）是不会被解析器解析的文本，即这些文本中的标签不会被当作标签来对待，其中的实体也不会被展开。PCDATA（Parsed Character Data）是会被解析器解析的文本，文本中的标签会被当作标记来处理，而实体会被展开。

例 11.2 表明，文档的根元素是 StudentList，StudentList 包含 1 到多个 Student 元素；Student 元素包含子元素 Sno、Sname、Ssex、Sage、Sdept、CourseList，每个子元素出现 1 次且仅 1 次。CourseList 元素包含 1 到多个 Course 元素；Course 元素包含 Cname 和 Grade 元素，包含 Ccredit 属性，这些元素和属性出现 1 次且仅 1 次；Sno、Sname、Ssex、Sage、Sdept、Cname 和 Grade 没有包含其他元素，元素内容是字符串。

例 11.1 显示的 XML 文档符合上述 DTD 的描述。一个**有效**的 XML 文档必须遵守 DTD 的要求。

良构的 XML 文档不一定是有效的 XML 文档，但有效的 XML 文档一定是良构的 XML 文档。

11.4 XML Schema-XML 模式定义语言

11-2 XML 模式

DTD 虽然很好地描述了 XML 文档的结构，但 DTD 本身的语法不同于 XML，具有不便于程序自动处理，数据类型贫乏，没有考虑命名空间等缺点。为了解决这个问题，W3C 于 1998 年开始制定了 XML Schema 的第一个版本，在 2001 年 5 月正式由官方推荐。正式推荐的版本包括 3 部分。

- XML Schema Part 0：Primer。这是对 XML Schema 的非标准介绍，提供了大量示例和说明。
- XML Schema Part 1：Structures。这部分描述了 XML Schema 的大部分组件。
- XML Schema Part 2：Datatypes。这部分包括简单数据类型。

例 11.3 是例 11.1 的 XML 文档的 XML Schema 定义，它的作用和例 11.2 的 DTD 完全相同。

例 11.3 XML Schema 实例。

```
<?xml version="1.0"?>
<xsd:schema xmlns:xsd="http://www.w3.org/2001/XMLSchema">
```

```
    <xsd:element name="StudentList">
        <xsd:complexType>
            <xsd:sequence>
                <xsd:element name="Student" type="StudentType" minOccurs="1"/>
            </xsd:sequence>
        </xsd:complexType>
    </xsd:element>
    <xsd:complexType name="StudentType">
        <xsd:sequence>
            <xsd:element name="Sno" type="xsd:String"/>
            <xsd:element name="Sname" type="xsd:String"/>
            <xsd:element name="Ssex" type="xsd:String"/>
            <xsd:element name="Sage" type="xsd:Integer"/>
            <xsd:element name="Sdept" type="xsd:String"/>
            <xsd:element name="CourseList" type="CourseListType"/>
        </xsd:sequence>
    </xsd:complexType>
    <xsd:complexType name="CourseListType">
        <xsd:sequence>
            <xsd:element name="Course" type="CourseType" minOccurs="1"/>
        </xsd:sequence>
    </xsd:complexType>
    <xsd:complexType name="CourseType">
        <xsd:sequence>
            <xsd:element name="Cname" type="xsd:String" />
            <xsd:element name="Grade" type="xsd:Integer" />
        </xsd:sequence>
        <xsd:attribute name="Ccredit" type="xsd:Integer"/>
    </xsd:complexType>
</xsd:schema>
```

从例 11.3 可以看出，XML Schema 文档和 XML 文档一样使用标签描述元素，语法完全相同，XML Schema 文档就是 XML 文档。

文档的第 1 行是声明语句<?xml version='1.0'?>，表明文档遵从 XML 规范的第 1 版。

文档的第 2 行定义标签 schema，它是整个文档的根元素。前缀 xmlns 声明 xsd 是一个命名空间，即 http://www.w3.org/2001/XMLSchema。xsd 作为前缀对标签的含义进行限定，如 xsd:schema，schema 的含义由 xsd 代表的命名空间定义。

文档从第 3 行开始定义 XML 文档的元素、属性以及元素之间的嵌套关系。

1. 元素和属性

XML 模式用 xsd:element 元素声明 XML 文档的元素，用 xsd:attribute 元素声明 XML 文档的元素的属性。xsd:element 或 xsd:attribute 元素的 name 和 type 属性分别用来说明 XML 文档的元素或属性的名称和数据类型。

2. 数据类型

数据类型限定了元素的内容和属性的值，它们可以是简单类型，也可以是复杂类型。XML Schema 指定元素的数据类型有 3 种方法。

- 元素声明中指定 type 属性来引用一个已命名的数据类型、内置数据类型或用户派生数据类型。
- 定义 simpleType 或 complexType 子元素来指定元素的匿名数据类型。
- 既不指定 type 属性，也不定义 simpleType 或 complexType 子元素。这时声明的实际数据类型是 anyType，元素的内容可以是任何子元素、字符数据以及任何属性，只要它是良构的 XML 片段。

（1）简单类型

简单类型有 3 种：原子类型、列表类型和联合类型。简单类型用得最多的是内置的简单类型，XML Schema 推荐标准内置了 44 种简单类型，这些简单类型代表了常见的数据类型，如字符串、数字、日期和时间等，详细内容请参考 XML Schema 推荐标准 XML Schema Part 2: Datatypes。

（2）复杂类型

复杂类型的元素内容可以包含子元素或属性。XML Schema 用 complexType 元素定义复杂类型。它的 name 属性用来指定所定义复杂类型的名称，复杂类型子元素的顺序和结构称为它的内容模型。可以通过内容模型来对复杂类型进行分类，复杂类型的内容模型有 4 种：简单内容、纯元素内容、混合内容和空内容。

① 简单内容：简单内容只允许有字符数据，不能有子元素。一般来说，简单类型和具有简单内容的复杂类型的唯一区别在于复杂类型可以有属性。

② 纯元素内容：纯元素内容只有子元素，没有字符数据内容。

③ 混合内容：混合内容既允许有字符数据，又允许有子元素。

④ 空内容：空内容既不允许有字符数据，也不允许有子元素，这样的元素通常带有属性。

（3）匿名与命名

数据类型可以是命名的，也可以是匿名的。命名类型总是被定义为全局的，即在模式文档的最高层，它的父结点总是 schema，并要求具有唯一的名称。相反，匿名类型没有名称，它们总是在元素或属性声明内定义，而且只能被该声明使用一次。

（4）全局与局部

XML Schema 组件有全局和局部之分。全局组件出现在模式文档的最高层，而且总是命名组件，它们的名称必须在同类组件中是唯一的。相反，局部组件限定在包含它们的定义或声明的作用域内。

例 11.3 定义了一个名为 StudentList 的元素，元素的数据类型是匿名的复杂数据类型，内容模型是纯元素内容，即 StudentList 元素可以嵌套 Student 元素。作为子元素，Student 元素至少出现一次。

Student 元素的数据类型是一个命名（StudentType）的复杂数据类型。StudentType 数据类型是一个元素序列，包括 Sno、Sname、Ssex、Sage、Sdept 和 CourseList 元素，除了 CourseList 外，其他元素的数据类型都是简单类型，直接引用了内嵌的数据类型 Integer 和 String。通过将 StudentType 指定为 Student 元素的数据类型，表明在 XML 文档中，Student 元素包含子元素 Sno、Sname、Ssex、Sage、Sdept 和 CourseList。

文档后面又定义了数据类型 CourseListType 和 CourseType。

11.5　XPath 查询语言

11-3　XPath 轻量级查询语言

XML 查询语言的功能是在 XML 文档中查询满足指定条件的文档片段。

XPath 是一种轻量级的 XML 查询语言，它使用路径表达式描述要查询的元素、属性等。

11.5.1 数据模型

不同的 XML 文档在内容和结构上千差万别，为了能按照统一的方式操作所有的 XML 文档，XPath 把 XML 文档抽象为树。XML 文档的元素、属性、文本、注释、处理指令、命名空间作为树的结点，元素之间的嵌套关系用结点之间的父/子关系和祖先/后裔关系表示，另外，树有一个特殊的结点叫作**根结点**，它是所有结点的祖先，文档的根元素不是树的根结点，而是根结点的孩子结点。按照这个规则，把例 11.1 的 XML 文档转换为树模型，树的一部分如图 11-1 所示，图中出现了根结点、元素结点、文本结点、属性结点和注释结点，为了清楚起见，不同类型的结点用不同的图形表示。对于 XPath 的树模型，要注意以下几点。

（1）树是有序树，结点之间的父子关系、兄弟关系必须与它们在文档中的次序一致，采用深度优先对树进行遍历，可以得到原始的文档。

（2）根据树的术语，如果 P 结点是 C 结点的父亲结点，则 C 结点一定是 P 结点的孩子结点。但是 XPath 的树模型有一点例外，即如果 C 的结点类型是属性，则 C 不是父结点的孩子结点。

（3）文档中元素的开始标签和结束标签之间的文本在树中用一个结点表示，并作为元素的孩子结点。但是，不为属性的值建立一个结点，属性的值作为属性结点的一部分保存。在图 11-1 中，英语和管理学两门课程的学分分别保存在 2 个 Ccredit 结点。

（4）为了更清晰地表示，图 11-1 的每个结点只给出一部分内容，实际上，每个结点是结点类型的一个实例，结点类型是一个类，有若干个属性和方法。

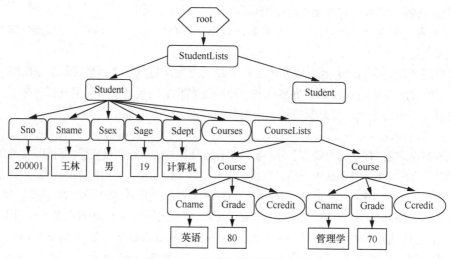

图 11-1　一个查询数据模型实例

例如，元素结点类型具有以下属性。

- base-uri：元素所在文档的 URI。
- node-name：结点名称，包括前缀、命名空间 URI 和局部名 3 部分。
- parent：父结点，可能为空。
- type-name：数据类型的名称。
- children：所有的孩子结点。
- attributes：所有的属性结点。
- namespaces：元素所属的命名空间结点。

- nilled：逻辑值。为真表示元素内容可以为空，即使文档的模式规定元素的内容不能为空。
- string-value：字符串值，由结点下面的所有 text 类型的子结点所包含的字符串连接而成。
- typed-value：与 type-name 相对应的值。
- is-id：逻辑值，如果结点是 XML ID，则为真。
- is-idrefs：逻辑值，如果结点是 XML IDREF 或 XML IDREFS，则为真。

元素结点类型具有以下存取（Accessors）方法。

- attributes()：返回 attributes 属性的值，即元素所有属性的序列。
- base-uri()：返回 base-uri 属性的值。
- children()：返回 children 属性的值，即元素所有孩子结点的序列。
- document-uri()：返回空序列。
- is-id()：返回 is-id 属性的值。
- is-idrefs()：返回 is-idrefs 属性的值。
- namespace-bindings()：以前缀/URI 值对的形式返回 namespaces 属性的值。
- namespace-nodes()：以 Namespace 结点序列的形式返回 namespaces 属性的值。
- nilled()：返回 nilled 属性的值。
- node-kind()：返回 element。
- parent()：返回 parent 属性的值。
- string-value()：返回 string-value 属性的值。
- type-name()：返回 type-name 属性的值。
- typed-value()：返回 typed-value 属性的值。
- unparsed-entity-public-id()：返回空序列。
- unparsed-entity-system-id()：返回空序列。

11.5.2　路径表达式

路径表达式由若干个定位步（LocationStep）组成，每个定位步指明了下一步要走到哪些结点，定位步的格式为：

```
axis::nodeSelector[selectionCondition]
```

其中，axis 称为导航轴，它规定了从当前结点所能到达的结点序列，nodeSelector 选择这个序列的部分结点。XPath 定义了 13 个导航轴，如表 11-1 所示。nodeSelector 可以是以下 3 种。

（1）结点名称。例如，child::Sname，假设当前结点是图 11-1 左边的 Student，child 轴表示 Student 孩子结点的序列，即{Sno，Sname，Ssex，Sage，Sdept，Courses，CourseList}。Sname 表示从结点序列中选择名为 Sname 的结点。因此，定位步的结果是{Sname}。如果当前结点是 StudentLists 结点，则 child 轴得到了结点序列{Student，Student}，再从中选择名为 Sname 的结点，因此，定位步的结果为空。

（2）结点类型。例如，child::comment()，假设当前结点同上，child 轴返回的结果相同，comment() 表示选择注释结点，这个定位步的结果是{Courses}。其他的结点类型还有 text()、processing-instruction()、namespace-uri()、document()、attribute()、element()、node()，其中 node()代表任意的结点类型。

（3）通配符。XPath 使用*作为通配符，匹配所有结点。

表 11-1   XPath 的导航轴

导航轴名称	结　果
self	当前结点（上下文结点）
parent	当前结点的父结点
child	当前结点的所有子结点
ancestor	当前结点的所有祖先结点
ancestor-or-self	当前结点的所有后祖先结点以及当前结点本身
descendant	当前结点的所有后裔结点
descendant-or-self	当前节点的所有后裔（子、孙等）结点以及当前结点本身
preceding	当前结点的开始标签之前的所有结点
preceding-sibling	当前结点之前的所有同级结点
following	当前结点的结束标签之后的所有结点
following-sibling	当前结点结束标签之后的所有同级结点
attribute	当前结点的所有属性结点
namespace	当前结点的所有命名空间结点

selectionCondition 是一个选择条件，进一步筛选由上一步得到的结点序列。

例如，child::Student[position()=1]，假设 StudentLists 结点是当前结点，child::Student 返回所有名为 Student 的孩子结点，图 11-1 有两个这样的结点。因为 position()=1 表示选择序列中的第 1 个元素，所以定位步的结果是左边的 Student 结点。

XPath 路径表达式由一系列定位步组成，有以下两种格式。

（1）/locationStep1/ locationStep2/…

（2）locationStep1/locationStep2/…

格式（1）为绝对路径表达式，表示从根结点开始如何走到目标结点。格式（2）为相对路径表达式，表示从当前结点如何走到目标结点。

XPath 路径表达式有如下的语义：

找出所有 locationStep1 到达的结点，对于其中的每个结点 N，找出所有从 N 出发经过 locationStep2 到达的结点，然后合并所有经过 locationStep2 到达的结点，再对合并后的每一个结点应用 locationStep3，…，以此类推，直到最后一个定位步，最后一个定位步得到的结点序列就是路径表达式的结果。

例 11.4 查询所有的 Sno 结点。

```
/child::StudentList/child::Student/child::Sno
```

路径表达式可以使用简写句法，常用的简写句法如下。

- /self:: → /.
- /child:: → /
- /descendant-or-self:node()→ //
- /parent:: → /..
- attribute:: → @
- 谓词[position( )= 数值表达式] → [数值表达式]

例 11.4 的简写路径表达式为：

```
/StudentList/Student/Sno
```

例 11.5　查询王林所选修的学分大于 4 的课程名称结点。

```
//Student[Sname="王林"]//Course[@Ccredit>"4"]/Cname
```

将所有的 Student 结点作为一个序列，从中选择出有 Sname 子元素，并且 Sname 的值等于"王林"的 Student 结点。把每个筛选出的 Student 结点作为当前结点，找到它的后裔结点 Course，并且这个后裔结点必须有 Ccredit 属性，其值大于 4。将满足条件的 Course 作为当前结点，找出其 Cname 孩子结点。

11.5.3　XPath 函数

为了增加语言的处理能力，XPath 提供了数量众多的函数，大体上可以分为以下几类。

- 存取函数：各种结点类型共有的函数，用于读取结点的值。
- 错误跟踪函数：对查询进行调试，向外部环境传递错误信息。
- 数学函数：用于数学计算，如 abs()。
- 字符串函数：用于处理字符串的函数，如 compare()、concat()。
- 布尔值函数：返回逻辑值，如 boolean()。
- 时间日期函数：用于处理时间和日期的函数，如 datetime()。
- 限定名（QName）相关函数：返回结点的 Qname、localname 和 namespace，如 QName()、local-name-from-QName()。
- 结点相关函数：返回结点的名称等，如 root()、name()。
- 与序列相关的函数：向序列增加、删除元素；集合的并、交、差运算；聚集函数 sum() 等；生成序列函数，如 id()、idref()；上下文函数，如 position()、current-date()。

以例 11.1 的 XML 文档为例，简单说明这些函数的使用方法。

例 11.6　查询文档中第 1 个学生的信息。

路径表达式 //Student 返回所有的 Student 结点，是一个结点序列，现在要求其中的第 1 个元素。position 函数返回元素在序列的位置。

```
//Student[position()=1]
```
XPath 规定：position()=n 形式的测试条件可以简写为 n，因此，上面的路径表达式可以表示为：

```
//Student[1]
```

在不知道序列有多少个元素的情况下，可以使用 last() 函数定位序列的最后一个元素。例如，查询文档中最后一个学生的信息的路径表达式为：

```
//Student[position()=last()]
```

简写为 //Student[last()]

可以使用 count() 函数获得序列的元量个数，如查询文档中有多少个学生。

```
count(//Student)
```

与 count 类似的聚集函数还有 sum()、avg()、min()和 max()，它们的用法与 SQL 的用法相同。例如，求学号为 2000012 的学生的平均成绩。

```
avg(//Student[Sno="2000012"]//Grade)
```

例 11.7 针对示例数据库的 Student 表定义一套标签，用 StudentList 表示全体学生，作为 XML 文档的根元素，Student 表示某个具体的学生，name 表示学生姓名等，这套标签被作为一个命名空间，保存在 http://www.sdjzu.edu/Student.xml。下面的文档是 Student 表的两个学生的信息。文档中的符号 sql 作为命名空间的前缀，前缀和元素名构成了限定名，如 sql:Student。

```
<?XML version="1.0"?>
<sql:StudentList xmlns:sql="http://www.sdjzu.edu/Student.xml">
    <sql:Student id="2000012">
        <sql:name>王林</sql:name>
        <sql:gender>男</sql:gender >
        <sql:age>19</sql:age>
        <sql:department>计算机</sql:department>
    </sql:Student>
    <sql:Student id="2000113">
        <sql:name>张大民</sql:name>
        <sql:gender>男</sql:gender >
        <sql:age>18</sql:age>
        <sql:department>管理</sql:department >
    </sql:Student>
</sql:StudentList>
```

例 11.8 查询元素 Student 的限定名、本地名和命名空间的 URI。

```
name(//Student)                     返回 sql:Student
local-name((//Student)[1])          返回 Student
namespace-uri((//Student)[1])       返回 http://www.sdjzu.edu/Student.xml
```

在例 11.7 文档中，学号作为 ID 属性，ID 属性的值在整个文档中是唯一的。可以使用 ID()函数查询特定 ID 属性值的结点。

例 11.9 查询学号为 2000012 的 Student 结点。

```
ID("2000012")    返回的结点同//Student[1]
```

11.6 XQuery 查询语言

XQuery 是一个功能完备的查询语言，其最新规范可以通过链接 http://www.w3.org/TR/XQuery/ 获得。

11.6.1 FLWOR 表达式

FLWOR（读作 flower）表达式具有与 SQL 的 select-from-where 语句相似的功能。FLWOR 各字母分别代表 for、let、where、order 和 return 子句。每个 FLWOR 表达式都有一个或多个 for 子句、一个或多个 let 子句、一个可选的 where 子句以及一个 return 子句。其中：
- for 子句让变量在一个序列上变化。

- let 子句将变量直接与一个完整的表达式绑定在一起。
- where 子句过滤来自 for 子句的变量。
- order 子句指定结果的顺序。
- return 子句构造 XML 形式的结果。

FLWOR 表达式不需要包含所有的子句，而且子句之间还可以非常灵活地组合。

例 11.10　构造一个 XML 文档，文档描述了每个学生所选修的大于等于 4 学分的课程名称。

```
for $Student in document("Student.xml")//Student
let $Sname=$Student/Sname
let $Course=$Student//Course[@Ccredit >= "4"]
return
      <CourseInfo>
           {$Sname}
           {$Course/Cname}
      </CourseInfo>
```

for 语句让变量$Student 在路径表达式 document("Student.xml")//Student 产生的结点序列上变化。for 语句将$Student 绑定到一个新结点后，开始一次循环，依次执行循环体内的语句。执行 let $Sname=$Student/Sname 语句，将$Sname 绑定到路径表达式$Student/Sname 指定的 Sname 结点；执行 let $Course=$Student//Course[@Ccredit >= "4"]语句，将$Course 绑定到路径表达式$Student//Course[@Ccredit >= "4"]指定的 Course 结点；执行 return 语句构造一个 XML 片段。{$Sname}叫作占位符号，XQuery 将{}内的字符串作为表达式进行计算，并用计算结果替换整个占位符。

let 子句简化了变量的表示，例 11.10 也可以不使用 let 子句达到同样的目的。

```
for $Student in document("Student.xml")//Student
      return
           <CourseInfo>
               {$Student/Sname}
               {$Student//Course[@Ccredit >="4"]/Cname}
           </CourseInfo>
```

将上面的查询应用于例 11.1 的 XML 文档，返回的结果为：

```
<CourseInfo>
  <Sname>王林</Sname>
  <Cname>英语</Cname>
  <Cname>管理学 </Cname>
  <Cname>数据库原理</Cname>
  <Cname>离散数学</Cname>
</CourseInfo>
<CourseInfo>
  <Sname>张大民</Sname>
  <Cname>英语</Cname>
</CourseInfo>
```

11.6.2　连接

将示例数据库的 Student、Course 和 SC 表用 XML 文档表示，分别存放于文档 Student.xml、Course.xml 和 SC.xml。由于篇幅所限，下面仅给出 3 个文档的部分内容。

Student.xml 的部分内容。

```
<Student>
    <row>
        <Sno>2000012</Sno>
        <Sname>王林</Sname>
        <Ssex>男</Ssex>
        <Sage>19</Sage>
        <Sdept>计算机</Sdept>
    </row>
    <row>
        <Sno>20000113</Sno>
        <Sname>张大民</Sname>
        <Ssex>男</Ssex>
        <Sage>18</Sage>
        <Sdept>管理</Sdept>
    </row>
</Student>
```

Course.xml 的部分内容。

```
<Course>
    <row>
        <Cno>1156</Cno>
        <Cname>英语</Cname>
        <Ccredit>6</Ccredit>
    </row>
    <row>
        <Cno>1136</Cno>
        <Cname>离散数学</Cname>
        <Cpno>1128</Cpno>
        <Ccredit>4</Ccredit>
    </row>
</Course>
```

SC.xml 的部分内容。

```
<SC>
    <row>
        <Sno>2000012</Sno>
        <Cno>1156</Cno>
        <Grade>80</Grade>
    </row>
    <row>
        <Sno>2000113</Sno>
        <Cno>1156</Cno>
        <Grade>89</Grade>
    </row>
    <row>
        <Sno>2000012</Sno>
        <Cno>1137</Cno>
        <Grade>70</Grade>
    </row>
</SC>
```

例 11.11　查询学号为 2000012 的学生选修的每门课程的名称和成绩。

```
<root>
    for $Cno in document("SC.xml")//Sno[text()="2000012"]/../Cno,
        $Course in document("Course.xml")//row
    where $Cno=$Course/Cno
    return
          {$Course/Cname}
          {$Cno/../Grade}
</root>
```

例 11.11 的 for 语句中有$Cno 和$Course 两个变量，对于它们参与的笛卡儿积运算结果的任意一个元素，如果满足 where 子句的测试条件，则执行 return 子句构造一个 XML 片段。与 SQL 的连接运算的嵌套循环算法比较后可以发现，for-where-return 语句完成了两个文档的连接运算。

XQuery 还可以使用 element 和 attribute 构造器构造元素。改写例 11.11 的 return 子句，使得 Grade 作为元素 CourseName 的属性出现。

```
return element CourseName {attribute Grade {$Cno/../Grade },{$Course/Cname }}
```

11.6.3　嵌套查询

FLWOR 表达式还可以出现在 return 子句，我们把这种情形称为嵌套查询。可以使用嵌套查询的方法改写例 11.11。

```
<root>
    for $Cno in document("SC.xml")//Sno[text()="2000012"]/../Cno
    return
        for $Course in document("Course.xml")//row
        where $Cno=$Course/Cno
        return  {$Course/Cname}
                {$Cno/../Grade}
</root>
```

目前的 XQuery 不直接支持 Group By 操作，但可以用 FLWOR 表达式间接表达。

例 11.12　查询每位学生的平均成绩。

```
<root>
    for $Sno in document("Student.xml")//Sno
    return
        {$Sno/../Sname}
        <avg-Grade>{avg(document("SC.xml")/row[Sno=$Sno]/Grade)}</avg-Grade>
</root>
```

11.6.4　排序

可以使用 order by 子句对查询结果进行排序。例如，排序输出学生的名字。

```
for $Sname in document("Student.xml")//Sname
order by $Sname
return
      {$Sname}
```

11.7　SQL/XML 标准

由于 XML 文档的日益普及，所以 SQL:2003 标准引入了 XML 数据类型，用于存储 XML 文档以及对 XML 文档进行操作；引入了若干函数，用于将关系数据库的数据以 XML 文档的形式发布。

11.7.1　发布 XML 文档

为了在不同的程序之间交换数据，有时需要将表的数据转换成 XML 文档，这项工作又叫作发布 XML 文档。SQL/XML 提供了发布 XML 文档的一组函数。

1．SQL/XML 标准

（1）XMLELEMENT 和 XMLATTRIBUTES 函数

这两个函数分别生成 XML 文档的基本构成要素：元素和属性。例如，将每个学生的基本信息打包成 XML 文档。

```
SELECT XMLELEMENT(
        Name "Student",
        XMLATTRIBUTES(S.Sno AS "Sno"),
        XMLELEMENT(Name, "name", S.Sname),
        XMLELEMENT(Name, "gender", S.Ssex),
        XMLELEMENT(Name, "age", S.Sage),
        XMLELEMENT(Name, "department", S.Sdept)
        )
FROM Student AS S
```

XMLELEMENT 函数的基本格式为：

```
XMLELEMENT(Name,"<tagname>", [attributeList],<content>)
```

其中，Name 是保留字，tagname 是标签的名称，attributeList 是一组属性名和值，由 XMLATTRIBUTES 函数生成，content 是元素的内容，既可以是字符串，也可以是一组子元素。

XMLATTRIBUTES 函数的格式更为简练，只有一个参数，如 S.Sno AS "Sno"，引号内的 Sno 是属性的名称，列 S.Sno 提供了属性的值。

（2）XMLGEN 函数

XMLGEN 函数与 XMLELEMENT 函数的功能相似，但是 XMLGEN 函数更简洁。它的第一个参数是 XML 文档模板，模板中有形如{$name}的占位符，其他参数用于替换占位符。

```
SELECT XMLGEN('                    --模板
        <Student  Sno={$Sno}>       --{$Sno}等是占位符
            <name>{$name}</name>
            <gender>{$gender}</gender>
            <age>{$age}</age>
            <department>{$department}</department>
        </Student>',
        Sno AS Sno,  --用列 Sno 的值替换{$Sno}
```

```
        Sname AS name,--用列 Sname 的值替换{$name}，下同
        Ssex AS gender,
        Sage AS age,
        Sdept AS department
        )
FROM Student
```

（3）XMLFOREST 函数

XMLFOREST 函数是把每个参数转换成一个 XML 元素，默认情况下，列名就是元素的名称，也可以使用 AS 短语为元素命名。

```
SELECT XMLELEMENT(
        Name "Student",
        XMLFOREST(S.Sno AS "Sno", S.Sname AS "name",
                S.Ssex AS "gender", S.Sage AS "age",
                S.Sdept AS "department")
        )
FROM Student AS S
```

（4）XMLCOMMENT 函数

XMLCOMMENT 函数用于产生一条注释。例如：

```
XMLCOMMENT('This is a comment')
```

（5）XMLPI 函数

XMLPI 函数用于生成处理指令。例如，以下函数产生<? Mydocument '\bin\test.xml' ?>。

```
XMLPI(Name "Mydocument", '\bin\test.xml')
```

（6）XMLNAMESPACES 函数

XMLNAMESPACES 函数用于生成命名空间。

```
SELECT XMLELEMENT(
        Name "Student:name", --元素名
        XMLNAMESPACES('http://www.sdjzu.edu/Student' AS "Student"),
        --命名空间，AS "Student"是前缀，放在元素的前面，一起构成限定名: Student:name
        S.Sname --元素内容
        )
FROM Student AS S
WHERE Sno='2000012';
```

结果是：

```
<Student:name xmlns:Student='http://www.sdjzu.edu/Student'>王林</Student:name>
```

（7）XMLAGG 函数

XMLAGG 函数负责处理同一个分组的每个元组。例如，将 Student、SC 和 Course 表连接，然后按照 Sno 分组，输出每个分组的学号和所选修的每门课的名称和成绩。XMLAGG 的参数是两个元素以及可选的 ORDER BY 子句，CourseName 和 Grade 是 Name 元素的子元素，分组中有几门课程，Name 就有几个 CourseName 和 Grade 的子元素。

```
SELECT XMLELEMENT(Name "Student",
        XMLELEMENT(Name "Name", S.Name),
        XMLAGG(
              XMLELEMENT(Name "CourseName",C.Cname),
              XMLELEMENT(Name "Grade", C.Grade)
        ORDER BY C.Cname
        ))
FROM Student AS S, SC, Course AS C
WHERE S.Sno = SC.Sno and SC.Cno=C.Cno
GROUP BY S.Sno;
```

2. SQL Server 的发布方法

SQL Server 使用 FOR XML 子句将查询结果转换为 XML 文档。

FOR XML 子句的语法格式如下。

```
[FOR { BROWSE | <XML> } ]
```

其中 XML 的定义如下。

```
<XML> ::=XML{
{RAW [('ElementName')] | AUTO}
    [<CommonDirectives>[, {XMLDATA | XMLSCHEMA [(TargetNameSpaceURI)]}]]
    [,ELEMENTS [XSINIL | ABSENT]]
| EXPLICIT[<CommonDirectives>[, XMLDATA]]
| PATH [('ElementName')]
      [<CommonDirectives>
          [, ELEMENTS [XSINIL | ABSENT]]]
}
```

其中 CommonDirectives 的定义如下。

```
<CommonDirectives> ::= [ , BINARY BASE64 ] [ , TYPE ][ , ROOT [ ('RootName') ] ]
```

各参数含义如表 11-2 所示。

表 11-2 参数的含义

参 数 名 称	含 义
RAW	查询结果的每条记录作为一个元素，元素名为 row
AUTO	查询结果的每条记录作为一个元素，元素名为表的名
EXPLICIT	显式指定嵌套关系
PATH	显式指定嵌套关系
ROOT	指定根元素

（1）FOR XML RAW

RAW 模式是最简单的一种。RAW 模式将查询结果的每一条记录转换为带有通用标识符<row>或用户提供的元素名称的 XML 元素。默认情况下，查询结果的非 NULL 的列都将映射为<row>元素的属性。若将 ELEMENTS 指令添加到 FOR XML 子句，则可将每列值都映射为<row>元素的子元素。在指定 ELEMENTS 指令时，可同时指定 XSINIL 选项，将查询结果集的 NULL 列值映射为具有属性 xsi:nil="true"的元素。

11-4　FOR XML RAW

例 11.13　查询所有学生的信息，用 XML 形式返回。代码如下。

```
SELECT Sno, Sname, Ssex, Sage, Sdept
FROM Student
FOR XML RAW
```

结果如下。

```
<row Sno="2000012" Sname="王林" Ssex="男" Sage="19" Sdept="计算机"/>
<row Sno="2000113" Sname="张大民" Ssex="男" Sage="18" Sdept="管理"/>
<row Sno="2000256" Sname="顾芳" Ssex="女" Sage="19" Sdept="管理"/>
<row Sno="2000278" Sname="姜凡" Ssex="男" Sage="19" Sdept="管理"/>
<row Sno="2000014" Sname="葛波" Ssex="女" Sage="18" Sdept="计算机"/>
```

与示例数据库比较后可以看出，Student 表的元组被转换成了 row 元素，列和列值被转换成 row 元素的属性和属性值。

修改上述脚本，代码如下。

```
SELECT Sno,Sname,Ssex,Sage,Sdept
FROM Student
FOR XML RAW('Student'), ELEMENTS, ROOT('StudentInfo')
```

语句中的 RAW('Student')表示由每个元组生成一个元素，元素的名称为 Student，而不是默认的 row。ELEMENTS 的含义是将元组的每列作为 Student 的子元素。ROOT('StudentInfo')表示生成名为 StudentInfo 的根元素。部分结果如下。

```
<StudentInfo>
  <Student>
    <Sno>2000012</Sno>
    <Sname>王林</Sname>
    <Ssex>男</Ssex>
    <Sage>19</Sage>
    <Sdept>计算机</Sdept>
  </Student>
  <Student>
    <Sno>2000113</Sno>
    <Sname>张大民</Sname>
    <Ssex>男</Ssex>
    <Sage>18</Sage>
    <Sdept>管理</Sdept>
  </Student>
  ……
</StudentInfo>
```

（2）FOR XML AUTO

如果使用了 AUTO 关键字，那么将以层次结构的形式组织查询结果。

例 11.14　查询所有学生的信息，用 XML 形式返回。代码如下。

```
SELECT Sno,Sname,Ssex,Sage,Sdept
```

```
FROM Student
FOR XML AUTO
```

结果如下。

```
<Student Sno="2000012" Sname="王林" Ssex="男" Sage="19" Sdept="计算机"/>
<Student Sno="2000113" Sname="张大民" Ssex="男" Sage="18" Sdept="管理"/>
<Student Sno="2000256" Sname="顾芳" Ssex="女" Sage="19" Sdept="管理"/>
<Student Sno="2000278" Sname="姜凡" Ssex="男" Sage="19" Sdept="管理"/>
<Student Sno="2000014" Sname="葛波" Ssex="女" Sage="18" Sdept="计算机"/>
```

例 11.14 与例 11.13 的不同之处在于，例 11.13 产生的结果的元素名为<row>，而例 11.14 为<Student>。FOR XML AUTO 也可以使用 ELEMENTS、ROOT 等选项。

11-5　FOR XML EXPLICIT

（3）FOR XML EXPLICIT

使用 FOR XML EXPLICIT 选项后，查询结果将被转换为 XML 文档。

EXPLICIT 选项要求 SELECT 子句的前两个字段必须命名为 TAG 和 PARENT。TAG 和 PARENT 用于确定由查询结果转换而来的 XML 文档中元素的父子关系。

TAG 字段作为当前元素的标记号，取值范围为 1～255。PARENT 字段作为当前元素的父元素的标记号，如果其值是 0 或 NULL，则表明相应的元素没有父元素，该元素将作为根元素添加到 XML。

添加上述两个附加字段后，只需按以下的步骤即可定义元素之间的嵌套关系。

① 使用 TAG 字段指定元素的标记号。

② 使用 PARENT 字段指定元素的父元素的标记号。

重复上面的步骤就可以生成想要的 XML 文档。

EXPLICIT 选项将产生规则作为列的别名，用于产生一个元素，产生规则的格式为：

```
ElementName!TagNumber!AttributeName!Directive
```

ElementName 是元素名称，TagNumber 是分配给元素的标记号，以产生规则为别名的列或作为元素 ElementName 的值，或属性，或子元素。如果 AttributeName 为空，则作为值，如果 Directive 为空，则作为属性，否则，作为子元素。

例 11.15　查询所有学生的信息，并且把每列作为一个元素，代码如下。

```
SELECT 1 AS TAG, 0 AS PARENT,
    Sno AS [Student!1!Sno!ELEMENT],
    Sname AS [Student!1!Sname!ELEMENT],
    Ssex AS [Student!1!Ssex!ELEMENT],
    Sage AS [Student!1!Sage!ELEMENT],
    Sdept AS [Student!1!Sdept!ELEMENT]
FROM Student
FOR XML EXPLICIT
```

产生的部分结果如下。

```
<Student>
  <Sno>2000012</Sno>
  <Sname>王林</Sname>
  <Ssex>男</Ssex>
```

```
    <Sage>19</Sage>
    <Sdept>计算机</Sdept>
  </Student>
  <Student>
    <Sno>2000113</Sno>
    <Sname>张大民</Sname>
    <Ssex>男</Ssex>
    <Sage>18</Sage>
    <Sdept>管理</Sdept>
  </Student>
  ......
```

修改上面的脚本，把每列作为一个属性，代码如下。

```
SELECT 1 AS TAG, 0 AS PARENT,
    Sno AS[Student!1!Sno],
    Sname AS [Student!1!Sname],
    Ssex AS [Student!1!Ssex],
    Sage AS [Student!1!Sage],
    Sdept AS[Student!1!Sdept]
FROM Student
FOR XML EXPLICIT
```

产生的结果如下。

```
<Student Sno="2000012" Sname="王林" Ssex="男 " Sage="19" Sdept="计算机"/>
<Student Sno="2000113" Sname="张大民" Ssex="男 " Sage="18" Sdept="管理"/>
<Student Sno="2000256" Sname="顾芳" Ssex="女 " Sage="19" Sdept="管理"/>
<Student Sno="2000278" Sname="姜凡" Ssex="男 " Sage="19" Sdept="管理"/>
<Student Sno="2000014" Sname="葛波" Ssex="女 " Sage="18" Sdept="计算机"/>
```

（4）FOR XML PATH

将列的别名作为路径，用于指定元素之间的嵌套关系。

① 没有名称的列

任何没有名称的列都将被内联，如未指定列别名的计算列。如果列的类型是 XML 类型，则引入 XML 的实例，否则列的值作为文本结点。

例如：

11-6　FOR XML
PATH

```
SELECT 10+10
FOR XML PATH
```

结果为：

```
<row>20</row>
```

默认情况下，针对查询结果的每一条记录，XML 文档将生成一个相应的<row>元素。这与 RAW 模式相同。可以指定元素名称，以覆盖默认的<row>。

上面的代码可以改为：

```
SELECT 10+10
FOR XML PATH('Number')
```

结果为：

```
<Number>20</Number>
```

11.7.2 节的 Student 表的 PhoneList 字段的类型是 XML，此时，PATH 模式将导入一个 XML 字段，如下例所示。

```
SELECT Sno ,Sname ,PhoneList.query('//Phone[@type="home"]')
FROM Student
FOR XML PATH
```

生成的结果如下。

```
<row>
    <Sno>2000012</Sno>
    <Sname>王林</Sname>
    <Phone type="home">87654321</Phone>
</row>
```

② 别名以 "@" 符号开头

别名以 "@" 符号开头则相应的列作为属性。例如，以下查询结果包含@Id 列，此时，<Student>元素有属性 Id，其值为 Sno 的值。

```
SELECT Sno AS "@Id", Sname
FROM Student
WHERE Sno='2000012'
FOR XML PATH('Student')
```

生成的部分结果如下。

```
<Student Id="2000012">
  <Sname>王林</Sname>
</Student>
<Student Id="2000113">
  <Sname>张大民</Sname>
</Student>
......
```

在同一级别中，属性必须出现在其他任何结点类型（如元素结点和文结点）之前。以下查询将返回一个错误。

```
SELECT Sname ,Sno AS "@Id"
FROM Student
FOR XML PATH('Student')
```

③ 别名为相对路径

如果别名形如 $Name_1/Name_2/Name_3 \cdots/Name_n$，则产生元素 $Name_n$，它是元素 $Name_1/Name_2/\cdots/Name_{n-1}$ 的子元素。如果 $Name_n$ 以 "@" 开头，则它是元素 $Name_1/Name_2/\cdots/Name_{n-1}$ 的属性。

例 11.16 查询所有学生的信息。代码如下。

```
SELECT Sno "@Id",
       Sname "Student/Sname",
```

```
        Ssex "Student/Ssex",
        Sage "Student/Sage",
        Sdept "Student/Sdept"
FROM Student
FOR XML PATH('StudentList')
```

生成的部分结果如下。

```
<StudentList Id="2000012">
  <Student>
    <Sname>王林</Sname>
    <Ssex>男</Ssex>
    <Sage>19</Sage>
    <Sdept>计算机</Sdept>
  </Student>
</StudentList>
<StudentList Id="2000113">
  <Student>
    <Sname>张大民</Sname>
    <Ssex>男</Ssex>
    <Sage>18</Sage>
    <Sdept>管理</Sdept>
  </Student>
</StudentList>
......
```

④ 名称被指定为通配符的列

如果指定的列名是一个通配符（*），则表示输出该列的值。如果此列不是 XML 类型的列，则此列的值将作为文本结点。代码如下。

```
SELECT Sno "@Id", Sname "*"
FROM Student
FOR XML PATH('Student')
```

结果如下。

```
<Student Id="2000012">王林</Student>
<Student Id="2000113">张大民</Student>
<Student Id="2000256">顾芳</Student>
<Student Id="2000278">姜凡</Student>
<Student Id="2000014">葛波</Student>
```

11.7.2　存储和查询 XML 文档

11-7　SQL Server 的 XML 存储和查询

1. XML 数据类型

SQL Server 提供了新的数据类型 XML，XML 数据类型可以使用的方式如下。
- 作为表的列。
- 作为 T-SQL 的变量。
- 作为存储过程或者用户自定义函数的参数。

● 作为用户自定义函数的返回值。

例如，为 Student 表增加 PhoneList 列，用于存放联系电话，这些联系电话被组织成 XML 文档。

```
CREATE TABLE Student(
        Sno         CHAR(7)  PRIMARY KEY,
        Sname       CHAR(8) NOT NULL,
        Ssex        CHAR(2) ,
        Sage        SMALLINT,
        Sdept       CHAR(20),
        PhoneList   XML);
```

由于 XML 数据类型的实例可能无法相互比较，如<Student Sno="2000012"></Student>和<Student Sno="2000012"/>，虽然它们有相同的数据模型（一个 Student 元素结点和一个 Sno 属性结点，Student 是 Sno 的父结点），但是文档的表示方法不同；另外，XML 文档也可以采用不同的编码方式（通过文档声明中的 encoding）。因此，对 XML 数据类型有以下特殊限制。

● 不能作为主码。

● 不能作为外码。

● 不能有 UNIQUE 约束。

● 不能使用 COLLATE 短语。

XML 文档的表现形式是字符串，但是 XML 数据类型不是字符串类型，因为在数据库中，XML 数据类型有特殊的存放形式，在使用时需要特别注意，否则会出现类型不匹配的错误。

例如，向 Student 表插入一个学生的信息。

```
INSERT INTO Student VALUES('2000012','王林','男',19,'计算机',
                    '<PhoneList>
                            <Phone type="home">12345678</Phone>
                            <Phone type="apartment">xxxxxxxx</Phone>
                            <Phone type="mobile">133xxxxxxxx</Phone>
                            <Phone type="mobile">139xxxxxxxx</Phone>
                    </PhoneList>');
```

从形式上看，赋予 PhoneList 的值是字符串（请注意，为了阅读方便，字符串被分成了 6 行，实际应为 1 行），但是 SQL Server 将自动完成数据类型的转换；也可以使用 SQL Server 的数据类型转换函数 CAST()做显式转换。

```
CAST('<PhoneList>
                <Phone type="home">12345678</Phone>
                <Phone type="apartment">xxxxxxxx</Phone>
                <Phone type="mobile">133xxxxxxxx</Phone>
                <Phone type="mobile">139xxxxxxxx</Phone>
        </PhoneList>') AS XML)
```

2. 查询 XML 文档

例 11.17 查询学生 2000012 的全部电话信息。

```
SELECT PhoneList
FROM Student
WHERE Sno = '2000012'
```

PhoneList 列的数据类型是 XML，查询结果是一个 XML 文档。

```
<PhoneList>
            <Phone type="home">12345678</Phone>
            <Phone type="apartment">xxxxxxxx</Phone>
            <Phone type="mobile">133xxxxxxxx</Phone>
            <Phone type="mobile">139xxxxxxxx</Phone>
</PhoneList>
```

SQL Server 提供了若干函数操作 XML 数据类型的列，与查询相关的有 3 个函数：query()、value()和 exist()。

query()方法用于查询 XML 实例中满足一定条件的结点。query()方法只有一个参数，既可以是 XPath 的路径表达式，也可以是 XQuery 的语句，用于指定要查找的结点。

例 11.18　查询学号为 2000012 的学生的家庭电话。

```
SELECT PhoneList.query('//Phone[@type="home"]')
FROM Student
WHERE Sno= '2000012';
```

query()方法返回结点的集合，因此，查询结果为：

```
<Phone type="home">12345678</Phone>
```

如果将查询改为：

```
SELECT PhoneList.query('//Phone[@type="home"]/text()')
FROM Student
WHERE Sno= '2000012';
```

因为返回的是文本类型的结点，所以返回结点中保存的文本，结果为：

```
12345678
```

value()方法用于读取结点的值，并转换为指定的 SQL 数据类型。其语法格式为：

```
value(XQuery,SQLType)
```

其中，XQuery 参数是 XQuery 表达式，表达式的结果最多包含一个结点，否则将发生错误。SQLType 是 SQL 的数据类型。

例 11.19　查询学号为 2000012 的学生的家庭电话号码。

```
SELECT PhoneList.value('(//Phone[@type="home"]/text())[1]', 'varchar(20)')
FROM Student
WHERE Sno= '2000012';
```

由于路径表达式//Phone[@type="mobile"]/text()可能返回多个文本结点，而 value 函数要求最多只能是一个结点，因此增加了限制条件[1]。查询结果是：

```
133xxxxxxxx
```

例 11.20　查询家庭电话号码是 12345678 的学生的姓名。

```
SELECT Sname
```

```
FROM Student
WHERE PhoneList.value('(//Phone[@type="home"]/text())[1]', 'varchar(20)')='12345678'
```

exist()方法用于判断查询结果是否是空集合，根据查询结果的不同，函数有 3 种返回值。

- 0：查询结果为空集合。
- 1：查询结果至少包含了一个 XML 结点。
- NULL：执行查询的 XML 数据类型实例包含 NULL。

其语法格式为：

```
exist(XQuery)
```

例 11.21 查询有家庭联系电话的学生名单。

```
SELECT Sname
FROM Student
WHERE PhoneList.exist('//Phone[@type="home"]')=1;
```

3. XML DML

SQL Server 提供了 modify 函数用于修改 XML 文档，其语法类似于 XQuery。modify 函数可以删除、增加、替换文档中的结点。

（1）modify('delete expression')

expression 是一个 Xpath 表达式，返回一个结点序列，delete 命令表示从文档中删除结点序列中的所有结点。

例 11.22 删除学生王林的所有移动电话号码。

```
UPDATE Student
SET PhoneList.modify('delete //Phone[@type="mobile"]')
WHERE Sname='王林';
```

语句执行后，王林的通讯录中只有两个电话号码（home 和 apartment 两个电话号码）。

```
<PhoneList>
  <Phone type="home">12345678</Phone>
  <Phone type="apartment">xxxxxxxx</Phone>
</PhoneList>
```

（2）modify('insert expression')

insert 语句将一个结点或者一个有序的结点序列插入 XML 文档，这些新插入的结点作为某个结点的孩子或者兄弟结点。

insert 语句的一般语法格式如下。

```
insert expression₁({as first|as last} into | after | before expression₂)
```

其中，$expression_1$ 是要插入的结点或结点序列，$expression_2$ 是要插入的目标结点。as first into 和 as last into 分别将 $expression_1$ 指定的结点序列作为 $expression_2$ 指定的目标结点的第 1 个孩子结点和最后一个孩子结点。before 和 after 表示插入的结点序列作为目标结点的兄弟结点，before 将结点插入目标结点的前面，after 将结点插入目标结点的后面。

例 11.23 将学生王林新开通的一个手机号码作为通讯录的最后一条记录。

```
UPDATE Student
SET PhoneList.modify('insert <Phone type="mobile">138xxxxxxxx</Phone> as last
into /PhoneList[1]')
WHERE Sname= '王林';
```

通讯录变为:

```
<PhoneList>
  <Phone type="home">12345678</Phone>
  <Phone type="apartment">xxxxxxxx</Phone>
  <Phone type="mobile">138xxxxxxxx</Phone>
</PhoneList>
```

例 11.24 将学生王林新开通的一个手机号码放到其公寓电话的后面。

```
UPDATE Student
SET PhoneList.modify('insert <Phone type="mobile">136xxxxxxxx</Phone> after (
    //Phone[@type="apartment"])[1]')
WHERE Sname = '王林';
```

通讯录变为:

```
<PhoneList>
  <Phone type="home">12345678</Phone>
  <Phone type="apartment">xxxxxxxx</Phone>
  <Phone type="mobile">136xxxxxxxx</Phone>
  <Phone type="mobile">138xxxxxxxx</Phone>
</PhoneList>
```

（3）XML.modify('replace value of... ')

replace value of 的常用语法格式如下。

```
replace value of expression₁ with expression₂
```

其中，$expression_1$ 指定一个结点，该结点可以是文本结点、属性结点或者元素结点，如果是元素结点，则元素必须拥有简单类型的内容。$expression_2$ 标识结点的新值。如果结点所在的 XML 文档是类型化的（由 XML Schema 定义文档的结构和数据类型），则 $expression_2$ 标识的值必须与 $expression_1$ 的类型相同或是其类型的子类型。如果 XML 文档是非类型化的，则 $expression_2$ 标识的值必须是原子值。

例 11.25 将学生王林的家庭电话号码更新为 87654321。

```
UPDATE Student
SET PhoneList.modify('replace value of (//Phone[@type= "home"]/text())[1] with
"87654321"')
WHERE Sname = '王林';
```

通讯录变为:

```
<PhoneList>
  <Phone type="home">87654321</Phone>
  <Phone type="apartment">xxxxxxxx</Phone>
```

```
    <Phone type="mobile">136xxxxxxxx</Phone>
    <Phone type="mobile">138xxxxxxxx</Phone>
</PhoneList>
```

小　结

本章简单介绍了 XML 的相关知识和 SQL/XML 标准，读者可以参考 W3C 的相关文档做进一步的了解。

XML 文档由若干个元素组成。元素由开始标签、内容和结束标签 3 部分组成。开始标签除了元素名外，还可以出现一组属性名和属性值对。内容可以是字符串，也可以是其他的元素，或者二者同时出现。

元素的名称由用户根据应用的需要定义，这样的名称称为局部名。为了在 Internet 环境下不出现重名的元素，可以将用户定义的元素名称与一个 URI 相关联，这个 URI 叫作命名空间。元素名由 URI 和元素局部名两部分组成，由于 URI 的唯一性，不会出现重名现象。

XML 文档的结构可以使用 DTD 或者 XML Schema 定义。DTD 是一个早期的规范，有一套特殊的语法。XML Schema 符合 XML 语法，支持命名空间和数据类型。XML Schema 规定了基本的数据类型，如 string、int 等，在此基础上，可以构造出复杂数据类型。符合 XML 语法的文档叫作良构的文档，符合 DTD 或 XML Schema 规定结构的文档叫作有效的文档。

如同关系模型、面向对象模型，XML 也是一种数据模型。XML 用树表示 XML 文档，文档中的元素、属性、命名空间、注释、处理指令和文本作为树的结点，元素之间的嵌套关系定义了结点之间的父子关系。

XML 有自己的查询语言。XPath 是一种轻量级的 XML 查询语言，它充分利用了 XML 文档的层次性，XPath 使用路径表达式在文档中查询指定的内容。

XQuery 是一个功能完备的查询语言，它在 XPath 的基础上提供了强大的 FLWOR 语句和其他功能。

SQL:2003 标准增加了 XML 数据类型，以自然的方式存储 XML 文档，扩充了 SQL 语句，可以使用 XQuery 查询和修改文档。

习　题

1. 将 2.3 示例数据库的 Student 表、Course 表和 SC 表分别表示成 XML 文档。
2. 分别用 DTD 和 XML Schema 描述习题 1 中 3 个文档的模式。
3. 设计一个符合下面 DTD 的 XML 文档。

```
<!DOCTYPE bibliography[
    <!ELEMENT book(title, author+, year, publisher, place?>
    <!ELEMENT article(title, author+, journal, year, number, volume, page?)>
    <!ELEMENT author(last_name, first_name)>
    <!ELEMENT title(#PCDATA)>
    其他元素，如 year、publisher 等的定义同 title
]>
```

4. 设计一个与习题 3 DTD 等价的 XML Schema，元素的数据类型可自行设计。

5．给出一组用于存放符合习题 4 模式的 XML 文档的表。

6．针对例 11.1 的 XML 文档，编写以下 XQuery 查询。

（1）查询管理学的学分。

（2）查询学生王林离散数学的成绩。

（3）查询年龄大于 19 的所有男同学的学号和名字。

（4）查询数据库原理课程的平均成绩。

7．建立一个学生数据库，其模式为（Sno，Sname，Ssex，Sage，Sdept，CourseList），其中 Sno、Sname、Ssex、Sage、Sdept 的含义和数据类型与示例数据库相同，CourseList 是 XML 数据类型，存放学生每门课程的成绩。

8．针对习题 7 的表，编写以下查询。

（1）查询学生王林的基本情况和所有选课记录，查询结果是 XML 文档。

（2）查询学生王林的平均成绩。

（3）给每名学生增加选修高等数学的选课记录，成绩暂为空。

（4）将学生王林高等数学的成绩更改为 90。

9．查阅资料，说明 Oracle 和 MySQL 是如何发布 XML 文档的。

第12章 数据仓库和联机分析处理

随着计算机技术的飞速发展和广泛应用，传统的计算机事务处理系统已经比较成熟，它极大地提高了企业事务处理的效率和水平。在实际运行过程中，企业的数据库积累了大量的业务数据，如产品数据、销售数据、客户数据及市场数据等。这些数据是宝贵的资源，其中隐含着丰富的信息和有用的知识，有可能对企业的决策产生重大影响。于是，人们提出了新的需求：能否利用数据库中的数据资源来帮助领导层进行决策？

显然，这里存在两种不同的数据处理工作：操作型处理和分析型处理，即联机事务处理（On-Line Transaction Processing，OLTP）和联机分析处理（On-Line Analytic Processing，OLAP）。

- 操作型处理是指对数据库联机的日常操作，通常是对一个或一组记录的查询和修改。例如，火车售票系统、银行通存通兑系统、税务征收管理系统，这些系统要求快速响应用户请求，对数据的安全性、完整性以及事务吞吐量有很高的要求。
- 分析型处理是指对数据的查询和分析操作，通常是对海量历史数据的查询和分析。例如，金融风险预测预警系统、证券股市违规分析系统，这些系统要访问的数据量非常大，查询和分析的操作十分复杂。

两者之间的差异使得传统的数据库技术不能同时满足两类数据处理的要求，数据仓库技术应运而生。

12.1 从数据库到数据仓库

早期的决策支持系统（Decision-Support System，DSS）试图直接在事务处理环境下建立，数据库技术一直力图使自己能胜任从事务处理、批处理到分析处理的各种类型的信息处理任务。尽管数据库技术在事务处理方面的应用获得了巨大的成功，但它对分析处理的支持一直不能令人满意，尤其是当以事务处理为主的联机事务处理应用与以分析处理为主的决策支持系统应用共存于同一个数据库管理系统时，这两种类型的处理发生了明显的冲突。人们逐渐认识到事务处理和分析处理具有极不相同的性质，直接使用事务处理环境来支持决策支持系统是不合适的。

具体来说，事务处理环境不适宜决策支持系统应用的原因概括起来主要有以下4个方面。

1. 事务处理和分析处理的差异

事务处理环境的用户的行为特点是数据的存取操作频率高，每次操作处理的时间短，因此系统允许多个用户以并发方式共享系统资源，同时保持较短的响应时间，联机事务处理是这种环境下的典型应用。

在分析处理环境中，用户的行为模式与此不同，某个决策支持系统应用程序可能需要连续运行几小时，消耗大量的系统资源。将具有如此不同处理性能的两种应用放在同一个环境运行显然是不恰当的。

2. 数据集成问题

决策支持系统需要集成的数据。全面、正确的数据是有效的分析和决策的首要前提，相关数据收集得越完整，得到的结果就越可靠。因此，决策支持系统不仅需要企业内部各部门的相关数据，还需要企业外部、竞争对手等方面的相关数据。

事务处理的目的在于使业务处理自动化，一般只需要与本部门业务有关的当前数据，整个企业范围内的集成应用考虑得很少。当前绝大部分企业内数据的真正状况是分散而非集成，尽管每个单独的事务处理应用可能很高效，能产生丰富的细节数据，但这些数据不能成为一个统一的整体。对于需要集成数据的决策支持系统应用来说，必须集成这些纷杂的数据。

数据集成是一项十分繁杂的工作，都交给应用程序完成会增加程序员的负担，并且如果每做一次分析都要进行一次这样的集成，就会导致极低的处理效率。决策支持系统对于数据集成的迫切需要可能是数据仓库技术出现的最重要动因。

数据集成后，数据源的数据仍然在不断变化，这些变化应该及时地反映到数据仓库，使决策者准确探知系统内的数据变化。因此，数据仓库中的集成数据必须以一定的周期（如几天或几周）刷新。这种数据集成方式称为**动态集成**。显然，事务处理系统不具备动态集成的能力。

3. 历史数据问题

事务处理一般只需要当前数据，数据库一般也只存储短期数据，并且不同数据的保存期限也不同，即使有一些历史数据保存下来了，也被束之高阁，未得到充分利用。但对于决策分析而言，历史数据是相当重要的，许多分析方法必须以大量的历史数据为依托。没有对历史数据进行详细分析，就难以把握企业的发展趋势。

可以看出，决策支持系统对数据在空间和时间的广度都有了更高的要求，而事务处理环境难以满足这些要求。

4. 数据的综合问题

事务处理系统积累了大量的细节数据，一般而言，决策支持系统并不对这些细节数据进行分析，原因之一是细节数据量太大，会严重影响分析的效率；原因之二是太多的细节数据不利于分析人员将注意力集中于有用的信息上。因此，在分析前，往往需要对细节数据进行不同程度的综合。而事务处理系统不具备这种综合能力，而且根据规范化理论，这种综合还往往是一种数据冗余，而加以限制。

以上这些问题表明在事务处理环境中直接构建分析型应用是一种失败的尝试。数据仓库本质上是对这些存在问题的回答。但是数据仓库的主要驱动力并不是过去的缺点，而是市场商业经营行为的改变，市场竞争要求捕获和分析事务级的业务数据。

建立在事务处理环境上的分析系统无法达到这些要求。要提高分析和决策的效率和有效性，分析型处理及其数据必须与操作型处理和数据相分离。必须把用于分析的数据对象从事务处理环境中提取出来，按照决策支持系统处理的需要重新组织，建立单独的分析处理环境，数据仓库正是为了构建这种新的分析处理环境而出现的一种数据存储和组织技术。

12.2　数据仓库的基本概念

12.1 节阐述了数据仓库产生的背景，下面介绍数据仓库的基本概念，包括什么是数据仓库和数据仓库数据的基本特征。

12-1　数据仓库的
基本概念

12.2.1　什么是数据仓库

数据仓库和数据库只有一字之差，似乎是一样的概念，但实际不然。数据仓库是为了构建新的分析处理环境而出现的一种数据存储和组织技术。由于分析处理和事务处理具有极不相同的性质，因而两者对数据也有不同的要求。数据仓库概念的创始人 W.H. Inmon 在其《Building Data Warehouse》一书中列出了操作型数据与分析型数据的区别，如表 12-1 所示。

表 12-1　　　　　　　　　　　操作型数据和分析型数据的区别

操作型数据	分析型数据
细节的	综合的，或提炼的
在存取瞬间是准确的	代表过去的数据
可更新	不可更新
操作需求事先可知道	操作需求事先不知道
生命周期符合 SDLC	完全不同的生命周期
对性能要求高	对性能要求宽松
一个时刻操作一个元组	一个时刻操作一个集合
事务驱动	分析驱动
面向应用	面向分析
一次操作数据量小	一次操作数据量大
支持日常操作	支持管理决策需求

基于上述操作型数据和分析型数据的区别，可以给出数据仓库的定义：**数据仓库**是一个用于更好地支持企业的决策分析处理的、面向主题的、集成的、不可更新的、随时间不断变化的数据集合。数据仓库本质上和数据库一样是长期储存在计算机内有组织、可共享的数据集合。数据仓库和数据库的主要区别是数据仓库中的数据具有以下 4 个基本特征。

- 数据仓库的数据是面向主题的。
- 数据仓库的数据是集成的。
- 数据仓库的数据是不可更新的。
- 数据仓库的数据是随时间不断变化的。

下面介绍数据仓库数据的 4 个基本特征。

12.2.2　主题与面向主题

与传统数据库面向应用组织数据的特点相对应，数据仓库中的数据是面向主题而组织的。什么是主题呢？从逻辑意义上讲，主题是企业中某一宏观分析领域涉及的分析对象。主题是一个抽象的概念，是在较高层次上将企业信息系统中的数据综合、归类并进行分析利用的抽象。所谓较高层次，是相对面向应用的数据组织方式而言的，是指按照主题进行数据组织的方式具有更高的数据抽象级别。

为了让读者更好地理解主题与面向主题的概念，下面通过一个例子说明面向主题的数据组织与传统的面向应用的数据组织方式的不同。

一家采用"会员制"经营方式的商场，按业务已建立起销售、采购、库存管理以及人事管理子系统。按照其业务处理要求，建立了各子系统的数据库模式。

- 采购子系统：
  订单(订单号，供应商号，总金额，日期)
  订单细则(订单号，商品号，类别，单价，数量)
  供应商(供应商号，供应商名，地址，电话)
- 销售子系统：
  顾客(顾客号，姓名，性别，年龄，文化程度，地址，电话)
  销售(员工号，顾客号，商品号，数量，单价，日期)
- 库存管理子系统：
  领料单(领料单号，领料人，商品号，数量，日期)
  进料单(进料单号，订单号，进料人，收料人，日期)
  库存(商品号，库房号，库存量，日期)
  库房(库房号，地点，库存商品描述)
- 人事管理子系统：
  员工(员工号，姓名，性别，年龄，文化程度，部门号)
  部门(部门号，部门名称，部门主管，电话)

按照面向主题的方式，应该分两个步骤来组织数据：抽取主题以及确定每个主题应包含的数据内容。

（1）抽取主题

按照分析的要求确定主题。这与按照数据处理或应用的要求来组织数据的主要差异是关注的数据内容不同。例如，在商场中，同样是商品采购，在联机事务处理数据库中，人们关心的是怎样方便快捷地进行"商品采购"这个业务处理，而在进行分析处理时，人们应该关心同一商品的不同采购渠道。因此：

① 在联机事务处理数据库中组织数据时要考虑如何更好地记录下每一笔采购业务的情况，我们用"订单""订单细则"和"供应商"3 个关系模式来描述一笔采购业务涉及的数据内容，这就是面向应用进行数据组织的方式。

② 在数据仓库中，商品采购的分析活动主要是了解各供应商的情况，显然"供应商"是采购分析的对象。我们并不需要像"订单"和"订单细则"这样的数据库模式，因为它们包含的是操作型的数据；但是只用联机事务处理数据库的"供应商"中的数据又是不够的，因而要重新组织"供应商"这个主题。

（2）确定每个主题的数据内容

概括各种分析对象，抽取了商场的商品、供应商、顾客 3 个主题，然后确定每个主题应包含的数据内容。例如，"商品"主题应该包括两个方面的内容：第一，商品的固有信息，如商品名称，商品类别以及型号、颜色等描述信息；第二，商品的流动信息，如某商品采购信息、商品销售信息及商品库存信息等。这3个主题包含的主要数据内容如下。

① 商品

商品固有信息：商品号、商品名、类别、颜色等。

商品采购信息：商品号、供应商号、供应价、供应日期、供应量等。

商品销售信息：商品号、顾客号、售价、销售日期、销售量等。

商品库存信息：商品号、库房号、库存量、日期等。

② 供应商

供应商固有信息：供应商号、供应商名、地址、电话等。

供应商品信息：供应商号、商品号、供应价、供应日期、供应量等。

③ 顾客

顾客固有信息：顾客号、顾客名、性别、年龄、文化程度、住址、电话等。

顾客购物信息：顾客号、商品号、售价、购买日期、购买量等。

比照商场原有的数据库模式，可以看到：首先，从面向应用到面向主题的这个转变过程丢弃了与分析活动关系不大的信息，如订单、领料单等内容；其次，数据库模式关于商品的信息分散在各子系统，如商品的采购信息存在于采购子系统，商品的销售信息存在于销售子系统，商品库存信息又在库存管理子系统，没有形成有关商品的完整、一致的描述。面向主题的数据组织方式强调的是要形成关于商品的、一致的信息集合，以便在此基础上针对"商品"这一分析对象进行分析处理。

总之，面向主题的数据组织方式是根据分析要求将数据组织成一个完备的分析领域，即主题域。主题域应该具有两个特性。

① 独立性，如针对商品进行的各种分析要求的是"商品"主题域，它必须具有独立内涵。

② 完备性，就是对商品的任何分析处理要求，都应该能在"商品"主题内找到该分析处理要求的内容。如果对商品的某一分析处理要求涉及现存"商品"主题之外的数据，就应当将这些数据增加到"商品"主题，从而逐步完善"商品"主题。

或许有人担心，要求主题的完备性会使得主题包含过多的数据项而过于庞大，这种担心是不必要的。因为主题是逻辑上的概念，如果主题的数据项多了，实现时可以采取各种划分策略来"化大为小"。

主题是一个在较高层次上对数据的抽象，这使得面向主题的数据组织可以独立于数据的处理逻辑，因而可以在这种数据环境下方便地开发新的分析型应用；同时这种独立性也是建设企业全局数据库所要求的，所以面向主题不仅是适用于分析型数据环境的数据组织方式，也是适用于建设企业全局数据库的组织方式。

12.2.3 数据仓库的数据是集成的

数据仓库的数据是从原有分散的数据库抽取出来的。从表12-1可以看到，操作型数据与分析型数据的区别甚大。第一，数据仓库的每一个主题对应的源数据有许多重复和不一致的地方，并且来源于不同联机系统的数据都和不同的应用逻辑捆绑在一起；第二，数据仓库的综合数据不能从原有的数据库管理系统直接得到；因此在数据进入数据仓库之前，必然要经过转换、统一与综合。这一步是数据仓库建设最关键、最复杂的一步，要完成的工作如下。

（1）统一源数据的所有矛盾之处，如字段的同名异义、异名同义、单位不统一、字长不一致等。

（2）进行数据综合和计算：数据仓库的综合数据可以在从原有数据库抽取数据时生成，但更多是在数据仓库内部生成的，即进入数据仓库以后，通过计算生成。

12.2.4 数据仓库的数据是不可更新的

数据仓库的数据主要供企业决策分析之用，涉及的数据操作主要是数据查询，一般情况下并不进行联机实时的修改操作。数据仓库的数据反映的是一段相当长时间内的历史数据，是不同时点的数据库快照的集合，以及基于这些快照进行统计、综合和重组的导出数据，而不是联机处理的数据。联机事务处理数据库的数据经过抽取（Extracting）、清洗（Cleaning）、转换（Transformation）后装载（Loading）（这一过程简记为 ECTL）到数据仓库，一旦数据存放到数据仓库，数据就不再更新了。当数据超过数据仓库的数据存储期限时，这些数据将转储到其他存储设备或者经过确认后删除。

由于数据仓库的查询所涉及的数据量很大，所以对数据查询提出了更高的要求，它要求采用更多的索引技术；同时由于数据仓库面向的是企业的高层管理者，所以他们会对数据查询的界面友好性和数据可视化表示等方面提出更高的要求。

12.2.5 数据仓库的数据是随时间不断变化的

数据仓库的数据不可更新是针对已经载入数据仓库的数据，其数据内容不能再修改。也就是说，数据一旦进入数据仓库，从微观上看这些数据就不能修改了。数据仓库的用户在进行分析处理时是不进行数据更新操作的。但并不是说，从数据仓库整体来看就一成不变了，恰恰相反，数据仓库是随时间不断变化的。

数据仓库的数据随时间不断变化这一特征表现在以下三方面。

（1）数据仓库随时间变化将不断增加新的数据内容。数据仓库系统必须不断捕捉联机事务处理数据库变化了的数据并追加到数据仓库，也就是要不断地生成联机事务处理数据库的快照，经过 ECTL 后增加到数据仓库；但每次的数据库快照是不再变化的，捕捉到新的变化数据，只不过又生成一个数据库的快照增加进去，而不会修改原来的数据。

（2）数据仓库随时间变化不断删除旧的数据内容。数据仓库的数据也有存储期限，一旦超过了这一期限，过期数据就会被删除。只是数据仓库的数据的时限要远远长于操作型环境中数据的时限。操作型环境一般只保存 60～90 天的数据，而数据仓库需要保存较长时限（如 5～10 年）的数据，以满足决策支持系统进行趋势分析的要求。

（3）数据仓库包含大量的综合数据，这些综合数据很多与时间有关；如数据经常按照时间段进行综合，或间隔一定的时间进行抽样等。这些数据要随着时间的变化不断重新综合。

因此，数据仓库数据的码都包含时间项，以标明数据的历史时期。

12.3 数据仓库的数据组织

上面介绍了数据仓库的数据的 4 个基本特征，下面讲解数据仓库的数据组织结构。

数据仓库的数据组织结构如图 12-1 所示。数据仓库的数据分为多个级别：早期细节级、当前细节级、轻度综合级、高度综合级。源数据经过抽取、清洗、转换后载入数据仓库，首先进入当前细节级，然后根据具体分析需求进一步综合为轻度综合级乃至高度综合级，随着时间的推移，早期的数据将转入早期细节级。

数据仓库的数据具有不同的综合级别，我们一般称之为**粒度**。粒度是数据仓库数据组织的一个重要概念。粒度越大，表示细节程度越低，综合程度越高。

图12-2是某连锁商店的数据仓库，其中存放了各个地区历年的各种商品销售明细数据。其中1990—1995年的销售明细数据已经成为历史数据，对应早期细节级。当前细节级存放1996—2000年各地各种商品的销售明细表。轻度综合级存放的是1996—2000年每月销售表。高度综合级存放的是1996—2000年每年销售表。

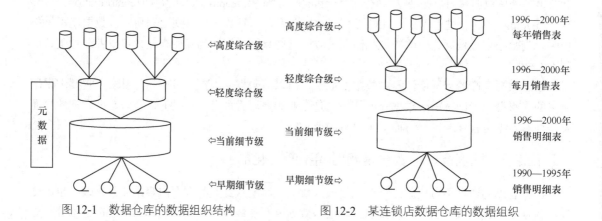

图 12-1　数据仓库的数据组织结构　　　　图 12-2　某连锁店数据仓库的数据组织

多重粒度是必不可少的，不同的数据粒度可以回答不同类型的问题。由于数据仓库的主要应用是决策支持系统，绝大部分查询都针对综合数据，因而多重粒度的数据组织可以提高联机分析的效率。

不同粒度的数据可以存储于不同级别的存储设备。例如，将大粒度数据存储在快速设备，甚至放在内存。这样，对于绝大多数查询分析，系统性能将大大提高；而小粒度数据可存储在磁带或光盘组上。

数据仓库的另一类重要数据就是元数据。**元数据**（Meta Data）是关于数据的数据，即是对数据的定义和描述。传统数据库的数据字典就是一种元数据。数据仓库的元数据的内容比数据库的数据字典更丰富、更复杂。数据仓库的元数据包括与数据库的数据字典相似的内容，如数据仓库的主题描述，还包括数据仓库特有的关于数据的描述信息，如数据粒度的定义、外部数据源的描述、数据进入数据仓库的转换规则、各种索引的定义等。

元数据的内容在数据仓库设计、开发、实施以及使用过程中不断完善，不仅为数据仓库的运行提供必要的信息、描述和定义，还为决策支持系统分析人员访问数据仓库提供直接的或辅助的信息。

12.4　数据仓库系统的体系结构

数据仓库系统总体上由以下几个部分组成：数据仓库的后台工具、数据仓库服务器、联机分析处理服务器和前台工具。图12-3所示为一个典型的数据仓库系统的体系结构。

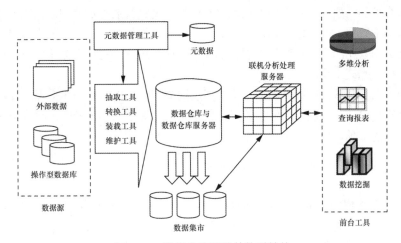

图 12-3 数据仓库系统的体系结构

12.4.1 数据仓库的后台工具

数据仓库的后台工具包括数据抽取（Extracting）、清洗（Cleaning）、转换、装载（Loading）和维护（Maintain）工具。目前许多公司产品把后台工具简记为 ECTL 工具或 ETL 工具。

由于数据仓库的数据来源于多种不同的数据源。它们可能是不同平台上异构数据库的数据，也可能是外部独立的数据文件、Web 页面、市场调查报告等。因此，这些数据常常是不一致的。例如：

（1）同一字段在不同的应用具有不同数据类型。例如，字段 Sex 在 A 应用的值为 M/F，在 B 应用的值为 0/1，在 C 应用又为 Male/Female。

（2）同一字段在不同的应用具有不同的名称。例如，A 应用的字段 balance 在 B 应用的名称为 bal，在 C 应用又变成了 currbal。

（3）同一字段具有不同含义。例如，字段 weight 在 A 应用表示人的体重，在 B 应用表示汽车的重量等。

为了集成这些不一致的、分散的数据供分析使用，必须先将它们转换。数据的不一致是多种多样的，每种情况都必须专门处理。数据抽取、清洗、转换工具就是用来完成这些工作的。

- 数据抽取工具主要通过网关或标准接口（如 JDBC、Oracle Open Connect、Sybase Enterprise Connect、Informix Enterprise Gateway 等）把原来联机事务处理系统的数据按照数据仓库的数据组织进行抽取。
- 数据清洗主要是对源数据之间的不一致性进行专门处理，并且要删除与分析无关的数据或不利于分析处理的噪声数据。
- 数据转换主要是对数据的格式进行变换。例如，将日期数据转换为年、月、日 3 个字段。
- 数据经过抽取、清洗和转换后，就可以装载到数据仓库，这由数据仓库的装载工具实现。在数据装载过程中，需要做以下预处理：完整性约束检查、排序、对一些表进行综合和聚集计算、创建索引和其他存取路径、把数据分割到多个存储设备等，同时应该允许系统管理员对装载过程进行监控。装载工具要解决的另一个问题是对大数据量的处理。数据仓库的数据量比联机事务处理系统大得多，进行装载需要很长的时间。目前通常的解决方法有两种：并行装载和增量装载。并行装载是把任务分解，充分利用 CPU 资源。增量装载就是只装载修改的元组，以减少需要处理的数据量。

数据仓库维护的主要工作是：周期性地把操作型环境的新数据定期加入到数据仓库，刷新数据仓库的当前细节数据，将过时的数据转化成历史数据，清除不再使用的数据，调整粒度级别等。特别注意，当数据仓库的当前细节数据刷新后，相应地，粒度高的综合数据也要进行重新计算、重新综合等维护、修改工作。

元数据管理工具是数据仓库系统的一个重要组成部分。分析需求的多变性，导致数据仓库的元数据也会经常变化，对元数据的维护管理比传统数据库对数据字典的管理要复杂和频繁得多。因此，需要专门的工具软件来管理元数据。

12.4.2 数据仓库服务器和联机分析处理服务器

数据仓库服务器相当于数据库系统的数据库管理系统，负责管理数据仓库的数据。数据仓库服务器目前一般是关系数据库管理系统或扩展的关系数据库管理系统，即由传统数据库管理系统厂商对数据库管理系统加以扩展、修改，使得传统的数据库管理系统具备支持数据仓库的功能。

联机分析处理服务器透明地为前端工具和用户提供多维数据视图。用户不必关心数据（即多维数据）到底存储在什么地方和怎么存储的。联机分析处理服务器则必须考虑物理上这些分析数据的存储问题。

数据仓库服务器和联机分析处理服务器之间的功能划分没有严格的界限。其含义是：从逻辑功能上可以划分为数据仓库服务器和联机分析处理服务器；从物理实现上可以划分为数据仓库服务器和联机分析处理服务器，也可以合二为一。

数据仓库服务器向联机分析处理服务器提供 SQL 接口，联机分析处理服务器向前台工具提供多维查询语言接口。

传统的数据库管理系统厂商通常是用扩展的数据库管理系统作为数据仓库服务器，然后收购第三方厂商的联机分析处理服务器，实现向用户提供数据仓库的整体解决方案。如今有些机构专门为管理数据仓库开发了软件系统，如中国人民大学开发的并行数据仓库系统 ParaWare、哈尔滨工业大学开发的蓝光系统。把数据仓库服务器和联机分析处理服务器的功能合二为一，减少了两者之间的接口，并采用多种适合数据仓库特点的技术来提高联机分析处理服务器的性能。

12.4.3 前台工具

查询报表工具、多维分析工具、数据挖掘工具和分析结果可视化工具等构成了前台工具。数据挖掘（Data Mining）是从大量数据中发现未知的信息或隐藏的知识的新技术。其目的是通过对大量数据的各种分析，帮助决策者寻找数据间潜在的关联或潜在的模式，发现被经营者忽略的要素，而这些要素对预测趋势、决策行为也许是十分有用的信息。

在实际工作中，查询工具、分析工具和挖掘工具是相互补充的，只有很好地结合起来使用，才能达到最好的效果。建立三者紧密集成的数据仓库前台工具是数据仓库系统真正发挥其数据宝库作用的重要环节。

总之，数据仓库系统是多种技术的综合体，它由数据仓库、数据仓库的后台工具、数据仓库服务器、联机分析处理服务器和前台工具等多个部分组成。在整个系统中，数据仓库居于核心地位，是数据分析和挖掘的基础；数据仓库管理系统负责管理整个系统的运转，是整个系统的引擎；

数据仓库工具则是整个系统发挥作用的关键，只有通过高效的工具，数据仓库才能真正把数据转化为知识，为企业和部门创造价值。

12.5　企业的体系化数据环境

体系化数据环境是在一个企业或组织内，由面向应用的各个 OLTP 数据库以及各级面向主题的数据仓库组成的完整的数据环境，并在这个数据环境上建立一个企业或部门的从联机事务处理到企业管理和决策的所有应用。

12.5.1　数据环境的层次

一个企业的数据环境一般分为 4 个层次：操作型环境、全局级数据仓库、部门级数据仓库和个人级数据仓库，如图 12-4 所示。在这样的数据环境中，根据管理层次的不同需要，在企业全局级数据仓库的基础上又建立了部门级和个人级数据仓库，以适应不同层次分析的要求。

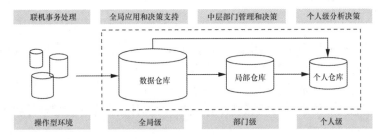

图 12-4　企业的体系化数据环境

12.5.2　数据集市

在四级体系化数据环境中，如何建立三级数据仓库呢？一种是"自顶向下"的方法，即先建立一个全局级数据仓库结构，然后在全局级数据仓库的基础上建立部门级和个人级数据仓库，这样的建设途径有利于控制各级数据仓库的一致性。

但是，"自顶向下"的方法首先要建立一个全局级数据仓库，而全局级数据仓库的规模往往很大，在原来分散的操作型环境基础上建立这么一个大而全的数据仓库，实施周期长，见效慢，费用高，这往往是许多企业不愿意采用或不能承担的。

因此，人们采取"自底向上"的、建设多级数据仓库的方法，即先建立多个数据集市（Data Mart），再逐步集成，最终建立起全局级数据仓库，如图 12-5 所示。需要注意的是，建立数据集市时，应有全局的观念，使数据集市在扩展后可以集成为全局级数据仓库。

数据集市是部门级数据仓库。数据集市的组织标准是多种多样的，除了按业务组织外，也可以按主题或数据的地理分布来组织。

数据集市的思想同时提供了分布式数据仓库的思想。如果按照数据的地理分布来组织数据集市，就形成了一个地理上分布的数据仓库。例如，可以为一个跨国集团的各子公司建立各自的数据集市，然后在数据集市的基础上建立集团全局级数据仓库。

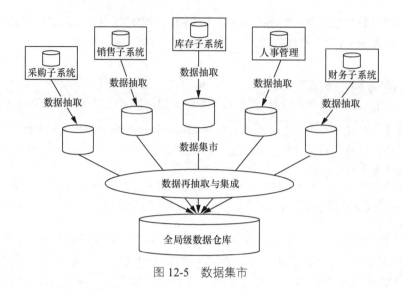

图 12-5　数据集市

12.6　创建数据仓库

12.4 节讲解的数据仓库系统结构中的各个组成部分常常是一些数据仓库厂商的产品。事实上，创建数据仓库是实施一个解决方案，而不仅仅是产品。

创建数据仓库是一个复杂的过程，主要包括以下步骤。

（1）定义数据仓库的体系结构，规划数据存储，并选择数据仓库管理软件和相应的前台、后台工具。

（2）设计数据仓库的模式和视图。

（3）定义数据仓库数据的物理组织、数据分布和存取方法。

（4）集成计算机软硬件，建立数据仓库环境。硬件包括数据仓库服务器主机、前台分析应用的应用服务器和客户机、网络等；软件包括数据仓库管理软件（数据抽取、清洗、转换、装载和维护工具、元数据管理工具和数据仓库管理系统）、前台分析工具以及建立与操作型数据连接的软件。

（5）设计并编写数据抽取、清洗、转换、装载和维护的程序。

（6）根据数据仓库模式的定义装载数据。

（7）设计和实现终端用户的应用。

这样，一个完整的数据仓库就可以运转起来了。

限于篇幅，文本对建设数据仓库的具体步骤不作介绍，感兴趣的读者可以参考相关书籍。

12.7　联机分析处理和多维数据模型

联机分析处理是以海量数据为基础的复杂分析技术。联机分析处理支持各级管理决策人员从不同的角度快速、灵活地对数据仓库中的数据进行复杂查询和多维分析处理，并且能以直观、易懂的形式将查询和分析结果提供给决策人员，以方便他们及时掌握企业内外的情况，辅助各级领导正确决策，提高企业的竞争力。

联机分析处理概念是由 E.F.Codd 于 1993 年提出的。鉴于这位"关系数据库之父"的影响，

244

联机分析处理技术受到广泛重视，促进了联机分析处理软件的开发，并使联机分析处理发展成为与联机事务处理明显区分的一大类软件产品。

联机分析处理软件提供的是多维分析和辅助决策功能。对于深层次的分析和发现数据中隐含的规律和知识，则需要数据挖掘技术和相应的数据挖掘软件来完成。

在决策过程中，人们希望从多个不同的角度观察某一指标或多个指标的值，并找出这些指标之间的关系。例如，决策者可能想知道北京、上海、天津和重庆 4 个直辖市今年 1～6 月和去年 1～6 月各类电器商品的销售额，并希望能从多个角度对"销售"指标进行分析比较：某直辖市 1～6 月每个月各种电器商品的销售额；某一电器商品每个月在不同直辖市的销售额；某一电器商品每个月在 4 个直辖市的销售额等。可以看到，分析的数据总是与一些统计指标（如销售额）、观察角度（如时间、销售地区、商品种类）有关。我们将这些观察数据的角度称为**维**。由此可见，决策分析数据是多维数据。下面介绍多维数据模型的基本概念。

12.7.1 多维数据模型的基本概念

12-2　多维数据
模型

多维数据模型是分析数据时用户的数据视图，是面向分析的数据模型，用于向分析人员提供多种观察的视角和面向分析的操作。

1. 变量

变量（Measure）也称为度量，是数据的实际意义，即描述数据"是什么"。一般情况下，变量是一个数值的度量指标，如"人数""单价""销售量"等都是变量（度量），"10000 万元"则是销售量的一个值，称为**度量值**。

2. 维

维（Dimension）是人们观察数据的特定角度。例如，企业常常关心产品销售量随时间的变化情况，因为这时它是从时间的角度来观察产品的销售，所以时间就是一个维（时间维）。企业也时常关心自己的产品在不同地区的销售情况，因为这时它是从地区的角度来观察产品的销售，所以地区也是一个维（地区维）。维是联机分析处理中十分重要的概念。

3. 维的层次

人们观察数据的某个特定角度（即某个维）还可能存在细节程度不同的多个描述方面，我们称这些多个描述方面为**维的层次**。例如，可以从年、季、月、日等不同层次描述时间维，那么年、季、月、日等就是时间维的一种层次（Hierarchy）；同样，县、市、省、国家等构成了地区维的一种层次。

4. 维成员

维的一个取值称为一个**维成员**（Member），也称作维值。如果一个维的某种层次具有多层，那么维成员是不同维层取值的组合。假设时间维的层次是年、月、日这 3 个层，分别在年、月、日上各取一个值组合起来，就得到了时间维的一个维成员，即"某年某月某日"。一个维成员并不一定在每个维层上都要取值，如"某年某月""某月某日""某年"等都是时间维的维成员。

对度量数据来说，维成员是度量数据在维中位置的描述。例如，对于销售数据来说，时间维的维成员"某年某月某日"是销售数据在时间维上位置的描述，表示是"某年某月某日"的销售数据。

5. 立方体

多维数据模型的数据结构可以用这样一个多维数组来表示：（维1，维2，…，维n，度量值），如图 12-6 所示的商品销售数据是按时间、地区、商品和变量"销售额"组成的一个三维数组：（地区，时间，商品，销售额）。三维数组可以用一个立方体来直观地表示。一般地，把多维数组叫作**立方体**（Cube）或超立方体。

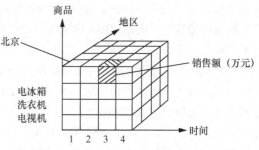

图 12-6　按商品、时间和地区组织的销售数据

6. 数据单元

立方体的取值称为**数据单元**（Cell）。当立方体的各个维都选中一个维成员，这些维成员的组合就唯一确定了一个变量的值。数据单元可以表示为（维 $_1$ 的维成员，维 $_2$ 的维成员，…，维 $_n$ 的维成员，变量的值）。例如，如图 12-6 所示，在地区、时间和商品上各取维成员"北京""第 1 季度"和"电冰箱"，就唯一确定了变量"销售额"的一个值，假设为 1000（万元），则该数据单元可表示为（北京，1，电冰箱，1000）。

三维以上的超立方体很难用可视化的方式直观地表示出来。为此用较形象的"星形模式"（Star Schema）和"雪片模式"（Snow Flake Schema）来描述多维数据模型。

（1）星形模式

星形模式通常由一个中心表（事实表）和一组维表组成。如图 12-7 所示的星形模式的中心是销售事实表，其周围的维表有时间维表、顾客维表、销售员维表、制造商维表和商品维表。事实表一般都很大（有很多元组），维表一般都较小。

星形模式的事实表与所有的维表相连，每一个维表只与事实表相连。维表与事实表的连接通过码来体现，如图 12-8 所示。销售事实表中一般存储各个维表的码："顾客代码""制造商代码""销售员代码""商品代码"，通过这些维表的码将事实表与维表连接在一起，形成了星形模式。时间维一般省略，在销售事实表中包含时间数据项即可。

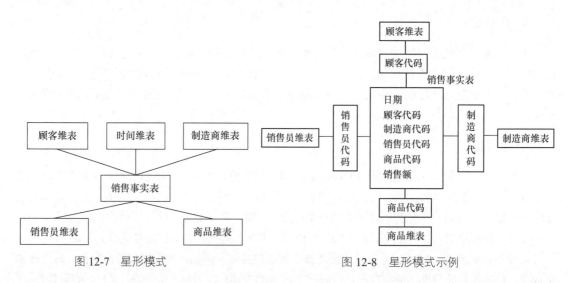

图 12-7　星形模式　　　　　　　　　　图 12-8　星形模式示例

（2）雪片模式

前面介绍到，维通常是有层次的，对维表按层次进一步细化后就形成了雪片模式。在如图 12-7 所示的星形模式中，顾客维可以按所在地区位置分类聚集，时间维可以有两类层次，日、月和日、周；制造商维可以按工厂及工厂按所在地区分层等。在星形维表的角上又出现了分支，这样变形的星形模式称为"雪片模式"，如图 12-9 所示。

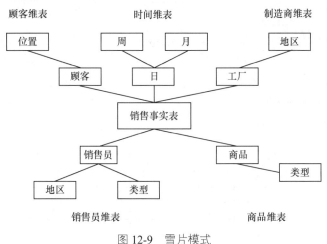

图 12-9　雪片模式

12.7.2　多维分析的基本操作

在多维数据模型中，数据按照多维组织，每维又具有多个层次，每个层次由多个层组成。多维数据模型使用户可以从不同的视角观察和分析数据。常用的多维分析操作有切片、切块、旋转、向上综合、向下钻取等。通过这些操作，最终用户能从多个角度多个层面观察数据、剖析数据，从而深入了解数据中的信息与内涵。

1. 切片

在立方体的某一维上选定一个维成员的操作称为**切片**（Slice）。一次切片使原来的立方体维数减 1，即结果为一个维数减 1 的子立方体。例如，对图 12-6 按商品、时间和地区组织起来的商品销售立方体，如果在时间维上选择一个维成员，如 time="1997 年 4 月"，就得到一个子立方体，是二维"平面"，它表示 1997 年 4 月北京、上海、天津和重庆 4 个直辖市各类商品的销售额，如图 12-10 所示。

2. 切块

在立方体上选定两个或更多个维成员的操作称为**切块**（Dice）。例如，对图 12-6 所示的立方体，在时间维上选择两个维成员，如"1997 年 1 月"和"1997 年 4 月"，该切块操作就得到一个子立方体，它表示 1997 年 1 月至 1997 年 4 月期间北京、上海、天津和重庆 4 个直辖市各类商品的销售额。又如对图 12-6 所示的立方体，如果在时间维和地区维上选择两个维成员，如"1997 年 4 月"和地区="北京"，也得到一个子立方体，它表示 1997 年 4 月北京市各类商品的销售额。

3. 旋转

改变一个立方体的维方向的操作称为**旋转**（Pivot）。旋转用于改变对立方体的视角，即用户可以从不同的角度观察立方体。图 12-11（a）所示是把一个横向为时间，纵向为商品的二维表旋转为横向为商品和纵向为时间的二维视图。对图 12-6 所示的立方体的商品维、时间维、地区维执行旋转操作就得到图 12-11（b）。

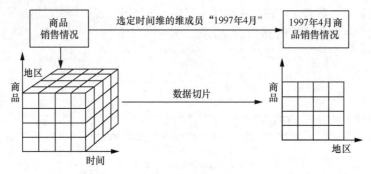

（a）切片

销售额	北京	上海	天津	重庆
冰箱	500	600	100	150
洗衣机	300	200	150	200
电视机	600	550	200	180
……	……	……	……	……
……	……	……	……	……

（b）切片结果示意图

图 12-10　切片和切片结果示意图

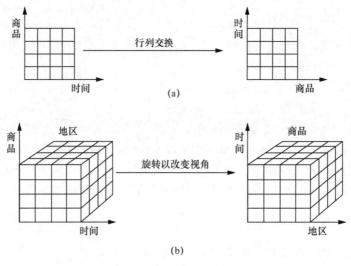

（a）

（b）

图 12-11　旋转操作示例

4．向上综合

向上综合（Roll-Up）操作也称为上钻操作，它提供立方体上的聚集操作。该操作包括两种形式，一种是在某维的某一层次由低到高地进行聚集操作，如在时间维上由日聚集到月、由月聚集到年；另一种是通过减少维数进行聚集操作，如一个立方体包含时间维和地区维，如果把地区维去掉，则得到按时间维对所有地区进行聚集操作。

5. 向下钻取

向下钻取（Drill-Down）操作也称为下钻操作。向下钻取是向上综合的逆操作。它同样包括两种形式：在某个维的某一层次由高到低地进行钻取操作，找到更详细的数据；或者通过增加新的维来钻取更加细节的数据。例如，在时间维上由每一季度的销售额向下钻取，得到每一个月的销售额，或者在由时间维和地区维构成的立方体中加入一个新的商品维。

向下钻取和向上综合操作是在维的层次上查看数据，向下钻取操作可以看到更细节的数据，而向上综合操作是看到比较综合的数据。如图 12-12 所示，查看一个季度每个月的销售额后，再查看全年每一季度的销售额，就是向上综合操作，相反，查看到每一季度的销售额后，继续查看某个季度中每一个月的销售额，这就是向下钻取操作。

销售额 （万元）	1996			
	第 1 季度	第 2 季度	第 3 季度	第 4 季度
北京	78	45	34	56
上海	90	67	87	91

向上综合　　　向下钻取
维：时间　　　维：时间

销售额 （万元）	1996		
	1 月	2 月	3 月
北京	30	26	22
上海	28	30	32

图 12-12　向下钻取操作和向上综合操作

12-3　联机分析处理服务器

12.8　联机分析处理服务器的实现

多维数据模型是数据分析时使用的数据视图。多维数据模型属于逻辑模型。联机分析处理服务器应该透明地为上层分析软件和用户提供多维数据视图。上层软件和用户不必关心所要分析数据（即多维数据）的存储位置和存储形式。联机分析处理服务器则必须考虑多维数据模型的实现技术，包括如何组织多维数据、如何存储多维数据、多维数据的索引技术、多维查询语言的实现（语言的语法分析、编译、执行和结果表示）、多维查询的优化技术等。这些技术请见参考文献[7]。

本书只介绍联机分析处理最基本的概念和知识。

联机分析处理服务器一般按照多维数据模型的不同实现方式，有 MOLAP、ROLAP、HOLAP等多种结构，下面主要介绍前两种。

12.8.1　MOLAP 结构

MOLAP 结构直接以立方体组织数据，以多维数组存储数据，支持直接对多维数据的各种操作。人们也常常称这种按照立方体来组织和存储的数据结构为多维数据库（Multi-Dimension Data Base，MDDB）。Arbor 公司的 Essbase 是一个 MOLAP 服务器。MOLAP 结构的系统环境如图 12-13 所示。

MOLAP 是如何以立方体来组织数据的呢？前面讲解了立方体的数据单元可以表示为（维 $_1$ 的维成员，维 $_2$ 的维成员，…，维 $_n$ 的维成员，度量值）。多维数组只存储度量值，维值由数组的下标隐式给出。关系表则将维值和度的量值都存储起来。例如，对于图 12-6 所示的按商品、时间和地区组织的销售数据，图 12-14（a）是用关系来组织的北京、上海、天津和重庆 4 个直辖市 1997 年 1 月各类电器商品销售额，图 12-14（b）是用二维数组来组织的情况（为了讲解方便，图中只画出了商品和地区二维的数据）。

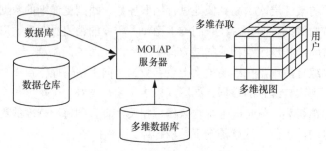

图 12-13　MOLAP 结构的系统环境

商品名称	地区	销售量
冰箱	北京	50
冰箱	上海	60
冰箱	天津	100
冰箱	重庆	40
洗衣机	北京	70
洗衣机	上海	80
洗衣机	天津	90
洗衣机	重庆	120
电视机	北京	140
电视机	上海	120
电视机	天津	140
电视机	重庆	50
……	……	……

(a)

销售量	北京	上海	天津	重庆
冰箱	50	60	100	40
洗衣机	70	80	90	120
电视机	140	120	140	50
……	……	……	……	……

(b)

图 12-14　关系与二维数组的比较

现在进一步讨论这两种数据组织的差异。

首先，与关系表相比，多维数组只存储度量值。例如，图 12-14（b）中只存储销售量的值，不存储地区维和商品维的维成员值。多维数组的存储效率高。其次，多维数组可以通过数组的下标直接寻址，与关系表（通过表中列的内容寻址，常常需要索引或全表扫描）相比，它的访问速度快。更重要的是，多维数组可以较好地支持向上综合、向下钻取等多维分析操作。

但是，多维数组存储方式存在如下不足。

（1）多维数组的物理存放方式通常是按照某个预定的维序线性存放，不同维的访问效率差别很大。以图 12-14（b）所示的二维数组为例，如果按行存放的话，则访问某商品的销售额时效率很高，因为一次 I/O 读取的页面包含了多个行值，但访问某地区的销售额时效率会降低。

（2）在数据稀疏的情况下，即许多数据单元上无度量值，多维数组由于存在大量无效值，所以存储效率会下降。

为此，人们研究了许多对立方体的存储、压缩和计算的方法和技术。例如，将一个立方体分为多个小立方体（Chunk）就是解决第一个问题的一种有效方法。数据压缩是解决第二个问题的常用方法。感兴趣的读者请参考相关的书籍。

12.8.2　ROLAP 结构

ROLAP 结构用关系数据库管理系统或扩展的关系数据库管理系统来管理多维数据，用关系存储多维数据。同时，它将立方体上的操作映射为标准的关系运算。

那么，ROLAP 如何用关系数据库的关系来表达多维概念呢？

ROLAP 将立方体结构划分为两类表，一类是事实（fact）表，另一类是维表。事实表用来描述和存储立方体的度量值及各维的码值；维表用来描述维信息，包括维的层次及成员类别等。ROLAP 用关系数据库存储事实表和维表。也就是说，ROLAP 用星形模式和雪片模式来表示多维数据模型。可以用 4 张维表和 1 张事实表来表示图 12-8 所示的星形模式。

- 销售表（日期，顾客代码，制造商代码，销售员代码，商品代码，销售额）
- 顾客表（顾客代码，姓名，性别，年龄，文化程度，地址，电话，信用等级，……）
- 制造商表（制造商代码，公司名，地址，电话，质量等级，……）
- 销售员表（销售员代码，姓名，性别，年龄，电话，业绩水平，……）
- 商品表（商品代码，商品名，商品类别，单价，……）

同 MOLAP 相比，虽然关系数据库表达立方体不太自然，但由于关系数据库的技术较为成熟，ROLAP 在数据的存储容量、适应性上更有优势。当维数增加、减少时，只需增加、删除相应的关系，修改事实表的模式，较容易适应立方体的变化。因此，ROLAP 的可扩展性好。

但数据存取较 MOLAP 复杂。首先，用户的分析请求（通常用 MDX 语言来表达）需要由 ROLAP 服务器把 MDX 转换为 SQL 请求，然后交由关系数据库管理系统处理。处理结果还需经过 ROLAP 服务器多维处理后返回给用户。而且 SQL 语句尚不能直接处理所有的分析计算工作，只能依赖附加的应用程序来完成，因此执行效率不如 MOLAP 高。

在实际系统中，还有一种 HOLAP 结构。这种结构将 ROLAP 和 MOLAP 结合起来，如将细节数据保存在关系数据库，而将综合数据保存在 MOLAP 服务器，既利用了 ROLAP 可扩展性好的优点，又利用了 MOLAP 计算速度快的优点。

小　结

本章主要介绍数据仓库的产生原因、基本特征、体系结构以及主要的组成部分，联机数据分析的产生原因、多维数据模型和主要的实现技术。本章主要把握以下几点。

（1）明确数据仓库与数据库的差别和联系，首先，数据仓库对数据库发展的贡献是将操作型处理和分析型处理区分开来，使得不同类型的数据处理在不同的数据环境中进行。其次，数据仓库与数据库是互补的，数据仓库的产生不是要替代原来的联机事务处理数据库，而是两者一起组成一个企业的数据库体系化环境。

（2）重点掌握数据仓库数据的 4 个基本特征，即面向主题的、集成的、不可更新的、随时间不断变化的。对于数据仓库的概念，可以从两个层次理解：首先，数据仓库用于支持决策，面向分析型数据处理，它不同于企业现有的操作型数据库；其次，数据仓库是对多个异构数据源的有效集成，集成后按照主题进行了重组，并包含历史数据，而且存放在数据仓库的数据一般不再修改。

（3）全面理解数据库体系化环境的概念。

（4）对数据仓库的元数据和业务数据的组织有一定的认识，了解数据的抽取、集成过程，掌握粒度等概念。

（5）掌握维、层、层次、成员、度量和立方体等主要的概念，了解多维数据模型的一些比较深入的问题，如属性、可汇总性、维层次的种类等。

（6）掌握联机分析处理的主要操作。

（7）了解主流的联机分析处理服务器的软件结构，领会在不同的实现结构中如何实现多维数据模型的各个要素。

习　题

1．解释以下名词。

数据仓库、数据集市、数据仓库的粒度。

2．简要说明事务处理环境不适宜决策支持系统的原因。

3．操作型数据和分析型数据的主要区别是什么？

4．什么是数据仓库？数据仓库和数据库的联系和区别是什么？

5．试述数据仓库数据的 4 个基本特征。

6．试述数据仓库数据的组织结构。

7．试述数据仓库系统的体系结构。

8．企业的数据环境的 4 个层次是什么？它们之间的关系是什么？

9．如何理解数据仓库的数据是不可更新的，而数据仓库的数据又是随时间不断变化的？

10．举例说明数据仓库的多粒度。

11．解释以下名词。

联机分析处理、变量、维、维的层次、维成员、立方体、数据单元。

12．举例说明多维分析操作向下钻取、向上综合的含义。

13．举例说明多维分析操作切片、切块、旋转的含义。

14．举例说明 ROLAP 如何利用关系数据库的关系来表达多维概念。

15．以地区维为例，说明维层次的概念。

16．举例说明星形模式。

17．举例说明雪片模式。

第 **13** 章 新型数据库系统

关系数据库系统实现了关系模型，支持事务处理，采用 SQL 查询语言作为统一接口，因此，关系数据库系统也被简称为 SQL 数据库。

随着大数据和云计算时代的来临，越来越多的网站、应用系统需要存储海量的数据，以满足高并发、高可用、高可扩展等需求。例如，为了给客户提供良好的体验，电子商务网站和社交网站需要提供 7×24 小时不间断的服务。为了应对客户流量的变化，应用系统要不断调整存储能力、计算能力以及数据库系统的吞吐能力。SQL 数据库在应付这些新需求时有些力不从心，NoSQL 数据库系统应运而生。

13-1　新型数据库系统

NoSQL 是 2009 年一次国际会议的主题词，代表像 HBase、Cassandra 等开源、分布式、非关系数据库技术。这些数据库一般不采用关系模型、不完全支持事务处理、不使用 SQL 查询语言。随着技术的发展，目前 Cassandra 等数据库支持部分事务处理和类 SQL 查询语言。

近年来，由于实际需求，出现了既支持关系模型，又支持标准 SQL 查询语言和事务处理，同时具有良好扩展能力的一类分布式关系数据库系统，称为 NewSQL，如 Google Spanner/F1、AWS Aurora。

NoSQL 和 NewSQL 没有严格统一的定义，本章把这些数据库统称为新型数据库系统。SQL、NoSQL 和 NewSQL 不是相互替代的关系，而是互为补充，有各自适用的应用场景。本章简单介绍部分 NoSQL 数据库系统的数据模型、存储模型、集群架构和基本使用方法，使读者了解这些系统，以便于在工作中选用合适的数据库系统。

13.1　SQL 和 NoSQL 数据库系统的区别

1. 数据模型不同

SQL 数据库系统采用关系模型。关系模型要求关系有规范的模式，各个属性必须是像整数、字符串这样的原子属性，而不能是具有结构或嵌套的属性，属性的值必须是单值而不能是多值。在实际应用中，这样的限制使得关系实例会出现重复数据和空值数据，引起插入异常、删除异常和更新异常等问题。

关系规范化理论很好地解决了上述的各种异常问题，规范化采用分解的方法，用多个关系模式替换存在异常的关系模式。在实际应用中，一般分解到第 3 范式，既能保持函数依赖，又能做到无损分解。但规范化有一个副作用——数据被碎片化。

大学生毕业时，会收到一份成绩单。成绩单中有学号、姓名、入学时间、所属学院、所学专业、选修的课程和成绩。如果将成绩单作为一个关系模式，通过规范化，可以得到 2.3 节的示例数据库：Student、Course、SC，以及学院 School 和专业 Major 等关系模式。成绩单上的数据分散于若干个关系，只有通过连接运算才能重构成绩单。

购物车是电子商务平台的基本数据对象，一般包括客户编号、客户名称、送货地址、联系电话、商品名称、单价数量和小计。如果使用关系数据库并采用规范化设计，购物车数据被分割存储于若干关系。当客户付款时，必须使用连接运算重构购物车。在客流量很大的电子商务网站，客户付款操作的响应时间将变慢，影响客户体验，可能造成客户流失。如果采用反规范化设计，就意味着购物车的所有数据要存储于一个关系，但随之而来的是大量重复数据、空值数据以及各种操作异常。

连接运算是关系模型的基本运算。关系数据库系统基于统计信息，采用动态规划和贪心算法等技术，对连接运算进行了优化。但如果参与连接运算的关系比较多，则连接运算仍然是十分耗时的运算。

NoSQL 数据库采用键-值对、列簇等数据模型，其特点是将相关的数据存放在一起，回避了耗时的连接运算，减少了数据的读取时间。同一个客户的购物车数据存放在一起，通过客户编号存取，提高了响应速度，从而给客户更好的购物体验。

2. 事务模型不同

SQL 数据库系统支持事务处理。事务具有 ACID 的特性，即原子性、一致性、隔离性和持久性。实现事务功能涉及并发控制和日志等复杂技术，一个事务在执行过程中需要封锁数据以避免其他事务的读写操作带来的干扰，需要等待日志记录保存到磁盘后，事务才能结束。在分布式环境下，为了满足事务的特性，需要采用两阶段提交协议，如果协议的协调者或参与者发生故障，则事务将处于等待状态，只有故障消除后，事务才能继续执行。因此，事务是一个十分消耗资源的操作。

在银行、保险等一些应用领域，数据库系统必须支持事务，才能保证业务正常执行。但一些互联网应用，如社交网站的好友关系，就不必使用严格的事务。

NoSQL 不支持传统的事务处理，仅支持弱化的事务处理，如行级事务处理。

3. 模式的管理方式不同

SQL 数据库系统一般存储结构化的数据，使用关系模式描述数据的结构。SQL 数据库系统允许修改关系模式，如增加、删除属性或者改变属性的域，但在修改期间，需要对表进行封锁，其他应用不能读写表中的数据，影响数据的可用性。

银行、保险的业务处理系统或企业的 ERP 系统处理结构化的数据。在设计数据库模式时，系统开发人员会仔细分析需求，权衡利弊，避免在以后的使用过程中频繁改变数据库模式。即使偶尔有变化，也可以在不处理业务的时间段，暂停数据库系统的运行，修改模式和重组数据。SQL 数据库系统管理模式的方式非常适用于这些应用领域。

在互联网、大数据环境，数据的结构复杂多变，又需要 7×24 的不间歇服务。在开发初期，数据库的模式难以确定，而且随着应用的运行，为了响应用户的新要求，模式也在不断地演化。例如，在开发处理网页的应用时，由于每个网页的内容、布局不同，所以很难设计一个能满足所有网页的关系模式。

NoSQL 数据库系统一般存储非结构化的数据，不需要定义模式。例如，采用键-值对模型的 NoSQL 数据库系统，用户只需要将数据划分为键和值两个部分，键和值一般作为字符串存储，不需要再给出详细的结构。实际上，NoSQL 数据库系统为了处理大规模的复杂数据，将模式管理的任务交给程序员，在应用程序中解释数据。

4．扩展能力不同

SQL 数据库系统，如 Oracle、DB2、SQL Server、MySQL 一般都运行于小型机或高档服务器，采用磁盘阵列等存储设备，适合银行、航空等应用领域。随着业务规模的扩大，用户需要使用性能更高的设备替换原有的设备，以提高系统的存储和处理能力。这种系统扩展方法叫作**垂直扩展**（Scale Up），其缺点是经济代价高，而且设备也有物理性能上的极限。

在大数据和互联网时代，既要处理海量的数据，又要应对业务规模的变化，这就要求数据库系统的存储和处理能力具有弹性，需要采用分布式系统，提供**水平扩展**（Scale Out）能力。

NoSQL 数据库系统采用集群存储和处理数据，一个集群由成千上万台服务器组成。采用集群解决方案，一是经济性好，因为普通的服务器比小型机便宜；二是可扩展性好，随着工作负载的变化，可随时向集群添加服务器或从集群移除服务器。

进入 21 世纪后，随着互联网和物联网等应用的普及和深入，对数据管理技术提出了新的要求，出现了以 BigTable、Dynamo 为代表的 NoSQL 数据库系统，这些系统不是要取代 SQL 数据库系统，而是服务于新的应用领域。正如 2014 年度图灵奖获得者、著名的数据库专家 Michael Stonebraker 教授在一篇论文中所指出的那样 "One Size Doesn't Fit All"。SQL 数据库系统不再 "一统天下"，在一段时间内，多种数据管理技术将并存，在各自擅长的领域发挥作用。

13-2　HBase 的数据模型和简单使用

13.2　列簇数据库系统 HBase

谷歌成立初期的核心业务是提供网页搜索，发明了网页排序算法 PageRank，这个算法需要分析网页中的关键词、链接等信息。存储海量的网页并进行分析需要惊人的存储空间和计算能力，为了应对大数据的挑战，谷歌进行了一系列创新：使用服务器集群作为存储和计算平台，开发了分布式文件系统 GFS（Google File System）、并行计算框架 MapReduce 和列簇数据库系统 BigTable。

BigTable 是一个影响广泛的 NoSQL 数据库系统，它采用列簇（Column Family）模型，其设计目标是具有存储 PB 级别数据的能力和良好的可扩展性。

Apache HBase 是 BigTable 的一个开源实现，在很多细节上和 BigTable 非常相似。HBase 使用 HDFS（GFS 的开源实现）存储数据，提供了对数据的实时读写和随机访问能力，每张表能存储多达几十亿行数据，每行数据可拥有多达上百万个属性。

本节介绍 HBase 列簇数据库的数据模型、存储模型、集群架构、数据划分方法以及基本使用方法。

13.2.1　数据模型

关系模型的术语与 HBase 列簇模型的术语的大致对应关系如表 13-1 所示。

表 13-1   关系模型和列簇模型术语的对应关系

关系模型	HBase 列簇模型
table	bigtable
column	column family
primary key	row key

关系模型的表由若干列组成，列包括列名和数据类型两部分，主要的数据类型有 char、integer、date 等，列值只能是单值。

HBase 列簇模型的大表（bigtable）由若干列簇组成，列簇有列簇名，列簇的值是键-值对的集合，键和值都是字符串。

列簇将相关的数据组织在一起。例如，在设计大学生成绩单的模式时，将学生的基本信息组织成列簇 Info，将学生的选修课程和成绩组织成列簇 CourseAndGrade，大表的模式为 Student(Info, CourseAndGrade)。学号作为行键，行键将同一个学生在两个列簇中的数据关联在一起。

图 13-1 是 Student 表的一条记录，表示张明的成绩单。该记录由 2 部分组成，学号 20160010001 作为行键。

图 13-1   行键和列簇

列簇 Info 的值是 3 个键-值对的集合：<姓名, 张明>、<专业, 计算机应用技术>、<入学日期, 2016-9-8>。

列簇 CourseAndGrade 是<课程名称, 成绩>键-值对的集合，集合的元素个数等于选修课程数。

从图 13-1 可以看出，列簇也可以看作是一个列数可变的表，键-值对类似于关系模型的列名和列值。

列簇的一个重要特点是可以随时增加或删除键-值对，因为列簇的值是键-值对的集合。使用关系数据库系统时，关系模式确定后，一般很少增加或删除属性，因为这将导致底层数据重新组织，影响系统的可用性。列簇数据库可以随时增加、删除属性（即键-值对），而且不同行的数据可以有不同的属性。例如，张明选修了 10 门课程就有 10 个键-值对，李云选修了 15 门课程就有 15 个键-值对。

每个键-值对都有一个版本号，一般将键-值对的创建时间作为版本号，还可以设置一个键-值对最多可拥有的版本数。版本号还有其他的定义方法，如高等数学需要学习多个学期，每个学期都有考试成绩，可以将学期作为版本号，<高等数学, 85>:第 1 学期, <高等数学, 90>:第 2 学期。再如，一个网页可以用版本号记录它的创建时间和后续的修改时间，这样可以追踪网页的变化轨迹。

列簇中的键-值对按键名排序，该有序性提高了列簇数据库单值查询和范围查询的效率。

13.2.2 基本使用方法

HBase 提供了一个基于 Ruby 语法的命令行 Shell。

1. 启动 HBase Shell

```
$ hbase shell
......
hbase(main):001:0>
```

2. 创建大表

```
hbase(main):001:0> create 'Student', 'Info', 'CourseAndGrade'
```

上述命令创建了大表 Student，该表有两个列簇：Info 和 CourseAndGrade'。

3. 插入、修改和删除数据

```
hbase(main):001:0>put 'Student', '20160010001', 'Info:name', '张明'
hbase(main):001:0>put 'Student', '20160010001', 'Info:major', '计算机应用技术'
hbase(main):001:0>put 'Student', '20160010001', 'Info:enrollmentdate', '2016-09-8'
```

上述命令向 Student 表插入学生张明的信息，他的学号作为行键，列簇 Info 有 3 列：name、major、enrollmentdate。每条 put 命令插入一列的值。

继续插入张明的部分成绩。

```
hbase(main):001:0>put 'Student', '20160010001', 'CourseAndGrade:Python', '90'
hbase(main):001:0>put 'Student', '20160010001', 'CourseAndGrade:English', '88'
```

修改数据仍然使用 put，如将英语的成绩更正为 89。

```
hbase(main):001:0>put 'Student', '20160010001', 'CourseAndGrade:English', '89'
```

删除 Python 课程

```
hbase(main):001:0>delete 'Student', '20160010001', 'CourseAndGrade:Python'
```

4. 查询数据

HBase 使用 get 命令查询数据。例如，查询张明的全部数据。

```
hbase(main):001:0>get 'Student', '20160010001'
```

HBase 还提供了 HBaseConfiguration、HColumnDescriptor、HTableDescriptor、HBaseAdmin 等 Java 接口供 Java 应用程序调用。

13.2.3 存储模型

为了使列簇数据库适应具有高并发、高速读写类的应用，在存储模型方面提出了一些新的思想和实现技术。

列簇数据库采用列存储，同一列簇的数据组织存储在一起，不同列簇的数

13-3 HBase 的存储模型（1）

据分别组织，存储在不同的空间。例如，图 13.1 所示的 Student 大表，列簇 Info 的数据存放于一个日志结构合并树（Log-Structured Merge Tree），如图 13-2 所示，列簇 CourseAndGrade 的数据存放在另外一个日志结构合并树。

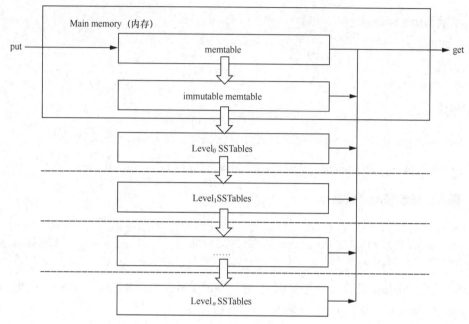

图 13-2　日志结构合并树

日志结构合并树可以有效地组织内存和磁盘，从而高速地完成读写操作，非常适合写操作占主导地位的应用。例如，客户不断地将物品放入购物车，在结账时才读取购物车中的数据，这类应用对写操作的性能要求很高。

1. put 和 get 操作

SQL 数据库系统提供了插入（Insert）、删除（Delete）、修改（Update）和查询（Select）操作，而列簇数据库底层只提供 put 和 get 操作。

put 操作将给定的行键和键-值对写入数据库；get 操作有两种工作方式，一是给定行键，获取键-值对，二是给定 2 个行键，获取这 2 个行键之间所有行的键-值对；删除操作转换为 put 操作，该操作写入一个特殊值作为删除标记；修改操作转换为 put 操作，put 修改后的值。

因此，列簇数据库底层的基本操作只有 get 和 put 操作。

2. memtable

memtable 是一个内存数据结构，存储一个列簇的部分数据。memtable 有多种实现方式，HBase 的 memtable 采用跳表（SkipList）数据结构，跳表是基于随机化的有序多层链表（请参阅参考文献[6]），它既可以快速插入数据并保持有序，还能通过折半查找实现快速查找。

3. SSTable

SSTable（Sorted String Table）[1]是一个磁盘文件，存储一个列簇的部分数据，它按块组织，块

---

[1] HBase 术语叫 Store Table，SSTable 是 Cassandra 的术语，更流行。

的大小可以配置，每块用于存储数据、索引和布隆过滤器，如图 13-3 所示。数据块存放键-值对，块内的键值-对按行键排序，块之间的键值-对也按行键排序，因此，SSTable 的数据从左到右，行键呈递增次序。索引块存放索引项并按行键排序，每个索引项记录一个数据块的开始位置以及块内最小或最大的行键，每个数据块都有一个索引项。SSTable 本质上是一棵 B 树。小文件采用单层 B 树，索引块是 B 树的根结点，数据块是 B 树的叶子结点，大文件可采用多层 B 树。

| 数据 | 数据 | …… | 数据 | 索引 | 布隆过滤器 | 尾块 |

图 13-3　SSTable 的组成

布隆过滤器是一个具有 m 位（bit）的位图，每位的值为 0 或 1。列簇数据库持有 k 个哈希函数，每个哈希函数将给定的行键映射为区间$[0, m)$ 的某个数值，如果这个值为 n，则位图第 n 位的值为 1。尾块（Trailer）保存了索引块（Index）和布隆过滤器块（Bloom Filter）的开始位置。

4. put 操作的流程

put 操作将行键以及该行的键-值对首先写入日志文件（图 13-2 没有画出，多个列簇共用一个日志文件。机器出现故障重启后，使用日志文件的内容恢复，防止丢失修改），然后写入内存的 memtable，put 操作即告完成。

memtable 写满后，生成一个新的 memtable 继续接收 put 和 get 操作，旧的 memtable 作为 immutable memtable，不再接收 put 操作，但接收 get 操作。后台进程将 immutable memtable 的数据写到磁盘形成一个 SSTable 文件，将一行数据写入 SSTable 时，要计算 k 个哈希函数，得到 k 个位置，将 SSTable 位图的这些位的值设为 1。immutable memtable 的数据全部写到 SSTable 后，释放 immutable memtable 占用的内存空间。

SSTable 是只读文件。memtable 和 SSTable 共同将随机的磁盘写操作转变为顺序写操作，顺序写的速度比随机写的速度快几个数量级。

13-4　HBase 的存储模型（2）

5. SSTable 的合并

前面的 put 操作流程说明，同一个行键代表的数据既可能存储于 memtable 和 immutable memtable，也可能存储于若干个 SSTable。因为同一行数据可能有多个版本，删除操作也转换为一个 put 操作，所以读操作必须读取所有的数据才能找到最新的版本或者需要的版本。

为了减少读操作访问文件的数量，提高读操作的性能，SSTable 被组织成若干层。后台进程不断地将第 i 层的 SSTable 通过合并排序算法合并成第 $i+1$ 层的 SSTable，然后删除第 i 层的 SSTable。

合并文件的过程使用了磁盘的顺序读和顺序写操作，避免了使用磁盘的随机读和随机写操作，提高了文件的合并速度。

6. get 操作的流程

get 操作要读取 memtable、immutable memtable 和 SSTable。由于 memtable、immutable memtable 和 SSTable 具有层次结构，读取的次序为 memtable、immutable memtable、第 0 层的 SSTable、第

1 层的 SSTable，以此类推，直到找到所需版本的行数据或确定行数据已经被删除。

由于 memtable 和 immutable memtable 采用了特殊的数据结构，可以使用折半查找算法查找，因此查找速度很快。

对于 SSTable，系统首先要确定这个 SSTable 是否有可能存储了要查找的数据。首先，因为 SSTable 记录了所存储数据的最小行键和最大行键，如果 get 操作的行键不在这个范围，则不读取这个 SSTable。如果这一步不能确定，则使用 get 操作的行键和系统的哈希函数，得到 k 个哈希函数值，并与 SSTable 中的布隆过滤器比较，如果 k 个位置的某一位的值不为 1，则这个 SSTable 肯定不包含需要查找的数据。经过以上 2 步会过滤掉大部分的 SSTable，而剩余的 SSTable 必须读取。对于要读取的 SSTable，借助于 SSTable 的索引块，可以快速地定位所需要的数据。

HBase 还使用了缓冲区技术以缓存那些热点行数据，进一步加快了 get 操作。

13.2.4　集群

13-5　HBase 集群

HBase 采用集群（Cluster）存储和处理数据，一个集群可拥有多达数千台服务器，服务器之间通过网络连接。

集群采用主从式（Master-Slave）架构，服务器的分工不同。有一台活跃的 Master Server，其他的都是 Region Server，如图 13-4 所示。集群采用 Zookeeper 进行同步和协调，使用 HDFS 文件系统存储数据。

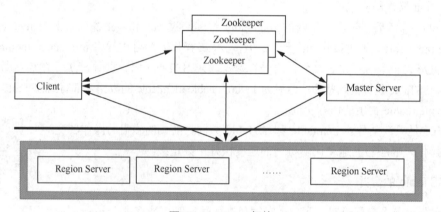

图 13-4　HBase 架构

1. 数据划分

为了存储海量数据，需要将数据划分为若干部分以存储到不同的服务器，这个过程叫作**数据划分**。

HBase 采用区间划分方法，一个区间是大表中连续的若干行，称为 Region，如图 13-5 所示。

假设列簇有 100 行数据，键值为 1～100，如果划分为两个相等的区间，则键值为 1～50 的前 50 行为 $Region_1$，键值为 51～100 的后 50 行为 $Region_2$。

一个大表最初只有一个 Region，随着不断地插入数据，Region 逐渐变大，当 Region 占用的空间（memtable、immutable

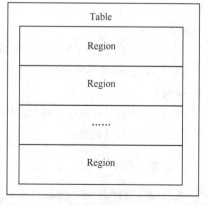

图 13-5　Region

memtable、SSTable 之和）超过配置参数时，Region 就会一分为二，形成新的 Region。

HBase 使用两个特殊的大表 META 和 ROOT 用于存储 Region 的元数据，它们是系统目录表。

大表 META 记录了系统的所有 Region 的位置信息，该表同其他表一样也划分为若干个 Region。

大表 ROOT 记录.META.的各个 Region 的位置信息，但是 ROOT 只有一个 Region，这个 Region 的位置信息存储于 Zookeeper 服务器。

客户机第一次访问 Region 的数据时，首先访问 Zookeeper 服务器得到 ROOT 的 Region 所在服务器，然后访问这个服务器获取数据所在的 META 表的 Region，最后访问 Region 所在的服务器，进行数据的读写操作，同时，缓存这个 Region 的位置信息，当下次访问这个 Region 时，就不需要再访问 Zookeeper 服务器。

2. Region Server

Region Server 用于存储 Region，并负责 Region 的分裂、压缩、加载工作，完成对数据的读写操作。

Region Server 使用大量的内存用于存储 memtable、设置块缓冲区等，以提高系统的读写性能。由于物理内存容量的限制，一个 Region Server 一般可以管理 100 个左右的 Region，随着数据规模的扩大，需要及时向集群添加新的 Region Server。

3. Master Server

Master Server 是集群的主控服务器，负责集群状态的管理和维护。其主要任务是为 Region Server 分配 Region、调整 Region Server 的负载、监控 Region Server 的运行状态。当某台 Region Server 出现故障时，Master Server 将这台 Region Server 负责的 Region 重新分配到其他 Region Server，以保障系统的可用性。

4. Zookeeper

ZooKeeper 是一个分布式应用程序协调服务。它是一个开源软件，基于 Google Chubby 开发。它为分布式应用提供一致性服务，提供配置维护、域名服务、分布式同步、组服务等功能。

Zookeeper 是维护系统正常运行的中心。它存储了目录表 ROOT 的入口以及所有用户表的定义信息，它使用心跳消息实时监控 Region Server 的上线和下线信息，并及时将这些信息通知 Master Server。

当新的 Region Server 加入集群时，需要首先在 Zookeeper 注册，然后 Zookeeper 通知 Master Server，由 Master Server 为这台 Region Server 分配 Region。

如果 Region Server 因为故障或维护下线，保存在这台服务器上的 Region 数据处于不可用状态，因为 HDFS 在多处备份了下线服务器存储的数据，Master Server 获得 Zookeeper 的通知后，在其他 Region Server 上重建下线服务器负责的 Region，然后这些 Region 可以继续提供服务。

集群一般有多台 Master Server，但只有一台处于活跃状态，对外提供服务，其他 Master Server 处于休眠状态。处于休眠的 Master Server 以一定的时间间隔联系 Zookeeper，一旦发现活跃的 Master Server 下线，这些休眠的 Master Server 就通过竞争产生一个新的活跃 Master Server，新的 Master Server 使用 Zookeeper 上存储的目录入口以及在线的 Region Server 等数据，重建各 Region 的信息，继续对外服务。

Zookeeper 一般布置在多台服务器上，以保证单台服务器出现故障不会影响 Zookeeper 提供服务。

13.3 列簇数据库系统 Cassandra

Apache Cassandra 是一个开源、分布式、无中心、弹性可扩展、高可用、容错、一致性可调、面向列的数据库。它基于 Amazon Dynamo 的分布式设计和 Google BigTable 的列簇数据模型，由 Facebook 开发，已经在一些流行的网站应用。

13.3.1 数据模型

关系模型术语与 Cassandra 列簇模型术语大致的对应关系如表 13-2 所示。Cassandra 列簇模型与 HBase 列簇模型有 2 点不同之处。一是列簇就是表，或者说一个大表只有一个列簇。二是组成行键的属性又进一步分为划分（partition）属性和聚类（cluster）属性，划分属性用于划分数据，它决定了数据被分配到哪个服务器，聚类属性决定了数据的次序。

表 13-2　　　　　　　关系模型术语和 Cassandra 列簇模型术语的对应关系

关系模型	Cassandra 列簇模型
table	column family
primary key	row key

Cassandra 提供了内嵌的数据类型，如基本数据类型 int、float、double、text、blob，构造数据类型 list、set、map，用户自定义类型，也提供了类似 SQL 的 CQL 查询语言。

13.3.2 存储模型

Cassandra 采用了与 HBase 相同的存储模型。列簇数据存放于日志结构合并树。

13.3.3 集群

Cassandra 集群采用点对点（Peer-to-Peer）架构，这是一种去中心化的架构，节点不分主次，每个节点的地位相同，都运行相同的软件，这样的架构方便初始安装和日后管理。

Cassandra 集群由一个或多个数据中心组成，每个数据中心有若干个机架，机架上安放若干台服务器，服务器之间、机架之间、数据中心之间由网络连接。这些服务器在逻辑上构成了一个环，用户通过客户机连接到集群的任何一台服务器（称为协调者）就能使用 Cassandra 数据库，如图 13-6 所示。

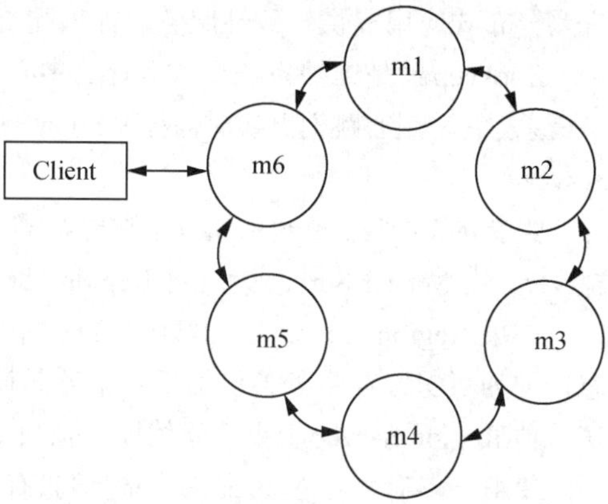

图 13-6　Cassandra 的环结构

1. 数据划分

Cassandra 使用分区器（Partitioner）进行数据划分，并将数据分布到集群的服务器。分区器有多种，常用的 Murmur3Partitioner 分区器使用哈希函数 MurmurHash3 分布数据。

MurmurHash3 是一种非加密的哈希函数，计算速度快，产生 32 位或 128 位的哈希值，其值域为 $[-2^{32}, 2^{32}]$ 或 $[-2^{128}, 2^{128})$。如果把哈希函数的值域想象成一条直线，将直线弯曲并将直线的两端相连就得到一个环，继续将环 *n* 等分，得到 *n* 个弧段，每个弧段是一个自然数的集合，称为**区间**（Range）。

例如，假设值域为[0, 100]这个值域有 100 个自然数，即 0，1，2，…，99，如果将 99 后面的数定义为 0 而不是 100，则这 100 个数构成一个环。4 等分这个环得到 4 个区间：(0，25]，(25，50]，(50，75]，(75，0]。

构建 Cassandra 集群时，早期版本的 Cassandra 根据集群的规模计算出一组哈希值，一个哈希值赋予一台服务器作为服务器的标识（token）。假设分区器使用的哈希函数的值域为[0, 100)，并且集群有 4 台服务器，则 4 台服务器的标识分别为 25、50、75 和 0。1 台服务器为 1 个区间提供服务。例如，标识为 25 的服务器为区间(0，25]服务。

用户将一行数据存入数据库时，Cassandra 以行键为参数计算出一个哈希值，这个值处于哪个区间，就将这行数据存储到为该区间提供服务的服务器。例如，哈希值为 3 的行数据存储于标识为 25 的服务器，哈希值为 99 的行数据存储于标识为 0 的服务器。

上述分配方案的特点是一个服务器只服务一个区间。如果向一个已经投入运行的集群增加新服务器，则必须将新服务器的顺时针方向的两个相邻服务器的一部分数据迁移到新服务器，造成相邻服务器必须扫描所存储的全部数据；另外，每台服务器服务于同样大小的区间意味着这些服务器应该具有相同的存储和处理能力。

后续的 Cassandra 对分布策略做了修正。首先将环划分为多个相等的小区间，每个小区间叫作 vnode。其次，一台服务器不再只服务于一个区间，而是根据服务器的能力服务于若干个小区间，而且这些小区间不需要相邻，一般随机选取。增加新服务器时，将一些负载重的服务器上的 vnode 指派给新服务器即可。

Murmur3Partitioner 分区器使数据均匀分布于各个服务器，达到了负载平衡的目的。

2. 副本

为防止服务器故障造成系统处于不可用的状态，Cassandra 采用了复制（replication）技术，将一行数据存储于多个服务器。默认配置时，一行数据存储于 3 台不同的服务器，即数据有 3 个副本（copy）。

Cassandra 使用副本因子（replication factor）控制副本的个数，并使用 SimpleStrategy 和 Network TopologyStrategy 配置策略控制副本的存放位置。

SimpleStrategy 适用于小规模的集群，它将第一个副本存放到 Murmur3Partitioner 分区器分配的服务器，并按顺时针方向，将其他副本存放到后续的服务器。如图 13-6 所示，如果副本因子为 3，第一个副本存放在 m1，则其他 2 个副本存放在 m2 和 m3。

NetworkTopologyStrategy 将不同的副本存放于不同的数据中心、不同的机架和不同的服务器。

3. 一致性

一致性是指修改了数据的值后，后续的操作能看到这个值，也叫作**强一致性**。Cassandra 不保证强一致性，因为，Cassandra 采用了 P2P 架构，副本不分主次，各自独立运行，在某些时刻，不同的副本可能有不同的值。

当副本的值不一致时，Cassandra 使用版本号，决定数据的最新值，具有最大版本号的副本值被认定为数据的最新值。

Cassandra 保证副本的最终一致性，即如果在一段时间内没有新的写操作，则各副本的值为最近一个写操作的值。Cassandra 使用 read-repair、anti-entropy 等技术修复不一致的副本，实现最终一致性。

4. 可调整一致性级别

Cassandra 提供了可调整一致性级别（tunable consistency level）供用户选择，以减少副本不一致对应用程序的影响程度。通过配置文件，用户能为整个集群设置通用的一致性级别，简化了对一致性的管理；或者为每个具体的操作指定一致性级别，细化对一致性的管理。Cassandra 支持以下几种一致性级别。

（1）ONE。对于 put 操作，协调者收到了任何一个副本节点完成操作的确认信息后，通知客户机已经完成了操作；对于 get 操作，协调者收到任何一个副本节点的返回值后，将这个值返回客户机。

（2）QUORUM。对于 put 操作，协调者收到至少 $N/2+1$ 个副本节点完成操作的确认信息后，才通知客户机操作已经完成，其中，N 是副本因子；对于 get 操作，协调者收到 $N/2+1$ 个副本节点的返回值后，根据版本号选取最新值返回客户机。

（3）ALL。对于 put 操作，协调者保证所有的副本节点都完成操作后，才向客户机返回操作成功消息，如果某个节点没有完成操作，则向客户机报告操作失败；对于 get 操作，协调者得到所有副本节点的返回值后，从中选择最新值，如果有任何节点没有返回数据，则向客户机报告操作失败。

13.3.4 基本使用方法

Cassandra 提供查询命令行 Shell，通过 Shell，用户可以执行 Cassandra 的查询语言 CQL。

1. 创建键空间

```
cqlsh>create keyspace test
            with replication = {'class':'SimpleStrategy','replication_factor':3};
```

上述命令创建了一个名为 test 的键空间，采用简单策略，复制因子为 3。keyspace 相当于关系数据库系统的数据库，下面可以存储若干个表。

2. 创建表

```
cqlsh>use test;
cqlsh:test> create table student(
            student_id text ,
            name text,
            major text,
            enrollmentdate date,
            courseandgrade map<text,int>,
            primary key((student_id),name));
```

上述命令创建了 student 表，有学号 student_id、姓名 name、专业 major、入学日期 enrollmentdate 和课程及成绩 courseandgrade 列。Cassandra 提供了大量的数据类型和函数，如 text、int、map。

student_id 和 name 列构成了主键，student_id 列是划分列，决定数据存放在集群的哪一个节点上，name 列用于排序。

3. 插入和修改数据

```
cqlsh:test>insert into
         student(student_id,name,major,enrollmentdate,courseandgrade)
         values('20160010001','张明','计算机应用技术','2016-09-1',{'python': 90,
'english': 88});
```

上述命令向 student 表插入学生张明的信息、课程及成绩。假如现在想要将张明的英语成绩修改为 89，修改操作如下。

```
cqlsh:test>update student
         set courseandgrade=courseandgrade+{'english': 89}
         where student_id='20160010001'and name='张明';
```

继续插入张明剩下的课程及成绩的信息。

```
cqlsh:test> update student
         set courseandgrade=courseandgrade+{'线性代数': 90,'高等数学':85}
         where student_id='20160010001'and name='张明';
```

4. 查询数据

```
cqlsh:test>select * from student  where  student_id='20160010001';
```

13.4　键-值对数据库系统 Redis

互联网应用开发团队为应对需求的不断变化，经常要修改数据库模式。关系数据库系统对模式修改的支持力度不足，因为模式修改涉及大量的数据重组，代价过高。为了适应此类应用，键值对数据库系统秉承了"无模式（schemaless）"的理念，即将管理数据库模式的任务由数据库管理系统转移到应用程序，由应用程序解释数据的含义。

Redis（REmote DIctionary Server）是一个开源、基于内存的数据存储系统，采用 C 语言编写，常用作数据库、缓存和消息中间件。Redis 内置了复制、LUA 脚本、LRU 驱动事务、事务和不同级别的磁盘持久化功能，并通过 Redis 哨兵和自动分区提供高可用性。

13.4.1　数据模型

键-值对数据库的基本数据单元是键-值对，即<key, value>，键（key）在数据库内具有唯一性。

键-值对数据库系统负责保证键的唯一性，提供了 put（<key，value>）、get（<key>），delete（<key>）操作，用于完成数据的插入、查询和删除功能。

键-值对数据库系统本质上是一个数据字典，非常适合数据密集型的应用。例如，购物车管理，购物车 ID 作为键，其内容为键值；会话管理，session ID 作为键。

13.4.2　基本使用方法

Redis 的基本操作单元是键-值对，键-值对集合称为数据库，数据库的内部实现使用了数据结构课程介绍的字典或 Map。

Redis 的基本数据类型是数字和字符串。数字用于如价格、商品数量等数据，字符串用于如网络域名、邮箱、JSON 化的对象、图片等数据。

Redis 使用 SET 命令向数据库增加键-值对，使用 DEL 命令删除键-值对，使用 GET 命令查询指定键的键值。

例如，插入键-值对<Sohu, www.sohu.com>。

```
redis>SET Sohu www.sohu.com
```

删除键为 Sohu 的键-值对。

```
redis>DEL Sohu
```

查询键 Sohu 的键值。

```
redis>GET Sohu
```

Redis 的特色是允许 value 出现多个值并组织成像集合那样的数据结构，下面介绍这些数据结构和相关的操作命令。

1. 数据结构

（1）散列

散列（Hash）用于存储字段（filed）和字段值的集合，字段和字段值是键-值对的同义词。Redis 不支持嵌套类型，字段值只能是字符串。散列常用于存储对象，一般将对象标识作为键，对象的属性名作为字段名，属性值作为字段值。

① 赋值

格式：HSET key field value

　　　　HMSET key field value [field value]

将学生王林的信息存入数据库。

```
redis>HSET 2000012 Sname 王林
redis>HSET 2000012 SSex 男
redis>HSET 2000012 Sage 19
redis>HSET 2000012 Sdept 计算机
```

上例使用学号作为键，键值是一个散列，包括姓名、性别、年龄和所在系的属性名及属性值。

也可以使用第 2 个格式一次设置多个键-值对。

```
redis>HMSET 2000012 Sname 王林 SSex 男 Sage 19 Sdept 计算机
```

如果不使用散列，仍然使用字符串类型，就需要将学号和属性名合并作为键。

```
redis>SET 2000012:Sname 王林
redis>SET 2000012:SSex 男
redis>SET 2000012:Sage 19
redis>SET 2000012:Sdept 计算机
```

使用散列则数据库中只有一个键 2000012，而它的键值是一个散列，包含 4 个键-值对。不使用散列则数据库中有 4 个键-值对。

② 取值

格式：HGET key field {field}

```
redis>HGET 2000012 Sname
"王林"
```

③ 删除字段

格式：HDEL key field {field}

删除王林的 Sage 字段。

```
redis>HDEL 2000012 Sage
```

（2）列表

列表（List）是一个线性表，用于存储数字和字符串。列表的内部实现是一个双向链表，在表头和表尾插入或删除数据具有 O(1)的时间复杂度。列表也可以作为队列使用。Redis 提供了丰富的列表操作，下面介绍部分操作。

① 赋值

格式：LPUSH key value {value}

　　　 RPUSH key value {value}

　　　 LPUSH 和 RPUSH 分别向列表的左端和右端加入数据。

使用学号和 Course 的组合作为键，将学生王林选修的课程名存入数据库。

```
redis>LPUSH 2000012:Course 高等数学 英语 数据结构
redis>RPUSH 2000012:Course 组成原理 操作系统
```

列表存储的字符串为：数据结构、英语、高等数学、组成原理、操作系统。

② 取值

格式：LRANGE key start end

　　　 LRANGE 获取列表的[start, end]区间的所有数据。

```
redis> LRANGE 2000012:Course 0 2
    1) "数据结构"
    2) "英语"
    3) "高等数学"
```

③ 移除数据

格式：LPOP key

　　　 RPOP key

LPOP 从列表的左端删除数据，RPOP 从列表的右端删除数据。

```
redis> LPOP 2000012:Course
"数据结构"
redis>RPOP 2000012:Course
"操作系统"
```

此时列表中的字符串为英语、高等数学、组成原理。

Redis 使用 LREM key count value 从列表删除 count 个值为 value 的数据。根据 count 值的不同，LREM 的执行方式会略有差异。

- count>0 时，LREM 删除从列表左端开始的 count 个值为 value 的数据。
- count<0 时，LREM 删除从列表右端开始的 count 个值为 value 的数据。
- count=0 时，LREM 删除所有值为 value 的数据。

（3）集合

Redis 集合（Set）的含义与数学集合的含义相同，没有相同的元素，元素之间也无次序之分，集合的内部实现是哈希表。Redis 提供了丰富的集合操作。

① 添加元素

格式：SADD key member {member}

向集合 number 加入数据 1，2，3。

```
redis>SADD number 1 2 3
```

其中，number 作为键，1，2，3 组织成集合作为键值。

② 删除元素

格式：SREM key member {member}

```
redis>SREM number 1
```

删除操作后，集合 number 包含 2 和 3。

③ 获取所有元素

命令 SMEMBERS key 返回集合 key 的所有元素。

④ 判断元素是否存在

命令 SISMEMBER key member 返回 0 或 1，如果集合 key 包含元素 member，则返回 1，否则返回 0。

⑤ 集合的并、交、差运算

```
SUNION key key {key}
SINTER key key {key}
SDIFF key key {key}
```

上述命令完成 2 个或 2 个以上集合的并、交、差运算。

Redis 还提供下面的命令将运算结果存储到另外一个集合。

```
SUNIONSTORE destination key key {key}
SINTERSTORE destination key key {key}
SDIFFSTORE destination key key {key}
```

⑥ 其他操作

SCARD key 返回集合 key 的元素个数。SRANDMEMBER key count 返回集合 key 的 count 个元素，这些元素随机选取。如果 count>0，则返回的结果中没有重复的元素，如果 count<0，则返回的结果中可能会出现相同的元素。如果 count > key 中元素的值，则一定会出现相同的元素。

（4）有序集合

有序集合（Sorted Set）首先是集合，不能有相同的元素，其次，每个元素还附加了分数项，元素按分数排序。有序集合的内部实现是哈希表或跳表。

① 添加元素

格式：ZADD key score member {score member}

使用学号和 Course 的组合作为键，将学生王林选修的课程及成绩存入数据库。

```
redis>ZADD 2000012:Course 90 高等数学 85 英语 87 数据结构
```

② 获取元素的分数

ZSCORE key member 返回集合 key 的元素 member 的分数。

③ 获取指定区间的元素及分数

```
ZRANGE key start end [WITHSCORES]
ZRANGEBYSCORE key min max [WITHSCORES]
```

第一条命令按照元素的次序返回下标在[start, end]区间的所有元素，加上 WITHSCORES 选项，还返回元素的分数。第二条命令返回分数在[min, max]区间的所有元素。

13.4.3　事务及持久化

Redis 使用了事务的概念，但与关系数据库系统的事务概念有差异，其基本的事务如下。

```
MULTI
    command₁
    ......
    commandₙ
EXEC
```

事务从 MULTI 命令开始到 EXEC 命令结束，两条命令之间的其他命令是事务的主体。

Redis 收到来自客户机的 MULTI 命令后，后续的命令按照次序逐一缓冲到命令队列。接收到 EXEC 时，Redis 开始执行事务。如果前面接收到的某条命令有语法错误，则 Redis 终止事务的执行，不会执行任何一条命令，否则，Redis 逐条执行命令。执行全部命令后，Redis 向客户机返回各条命令的执行结果。

Redis 保证事务的执行过程不会受到其他客户机的影响，保证按次序执行事务的各条命令。关系数据库的事务，允许根据上条 SQL 语句的执行结果，终止事务的执行，并且数据库管理系统自动回滚已经执行的操作结果。Redis 没有这样的机制。

因为 Redis 是执行 MULTI 和 EXEC 之间的全部命令后，才返回各个命令的执行结果，而不是执行完一条命令就返回执行结果，所以上面的事务模型不适用于那些依赖于命令执行结果的事务。为此，Redis 通过 Watch 命令提供了另一个事务模型。

```
WATCH condition
MULTI
    command₁
    ......
    commandₙ
EXEC
```

这类事务在开始执行 EXEC 命令时，首先检查 WATCH 监控的对象是否发生了变化，如果有变化就不执行事务，否则开始执行事务的各条命令。因为 WATCH 语句不是（也不能）放在 MULTI 和 EXEC 之间，其他客户机运行的事务可能改变 WATCH 语句监控的对象，如果继续执行事务，就可能造成事务间相互干扰，出现错误结果，所以这时要终止事务的执行，如果需要，可以重复提交该事务，直到运行成功。

假设银行账户 A0001 向银行账户 A0002 转账 100 元。如果银行账户不能透支，转账前就必须检查 A0001 的余额，并且需要使用事务。Redis 除了提供 Shell 接口外，还提供了 Java 接口。以下使用 Java 语言完成上述转账操作的代码。

```java
import redis.clients.jedis.Jedis;
import redis.clients.jedis.Transaction;
import redis.clients.jedis.exceptions.JedisDataException;


public class MyRedis {
    public static void main(String[] args) {
        //连接本地的 Redis 服务
        Jedis jedis = new Jedis("localhost");
        //查看服务是否运行
        System.out.println(jedis.ping());
        jedis.set("A0001", "300");
        jedis.set("A0002", "200");
        jedis.watch("A0001","A0002");
        // 获取账户余额
        int y0001 = Integer.parseInt(jedis.get("A0001"));
        int y0002 = Integer.parseInt(jedis.get("A0002"));
        System.out.println("账户 A0001 的余额: "+y0001);
        System.out.println("账户 A0002 的余额: "+y0002);
        // 进行账户余额查询并转账
        if(y0001 >= 100){
            String z0001 = String.valueOf(y0001 - 100);
            String z0002 = String.valueOf(y0002 + 100);
            try{
                Transaction t = jedis.multi();
                t.set("A0001", z0001);
                t.set("A0002", z0002);
                t.exec();
                System.out.println("转账完成! ");
            } catch(JedisDataException jedis_e){
                System.out.println("转账失败! ");
            }
        } else{
            System.out.println("账户余额不足! ");
        }
        //获取转账后的余额
        System.out.println("账户 A0001 的余额: " + jedis.get("A0001"));
        System.out.println("账户 A0002 的余额: " + jedis.get("A0002"));
    }
}
```

Redis 是内存数据库，如果出现掉电、停机等故障将会丢失数据。为了防止丢失数据，Redis 提供了 RDB（Redis DataBase）和 AOF（Append Only File）两种持久化方案。RDB 是内存数据的快照，相当于关系数据库的完全备份。AOF 按序保存 Redis 执行的所有命令，类似于关系数据库的日志。

Redis 重启后，首先加载 RDB，将内存数据恢复到产生快照时的映像，然后根据 AOF 的记录，逐条执行产生快照后的命令，最终将内存数据恢复到发生故障时的状态。

13.4.4　集群

Redis 集群是一个去中心化的集群，节点之间呈网状结构。Redis 集群没有使用一致性哈希，而是引入了哈希槽的概念，集群有 16384 个哈希槽，每个 key 通过哈希函数 CRC16[key]&16383 决定放置于哪个槽。集群的每个节点负责一部分哈希槽，如当前集群有 4 个节点，那么：

节点 A 包含 0～4095 号哈希槽；

节点 B 包含 4096～8191 号哈希槽；

节点 C 包含 8192～12287 号哈希槽；

节点 D 包含 12288～16383 号哈希槽。

为了在部分节点失败或者大部分节点无法通信的情况下集群仍然可用，集群使用了主从复制模型，每个主节点都会有若干个从节点。

例如，集群中有 4 个节点 A、B、C、D，在没有复制的情况下，如果节点 B 失败了，那么 4096～8191 号槽不可用。然而如果在集群创建时为每个节点添加一个从节点 A1、B1、C1、D1，那么集群由 4 个主节点和 4 个从节点组成，这样在节点 B 失败后，集群便会使用 B1 节点继续服务。

因为集群采用异步复制等原因，Redis 不保证数据的强一致性，这意味着集群在特定的条件下可能会丢失写操作。

13.5　文档数据库系统 MongoDB

MongoDB 是一个可扩展的高性能、开源、模式自由、面向文档的数据库，使用 C++语言实现。MongoDB 有以下特点。

- 面向集合的存储：适合存储对象及 JSON（JavaScript Object Notation）形式的数据。
- 完整的索引支持：可以对文档的键值、嵌套文档内的键值以及数组内的键值进行索引。
- 自动的故障转移：采用主从模式的数据复制机制，提供冗余及自动故障转移。
- 自动分片以支持集群：自动分片功能支持水平扩展，适用于大规模集群。

13.5.1　数据模型

MongoDB 的数据模型也是基于键-值对，基本术语有文档 、集合和数据库。

1. 文档

文档（Document）是键-值对集合，类似于关系数据库的元组。文档是 MongoDB 的基本管理单位。

例如，第 2 章的关系 Student(Sno, Sname, Ssex, Sage, Sdept)的元组<2000012, 王林, 男, 19, 计算机>对应的文档是：

```
{"Sno" : "2000012", "Sname" : "王林", "Ssex" : "男", "Sage" : 19, "Sdept" : "计算机"}
```

上面的文档是一个集合，有 5 个元素，每个元素是 1 个键-值对。属性名作为键，属性值作为键值。键值的类型除了字符串外，MongoDB 还支持其他类型，如上面的 19 是数字类型。

关系 Course(Cno, Cname, Cpno, Ccredit)的 2 个元组<1128, 高等数学, NULL, 6>和<1024, 数据库原理, 1136, 4>对应的 2 个文档分别是：

```
{"Cno" : "1128", "Cname" : "高等数学", "Ccredit" : 6}
{"Cno" : "1024", "Cname" : "数据库原理", "Cpno" : "1136",  "Ccredit" : 4}
```

MongoDB 对文档还有其他一些约束。

（1）文档的键是字符串，一般可以使用 UTF-8 的任意字符，但是保留了一些字符，这些字符具有特殊意义，如 $ 和 . 等。

（2）文档不能包含相同的键。

如果数据库原理有 2 门先修课，就不能使用下面的描述方法，因为 Cpno 出现了 2 次。

```
{"Cno" : "1024", "Cname" : "数据库原理", "Cpno" : "1136", "Cpno" : "1024",
"Ccredit" : 4}
```

一个键有多个键值要表示为数组，上面的例子应该表述为：

```
{"Cno" : "1024", "Cname" : "数据库原理", "Cpno" : ["1136", "1024"], "Ccredit" : 4}
```

（3）文档的键-值对有序。

文档{"Cno" : "1128", "Cname" : "高等数学", "Ccredit" : 6}与

{"Cno" : "1128", "Ccredit" : 6, "Cname" : "高等数学"}是 2 个不同的文档。

（4）文档必须有一个名为_id 的键，其键值可以是任意类型，默认为一个 ObjectID 对象，由系统自动生成。为了简洁起见，本书略去了该键-值对。

文档{"Cno" : "1128", "Cname" : "高等数学", "Ccredit" : 6}的完整形式为：

```
{"_id" : ObjectID("..."), "Cno" : "1128", "Cname" : "高等数学", "Ccredit" : 6}
```

ObjectID 是 MongoDB 的一个数据类型，占用 12 字节的存储空间。

2. 集合

一组文档称为集合（Collection），或者说文档构成了集合，MongoDB 的集合类似于关系，但不需要定义模式。

Course 集合包含了 2 个文档，每个文档描述了一门课程的信息。

```
{
  {"Cno" : "1128", "Cname" : "高等数学", "Ccredit" : 6},
  {"Cno" : "1024", "Cname" : "数据库原理", "Cpno" : "1136",  "Ccredit" : 4}
}
```

关于集合有以下注意事项。

（1）同一个集合的文档不能有重复的_id。

（2）集合可以包含任意形式的文档，如集合可以包含描述学生的文档、描述课程的文档、描述著名风景区的文档。但为了管理方便，一般是将描述同一事物的文档归集到同一个集合。

（3）为了避免集合命名的重名问题，MongoDB 使用了命名空间，命名空间是一个层次结构，用.表示法表示层次。例如，books.title、books.author 是 2 个集合，title 和 author 是位于 books 下的集合，习惯上称 title 和 author 为 books 的子集合。

3. 数据库

数据库是集合的集合，即数据库由若干个集合组成。每个数据库有一个名称，有独立的权限控制。

一个 MongoDB 实例可以管理多个数据库，这些数据库相互独立，使用 use 命令在不同的数据库之间切换。

```
use 数据库名
```

一个 MongoDB 实例除了管理用户的数据库外，还管理一些系统专用的数据库，每个数据库下又有多个集合。

（1）admin：用于权限管理，如增加 MongoDB 的用户。

（2）local：存储本地数据，这些数据不会被复制到其他服务器。

（3）config：存储分片信息，用于管理集群。

4. 主要的数据类型

MongoDB 的文档类似于 JSON 文档。MongoDB 提供了 JSON 的数据类型：数字（整型数、浮点数、定点数）、字符和字符串、布尔、对象、数组和 null。为了方便数据管理，MongoDB 还提供了其他数据类型，如日期类型、时间戳、正则表达式、代码等，具体内容请查阅 MongoDB 文档。

13.5.2 集群

MongoDB 采用集群技术处理大数据以提供高可用性和高吞吐量。集群中扮演不同角色的服务器及其相互联系如图 13-7 所示。路由服务器（mongos）将用户的读写请求分发到数据所在的服务器；分片服务器（shard）用于存储数据；配置服务器（config server）记录了数据分片和用户权限信息。由于配置服务器的特殊性，在生产环境中，配置服务器由多台服务器组成。

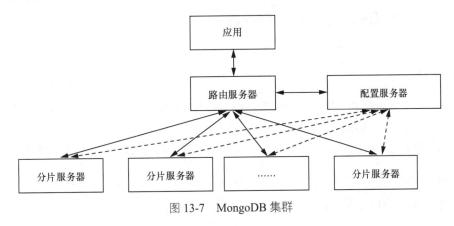

图 13-7　MongoDB 集群

1. 配置集群

服务器的角色由启动 mongod 进程时的参数决定，具体的命令格式请参阅 MongoDB 文档，一般的命令格式为：

（1）启动配置服务器。

```
mongod --configsvr --replSet <configReplSetName> --dbpath <path> --port <port>
--logpath <path>
```

参数--configsvr 声明该进程的作用是配置服务器。

（2）启动分片服务器。

```
mongod --shardsvr --replSet <shardReplSetName>  --dbpath <path> --bind_ip
localhost,<hostname(s)|ip address(es)>
```

参数--shardsvr 声明该进程的作用是分片服务器。

（3）启动路由服务器。

```
mongos --configdb <configReplSetName>/<ip>:<port>……-logpath<path>
```

其中，参数--configdb 指定配置服务器副本集的名称和该副本集中的一台服务器。

2. 指定片键（shard key）

确定了各服务器的角色后，需要进一步指定待分片的数据库和集合，并指定用于划分数据的键。MongoDB 按照给定的键将集合自动划分为若干个块（chunk）分派到不同的服务器，当块增长到一定程度时，自动分裂块。默认情况下，MongoDB 根据负载的变化，在服务器间实时迁移块，平衡各服务器的负载。MongoDB 提供了一系列命令设置、管理分片。

（1）指定待分片的数据库。

```
sh.enableSharding("<database>")
```

（2）指定按照范围进行分片的集合以及片键。

```
sh.shardCollection("<database>.<collection>", { <key> : <direction> } )
```

（3）指定按照哈希进行分片的集合以及片键。

```
sh.shardCollection( "database.collection", { <key> : "hashed" } )
```

3. 副本集

MongoDB 采用主从复制策略以保证数据的可用性，副本集由多个分片服务器组成，一台服务器为主节点，其他服务器为从节点。

（1）建立副本集。使用副本集在启动 MongoDB 时要先使用 replSet 参数指定服务器参与的副本集。

```
mongod --port <port> --dbpath <path> --replSet <ReplSetName>
```

然后在某台机器上初始化副本集。例如：

```
config = {_id : "my_replica_set",
        members : [ {_id : 0, host : "hs1.my.com:27017"},
                    {_id : 1, host : "hs2.my.com:27017"},
                    {_id : 2, host : "hs3.my.com:27017"},
                  ]
        }
rs.initiate(config)
```

上面的 config 文档设置了名为 my_replica_set 的副本集，有 3 台服务器参与这个副本集。

副本集建立后，可以使用 rs.add 和 rs.remove 命令增加和移除节点，使用 rs.addArb 命令加入仲裁节点。仲裁节点是一类特殊的从节点，它不存储数据，只参与选举投票，主要是为了保证选举顺利进行。

（2）主从复制

MongoDB 使用 Raft 算法实现主从节点同步。所有的数据首先写入主节点，主节点使用 oplog 日志按序记录下已进行的操作，从节点不断获取主节点的 oplog，并执行其中的命令。副本集内所有成员存储的数据最终处于一致性状态。

（3）副本集的读写设置

默认情况下，所有读操作都发送到主节点，这样可以保证总是获取数据的最新版本。MongoDB 也提供了读写模式供用户根据实际需求选用，以更好地控制读、写操作的行为。读写模式可以在数据库、集合和具体操作等不同粒度上设置，具体的设置方法与使用的驱动程序和宿主语言有关。

① 读操作通过 read reference 设置。

- primary：默认规则，所有读请求发到主节点。
- primaryPreferred：主节点优先，如果主节点不可达，则请求从节点。
- secondary：所有的读请求都发到从节点。
- secondaryPreferred：从节点优先，当所有从节点不可达时，请求主节点。
- nearest：读请求发送到最近的可达节点上。

② 写操作通过 writer concern 设置。

- {w:0}：写操作发送到主节点后，立即返回完成应答。
- {w:1}：写操作发送到主节点，写入日志缓冲区后，返回完成应答。
- {j:1}：写操作发送到主节点后，写入日志缓冲区并刷新到磁盘后，返回完成应答。
- {w:2 | N | majority}：写操作发送到的 2 个、N 个或多数个节点（必须包括主节点）执行后，再返回完成应答。

13.5.3　基本使用方法

1. 创建数据库

```
use mytestdb
```

上述命令创建了 mytestdb 的数据库，若 mytestdb 数据库已存在，则切换到该数据库。

2. 创建集合

```
db.createCollection("Student")
```

上述命令在数据库 mytestdb 下创建了 Student 集合。

另外，show collections 命令显示数据库下的所有集合，db.Student.drop()命令删除 Student 集合。

3. 插入文档

```
db.Student.insert({no:"20160010001",Info:{name:"张明", major:"计算机应用技术",
enrollmentdate:" 2016-9-8"},CourseAndGrade:{高等数学:85, 英语:88, 线性代数:90, Python:90}})
```

上述命令向集合 Student 插入一个文档，其中，Info 和 CourseAndGrade 的值也是一个文档，即 MongoDB 允许文档嵌套。

4. 查询文档

find 命令用于查询满足条件的文档。

例如，查询 Student 集合的含键值对 no:"20160010001"的文档并以格式化的形式显示。

```
db.Student.find({no:"20160010001"}).pretty()
```

MongoDB 使用文档{no:"20160010001"}表示查询条件，即查询具有 no 属性，并且其值为 20160010001 的文档。

例如，查询 Student 集合的英语成绩为 88 的文档并以格式化的形式显示。

```
db.Student.find({"CourseAndGrade.英语":88}).pretty()
```

5. 修改文档

将学号为 20160010001 的英语成绩改为 89。

```
db.Student.update({no:"20160010001"},{$set:{"CourseAndGrade.英语":89}})
```

6. 删除文档

删除满足条件的第一个文档。

```
db.Student.deleteOne({no:"20160010001"})
```

删除满足条件的所有文档。

```
db.Student.deleteMany({no:"20160010001"})
```

13.6   图数据库系统 Neo4j

社交网络应用，如微信、QQ 等，除了存储用户数据，还需要存储用户之间的各种联系，如好友、同事、同学等联系。图数据库系统常用于此类应用。

Neo4j 是一个 NoSQL 图数据库管理系统。它采用属性图作为数据模型，存储了原生的图数据，提供了高效的图算法，能以相同的速度遍历结点与边，并且遍历速度与图的大小无关。

Neo4j 具有完全的事务管理功能，全面支持 ACID 特性。Neo4j 具有可扩展性，在一台机器上可以处理数十亿结点/关系/属性的图，并可以扩展到多台机器并行运行。

Neo4j 从 2010 年推出至今被广泛应用于社交网络、推荐引擎、地理数据、物流管理等领域，取得了良好的效果。

Neo4j 简单易用，提供了 API 供 Java、Python、Ruby、PHP、.NET、Node.js 等语言使用。Neo4j 也提供了类似 SQL 的查询语言 CQL（Cypher Query Language）用于存取数据，在实际应用中，更多的是使用 Cypher 完成对数据库的插入、删除、修改和查询操作，因为 Cypher 语言的语法更接近于应用逻辑的内涵。

13.6.1   数据模型

图数据库采用属性图（Property Graph）作为数据模型。属性图是一个五元组：$G=<V, E, L_v, L_e, ID>$，其中，V 是结点集合，E 是边集合，L_v 是结点标签集合，L_e 是边标签集合，ID 是标识集合。属性图中的结点和边有唯一的标识，结点和边有若干个标签，标签的值是属性-值对集合。

图 13-8 是一个描述学生之间、学生和课程之间关系的属性图。图 13-8 有 3 个结点，ID 为 1 和 2 的

结点的标签是 student，有 Name 和 Age 属性，这 2 个结点表示 2 个学生。ID 为 3 的结点的标签是 course，有 Name 和 Credit 属性，代表英语课程。图 13-8 有 4 条边，ID 为 4 和 5 的边的标签是 learns，有 Score 属性，描述王林和顾芳选修了英语课程以及学习成绩。ID 为 6 和 7 的边说明王林认识并喜欢顾芳。

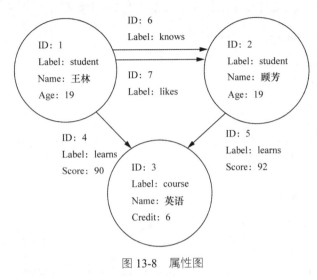

图 13-8　属性图

13.6.2　基本使用方法

Neo4j 提供了 Cypher 语言，使用 Cypher 语言创建图 13-8 所示的属性图的过程如下。

1．创建结点

```
create(:student{Name:"王林",Age:19})
create(:student{Name:"顾芳",Age:19})
create(:course{Name:"英语", Credit:6})
```

2．创建结点之间的边

```
match(a:student{Name:"王林"}) match(b:student{Name:"顾芳"}) create(a)-[r:knows]->(b)
```

也可以同时创建结点和边。

```
create(:student{Name:"王林",Age:19})-[r:knows]-> (:student{Name:"顾芳",Age:19})
create(:student{Name:"王林",Age:19})-[r: learns{Score:90}]-> (:course{Name:"英语",Credit:6})
```

3．查询结点或边

```
match(a:student) return a
match(a:student)-[r]-(b:course) return r
match(a:student) where a.Name="王林" return a
match(a:student{Name :"王林"})-[r]-(b:course{Name :"英语"}) where r.Score=90 return r
```

4．修改结点或边的属性

```
match(a:student{Name:"王林"}) set a.Age=20
```

```
match(a:student{Name:"王林"})-[r]-(b:course{Name :"英语"}) set r.Score=88
```

5. 为结点添加或删除标签

Neo4j 中的结点可以有零个或多个标签，但边只能有一个标签。

```
match(a:student{Name:"王林"}) set a:teacher
match(a:student{Name:"王林"}) remove a:teacher
```

6. 删除结点和边

删除结点之前需要先删其所有边。

```
match(a:student{Name:"顾芳"})-[r]-(b:course{Name :"英语"}) delete r
match (a:student {Name:"顾芳"}) delete a
```

7. 删除结点或边的属性

```
match(a:student{Name:"王林"}) remove a.Age
match(a: student {Name:"王林"})-[r]-(b:course{Name :"英语"}) remove r.Score
```

Neo4j 使用 Java 语言开发，它提供了 GraphDatabaseService 和 PropertyContainer 接口供 Java 开发者调用。使用 Neo4j 提供 Java API 创建图 13-8 所示的属性图的 Java 代码如下。

```java
GraphDatabaseService db=......
    Transaction tx = db.beginTx();
    try{
        Label label1 = Label.label("student");
        Node first = db.createNode(label1);
        first.setProperty("Name","王林");
        first.setProperty("Age","19");
        Node second = db.createNode(label1);
        second.setProperty("Name","顾芳");
        second.setProperty("Age","19");
        Label label2 = Label.label("course");
        Node third = db.createNode(label2);
        third.setProperty("Name","英语");
        third.setProperty("Credit","6");
        Relationship edge1 = first.createRelationshipTo(third, RelTypes.learns);
        edge1.setProperty("Score", "90");
        Relationship edge2 = second.createRelationshipTo(third, RelTypes.learns);
        edge2.setProperty("Score", "92");
        Relationship edge3 = first.createRelationshipTo(second, RelTypes.knows);
        Relationship edge4 = first.createRelationshipTo(second, RelTypes.likes);
        tx.success();
    }catch(Exception e) {
        tx.failure();
    }
    }finally {
        tx.close();
    }
```

Neo4j 的操作必须置于一个事务中。beginTx 函数开始一个事务，success 函数提交事务，fail 函数回滚事务。

小　结

NoSQL、NewSQL 等新型数据库的内容非常丰富。本章主要介绍一些核心概念和几个具体系统的实现技术和简单使用方法，主要包括新型数据库的产生原因、以键-值对为基础的数据模型、集群的两种体系结构、数据分布、复制技术以及一致性概念。分布式系统的体系结构、两阶段提交协议、Paxos 协议、Raft 协议、Gossip 协议、CAP 定理等重要内容，由于篇幅限制，没有介绍，请读者参考其他书籍和文献。

学习本章主要把握以下几点。

（1）了解新型数据库系统产生的原因，正确理解无模式的含义。

（2）掌握键-值对的概念以及在列簇数据库、键-值对数据库和图数据库中的具体应用。

（3）了解一致性的概念。

习　题

1．解释以下名词。

　　键-值对、列簇、主从结构、P2P 架构。

2．举例说明 Cassandra 分区器 Murmur3Partitioner 的工作流程。

3．Cassandra 其他分区器有哪些？

4．比较 HBase 和 Cassandra 的系统架构的差异。

5．比较 MongoDB 和 Redis 的数据模型的差异。

参 考 文 献

［1］王珊，萨师煊. 数据库管理系统概论. 第 4 版. 北京：高等教育出版社，2006.

［2］J. D. Ullman，J. Widom. A First Course In Database System. 第 2 版. 北京：机械工业出版社，2006.

［3］Hector Garcia-Molina, Jeffrey D. Ullman, Jennifer Widom. Database System Implementation. 第 2 版. 北京: 机械工业出版社, 2010.

［4］Thomas M.Connolly，Carolyn E.Begg 著. 何玉洁，黄婷儿等译. 数据库设计教程. 第 2 版. 北京：机械工业出版社，2005.

［5］Michael Kife，Arthur Bernstein，Philip M.Lewis 著. 陈立军，赵加奎，邱海艳，帅猛译. 数据库管理系统——面向应用的方法. 第 2 版. 北京：人民邮电出版社，2006.

［6］Sartaj Sahni 著，王立柱，刘志红译. 数据结构、算法与应用 C++语言描述. 第 2 版. 北京：机械工业出版社，2015.

［7］王珊等. 数据仓库技术与联机分析处理. 北京：科学出版社，1998.